# 智慧城市与智能建造论文集（2022）

Proceedings of Smart City and Intelligent Construction（2022）

华中科技大学土木与水利工程学院
中国建筑学会工程管理研究分会 编

中国建筑工业出版社

图书在版编目（CIP）数据

智慧城市与智能建造论文集 ：2022 = Proceedings of Smart City and Intelligent Construction（2022）/ 华中科技大学土木与水利工程学院，中国建筑学会工程管理研究分会编. — 北京 ：中国建筑工业出版社，2022.12

ISBN 978-7-112-28305-7

Ⅰ. ①智… Ⅱ. ①华… ②中… Ⅲ. ①智能技术—应用—基础设施—市政工程—城市规划—文集②智能技术—应用—土木工程—文集 Ⅳ. ①TU—53

中国国家版本馆 CIP 数据核字（2023）第 017337 号

2022 智慧城市与智能建造高端论坛秉持建筑业智能发展理念，聚焦“数字化设计与 BIM”“智慧城市与 CIM”“智能建造装备”“城市更新”四大前沿主题，邀请相关专家学者进行综合分析与探讨，并将优秀论文收录于本论文集中供广大学者研究参考。

希望能借助本论坛与这些优秀论文，与广大学者共同探索建筑业实现智能化转型升级的思路、任务和前景，为推动产业变革提供一定的理论依据和实践基础，更好地促进我国持续向数字化、信息化、智能化建设强国转变。

为扩大本论文集作者知识信息交流渠道，本论文集已被《中国学术期刊网络出版总库》及 CNKI 系列数据库收录。

责任编辑：朱晓瑜

责任校对：李欣慰

**智慧城市与智能建造论文集(2022)**

Proceedings of Smart City and Intelligent Construction（2022）

华中科技大学土木与水利工程学院
中国建筑学会工程管理研究分会 编

*

中国建筑工业出版社出版、发行（北京海淀三里河路 9 号）

各地新华书店、建筑书店经销

北京红光制版公司制版

北京云浩印刷有限责任公司印刷

*

开本：880 毫米×1230 毫米 1/16 印张：10¼ 字数：255 千字

2023 年 2 月第一版 2023 年 2 月第一次印刷

定价：**42.00** 元

ISBN 978-7-112-28305-7

（40286）

# 《智慧城市与智能建造论文集》编委会



《智慧城市与智能建造论文集》编委会一共由 72 名来自土木与水利工程、管理科学与工程、人工智能等方面的院士、专家和学者组成，其中设顾问 5 人、主任 1 人、委员 66 人，研究方向涵盖城市智慧基础设施、建筑产业互联网与数字经济、建筑工业化与建造机器人、医养结合与健康住宅等多个新兴交叉领域。

# 前　言

随着我国经济的快速发展，传统建造模式已难以满足规模化、个性化和高质量的生产需求。智能建造作为建筑产业转型升级的核心引擎，对建筑业产业链价值提升意义重大。2022智慧城市与智能建造高端论坛秉持建筑业持续智能发展理念，聚焦“数字化设计与BIM”“智慧城市与CIM”“智能建造装备”“城市更新”四大前沿主题，邀请相关专家学者与从业者们就上述主题进行综合分析与探讨，探索建筑业实现建造智能化转型升级及绿色发展的思路、任务和前景。

蓬勃发展的数字化设计技术为优化建筑全过程所涉要素资源、提升建筑价值链广度和深度等目标的实现提供了新思路。上海原构设计咨询有限公司金维琪与同济大学王广斌以建设工程项目中的建筑构件为研究对象，基于BIM搭建建设工程项目中信息管理的框架及实施策略，并应用于某商业综合体项目中，有效减少了信息流失，为建设过程中的信息管理提供可行方案，也为项目全生命周期信息管理提供了支持；大连理工大学范文峰等人梳理了建筑结构设计发展历程，对深度学习以及常应用于建筑领域的深度学习模型进行了介绍，总结了基于深度学习算法GANs、VAEs和CNNs的建筑结构设计的研究成果，并展示了相关研究在建筑结构布局、建筑结构平面图生成等方面展现出的优秀性能；中国建筑西南设计研究院深圳分公司费博伟等人，以某正向设计项目中的给水系统水力计算为例，阐述了不同设计阶段如何利用不同的BIM计算工具进行水力计算，实现精准计算的同时提高了设计效率和质量；中国建筑西南设计研究院有限公司李臻阳等人结合深圳某中学建设项目的正向设计过程，阐述了项目建模流程和建模中可能出现的问题，探索了BIM正向设计在建筑设计中更多的可能性，对建筑正向设计提出改良性建议；泰州市绿色建筑与科技发展中心王若冰对已发布的BIM技术应用政策进行分析梳理，构建了基于DEA模型的BIM技术应用效益评价体系，并结合实际案例进行了BIM应用效益评价分析，总结了现阶段BIM技术应用效益水平不高的原因；江苏海洋大学封志虎与黑龙江大学苏政忠等人以中国知网2009～2021年共3421篇文献为研究样本，探究了国内智慧交通的研究现状，并借助CiteSpace软件制作了智慧交通相关的知识可视化图谱，从研究现状、焦点及演进趋势多维度对其研究进行分析和总结，认为后续研究应围绕配套设施、绿色交通及运输方式等薄弱环节开展。

智慧城市建设具有范围广、投入大、技术复杂、关联性强、不确定因素多等特点，城市信息模型（CIM）的深度应用与拓展为智慧城市建设赋予了新力量。CIM以建筑信息模型（BIM）、地理信息系统（GIS）、物联网（IoT）等技术为基础，整合了城市多维多尺度信息模型数据和感知数据，构建了多维度数字空间的城市信息有机综合体。针对智慧城市与CIM技术的研究由来已久，中铁第五勘察设计院集团有限公司姜慧等人开展了北斗赋能智慧城市建设研究，聚焦于北斗智慧城市时空信息云平台建设以及北斗在智慧工地、智慧交通、智慧社区等方面的融合应用，探索了基于北斗的智慧城市时空信息体系，为未来城市数字化发展提供“北斗方案”；重庆大学王洁等人为自动化地获取施工现场数据，丰富施工阶段碳排放量化方法，采用计算机视觉算法自动分析、量化土方机械施工活动状态，帮助项目管理者全面了解施工现场挖掘机工作状态，从而制定科学的减碳策略；中建隧道建设有限公司金浩与戴亦军等人依托大数据、云计算等技术，将PAAS架构和BI技术相结合，设计开发了施工企业方案在线管理平台，提升了项目施工方案管理效能；华中科技大学李永胜等人为克服传统盾构隧道掘进预警方法中数据维度不一致、评价指标不统一等问题，基于关联规则、能量聚类、预测分析等有害能量预警方法搭建了面向有害能量识别的盾构隧道掘进安全预警框架，实现了基于能量数据的盾构隧道掘进危险施工预警；大连理工大学城市学院李馨等人根据物联网相关理论知识，提出了钢结构施工过程受力性能分析方案，实现了对钢结构拆卸过程的真实化模拟，提升了模型搭建效率。

大力支持智能建造设备研发应用，同时融合应用大数据、云计算技术，设立建筑业大数据创新中心，实现行业数字化赋能，加快实现智能建造技术和产品的市场化应用，对推动建筑行业升级意义重大。华中科技大学尤轲与山推工程机械股份有限公司武占刚等人建立了推土机倒车距离的数据集，使用改进的DCNNs模型学习驾驶员专业知识，基于施工环境信息输出推土机的倒车距离，实现了推土机倒车距离的预测和优化，进一步提升了工程机械智能化水平；清华大学胡寒阳等人分析了我国乡村建设的现状及乡村环境与3D打印建筑的关系，探讨了当前3D打印建筑技术在乡村建设中的优势与潜力，并根据不同项目类型讨论不同打印方式、打印设备、打印材料的应用场景，提出了3D打印建筑技术在乡村建设中的应用方法；ZH（武汉）石油化工有限公司杜锐君阐述了某企业智能化改造的历程，通过部署生产机器人、三维可视化技术等打造数字化无人工厂，从界面集成、数据集成、业务集成三个层面全面整改，进一步强化数据治理，消除企业内部信息孤岛，并打造智能物流体系，实现了资源互联共享；华中科技大学王迦淇等人梳理了我国空中造楼机应用现状，提出了适用于空中造楼机的智能建造应用框架，阐述了造楼机智能建造的五项关键技术，从而提高高层建筑施工作业智能化水平，为造楼机智能建造发展贡献力量。

随着经济社会发展的转型升级，人们对建筑的各项需求不断提升，更加注重城市建设的综合性与整体性，让大批量的老旧城区重新发展和繁荣对城市整体风貌而言意义重大。建筑工业化技术的迅速发展也加快了城市更新速度，许多专家学者围绕此类问题开展了相关研究。上海市建设工程勘察设计管理事务中心宓榕榕与同济大学王广斌等人围绕如何提高装配式住宅的设计质量问题，借鉴精细化管理理论和工具，针对装配式建筑设计阶段涉及的人员问题、设计流程问题、质量管理手段问题、外部环境问题等开展了质量管理对策研究，为设计质量的提高提供了可操作性的建议；中冶华成（武汉）工程技术有限公司张瑜针对跨河现浇桥梁支架体系及钢栈桥的拆除问题，以涟钢北大桥改造工程项目为例，从支架设计、箱梁支架体系拆除、箱梁模板及盘扣支架拆除、贝雷片拆除、钢栈桥拆除等方面总结了此类支架体系拆除方法。

在智能建造已成为建筑产业转型升级的核心引擎这一背景下，建筑业的劳动密集型施工生产模式已悄然发生改变。以上研究为推动建筑智能化变革提供了一定的理论依据和实践基础，期望能更好地促进我国持续向数字化、信息化、智能化建设强国转变。

# 目　录

# Contents

# 数字化设计与 BIM

Digitalized Design & BIM

# 基于 BIM 的建筑构件信息管理策略研究

金维琪[1,2]　王广斌[1]

（1. 同济大学经济与管理学院，上海　200092；
2. 上海原构设计咨询有限公司，上海　200233）

**【摘　要】** 工程建设项目是一个长期的、综合的复杂活动，参与者多，涉及专业广，不同阶段、不同参与方之间存在着大量信息壁垒，行业内对 BIM 的应用大多局限于某一参与方局部性的问题，极少能用于解决贯穿整个建筑生命周期的信息集成的问题。迄今为止，仅用软件厂商提供的产品完成建设工程全生命周期的生产工作极其困难，由于没有统一的标准及兼容的底层架构，不同软件厂商提供的应用系统很难进行信息集成，这导致各方、各阶段间的信息难以传递、出现断层，导致建筑业的效率难以提升。本文以建设工程项目中的建筑构件为研究对象，基于 BIM 搭建建设工程项目中信息管理的框架及实施策略，对该策略进行总体设计并阐述其实现基础与实现流程。本文研究内容能够为建设工程中的信息管理提供可行方案，有效减少信息流失的状况，为项目全生命周期信息管理提供支持。

**【关键词】** 建筑构件；信息管理；建筑全生命周期；BIM

信息化是我国建筑业发展的主要方向之一，进行信息技术与建筑业融合发展的相关研究是提升我国建筑业生产效率和管理水平的关键。然而，现阶段我国建筑业大多数工程项目都对信息管理方面缺乏统一规划，对建设过程中的信息管理缺少有效的管理途径和方法。建筑信息模型被认为是建筑设计、建筑施工和运维各环节都应用得到的信息集合[1]，在应用过程中，BIM 数据共享和 BIM 全生命周期效能是当前讨论的重点之一[2]。目前我国的 BIM 应用在设计、施工、运维各个阶段均取得了较好的发展，但因为现阶段组织环境等多方面原因，信息模型却无法在各个阶段延续使用，数据并不能很好地储存与传递，出现信息断层，极大限制了信息化总体效果和发展水平。

针对实现工程项目多阶段、多参与方信息集成与共享的迫切需求，本文以建筑构件为研究对象，基于 BIM 技术探索面向建筑全生命周期中构件信息管理的可行途径。

## 1　研究背景

### 1.1　相关概念及内涵

#### 1.1.1　信息论及建筑构件信息

广义的信息论主要针对系统、各领域的信息进行研究，广泛研究信息的本质和特点，以及信息的获取、计量、传输、储存、处理、控制和利用的一般规律。被人们广泛接受的信息概念至少有以下9点基本特征：具有客观性和准确性；具有主观性和适用性；可复制、可识别、可转换、可传递；具有无损耗性，可以共享，也可以被多次利用；具有系统性；可以加工处理，可以在流通中扩充；具有时效性；具有完整性；具有有序性。在满足以上特点的同时，要尽可能地减少信息处理的费用，尽可能地增加运行效率，这是经济性和高效性的要求[3]。

工程建设项目中涉及的信息非常广泛，有些是图形，有些是说明。在添加信息之前，很重要的是确定终端用户的需求和项目的最终目标。根据用户需求和项目目标，可以将所涉及的信息分为以下几类：

(1) 尺度信息。其是指项目内创建的与图形单元相关的尺寸、形状、面积等。在创建这一类信息时，应结合设计、安装及使用，并考虑哪些信息是必要的，不过度细化对象，也不要遗漏信息。

(2) 身份信息。由商业名称、模型代码和注释文字组成，方便被检索到。

(3) 性能信息。非常重要的非图形信息，性能信息的合理添加对于保持模型内部信息有序组织和避免信息过载十分重要。

(4) 安装信息。

(5) 使用信息。用于生命周期评估、设备维护和预算编制等。

(6) 管理和维护信息。

(7) 规格说明信息。

在信息深度方面，依照《BIM LOD 标准》，模型的精细度共划分为 LOD100、LOD200、LOD300、LOD400 以及 LOD500 共五个等级。构件的信息不能过于简单，要有一定深度和准确度，如果太简单，对后期的应用没有太大帮助甚至导致无法应用，但是也没有必要把构件做得太细致，进而浪费时间和精力，因此要有适度原则[4]。

#### 1.1.2 BIM 及相关软件体系

BIM 技术可以理解为物理和功能特征的数字化表达方法[5]，可为整个生命周期中管理者的决策提供可靠的信息来源[6]。BIM 技术以设计、施工、运营全生命周期内的相关信息为基础，建立三维模型，为各相关方建立一个全面且丰富的工程信息库，从而满足各方面要求[7]。这种信息库中的信息很丰富，包括建筑构件的几何信息、状态和属性等，此外也可以根据要求适当地添加所需信息，在管理过程中也可对一些信息进行删除处理[8]。也可将 BIM 看作一种虚拟仿真技术，可以实现协调、数据共享和集成管理各方面功能，其最重要的特征为各方协同。

美国 AGC 机构将 BIM 方面的工具种类划分为如下类型：概念设计软件、BIM 分析软件、预制加工软件、预算软件、协同软件等，其各有一定的优缺点和适用范围[9]。尽管国内外 BIM 软件众多，但软件间的交互还不尽如人意。有学者调研总结了国际和行业内有影响力的 32 款 BIM 软件，对比分析了其应用性能优势和适用范围，其结论显示，大部分软件的兼容性有限，即使可以通过 IFC 格式转换，能成功进行信息交互到运营阶段也十分困难[10]。利用同一数据格式文件测试不同的软件，对所得结果进行统计分析，发现数据交换后，这种文件的大小、几何表达、属性等都出现了明显的变化，相应的差异性很明显。此外，调查结果也表明尚有很多软件不支持 IFC 输入、输出功能，有的虽然支持，但支持的水平不高，也有一部分软件仅支持 IFC 2×3 版本，这将对其应用性能产生一定的制约，因而还需要进行不断地优化和提升[11]。

### 1.1.3 建筑全生命周期信息管理

建设工程管理的目标和全生命周期的阶段划分存在密切关系，一般情况下可基于管理特征将其划分为四个阶段：策划、设计、施工、运维。建设工程中的信息存在多种格式，包括结构化、半结构化文件，非结构化图形文件等，这些文件相互之间也存在密切关系。

在建筑全生命周期中，所产生的信息量极其庞大，这些信息在各阶段需求不同，产生形式不同，存储方式也不同，甚至它们的分类标准也有差别，给建设工程信息发挥作用带来了极大不便。

### 1.2 国内外研究现状分析

目前，对于建筑构件在建筑生命周期中的信息管理，主要有以下三种方法。第一，开发超级软件，支持一个项目中所有成员完成项目生命周期不同阶段的所有任务；第二，开发一个支持性很强的中间文件，为各方面的信息交互提供支持；第三，建立关系型数据库，将构件数据与构件进行关联，采用构件数据外挂的形式将模型与数据分离管理。

当前，针对我国建筑行业情况复杂、参与方多、专业面广的现状，很难开发出类似于机械设备制造领域的 CAD/CAE/CAM 这种一体化软件，以达到支持项目中所有成员完成项目生命周期不同阶段所有任务的效果。所以目前大多数关于建筑构件信息管理的研究，都集中在开发中间转化格式或是通过外挂数据库进行管理的方式。IFC 格式[12]是当前最通用的一种中间格式，有研究者提出以 IFC 为标准的参数化实体模型数据交互技术，用于提升数据交换的精准性和完整性[13]；也有研究者提出基于 IFC4.1 标准的 EICAD 路线数据转换方法，用于改善二维、三维数据的转换和交互方式[14]。但目前来说，如前文所述，在实际项目中进行格式转换时数据质量依然无法保证，导致信息的准确性、完整性受损，给项目带来未知的信息缺失风险，因而还需要进行一定改进和优化，才能更好地满足实际应用要求。而采用建立关系型数据库，将构件数据与构件进行关联，以及采用构件数据外挂的形式将模型与数据分离管理，在数据传递的准确性和完整性上的表现要更好。目前国内也有学者进行了以关系型数据库结合模型图纸文件管理器为核心的“数模分离”式 BIM 正向设计平台架构的研究[15]，但总体来说目前研究还缺少对这种方法系统性的架构梳理，因此，本文将对此方法的实现架构、实现基础及流程进行详细阐述。

## 2 总体策略

基于 BIM 的建筑构件信息管理策略方案总体架构如图 1 所示，在统一标准体系的支持下，以信息分类、身份编码及族库系统为实现基础确保信息统一规范，以规范的信息添加流程、图形文件与数据库文件相互映射挂接为核心，以研发构件信息添加插件为辅助，配合实施流程和管理办法，最终实现数据提取，达到项目实施全过程信息有效集成、管理、传递的目的。

## 3 策略实现基础

### 3.1 标准体系

实现建筑构件信息管理的基础是对建筑构件进行身份编码，使构件信息结构化，并有相应的构件库系统。为保证这些措施有效进行，首先要有相应的标准体系。标准体系是指对相关标准基于一定的结构组合而形成的有机整体。在项目执行过程中，应设立 BIM 标准化工作的主管机构和实施机构，对BIM标准实

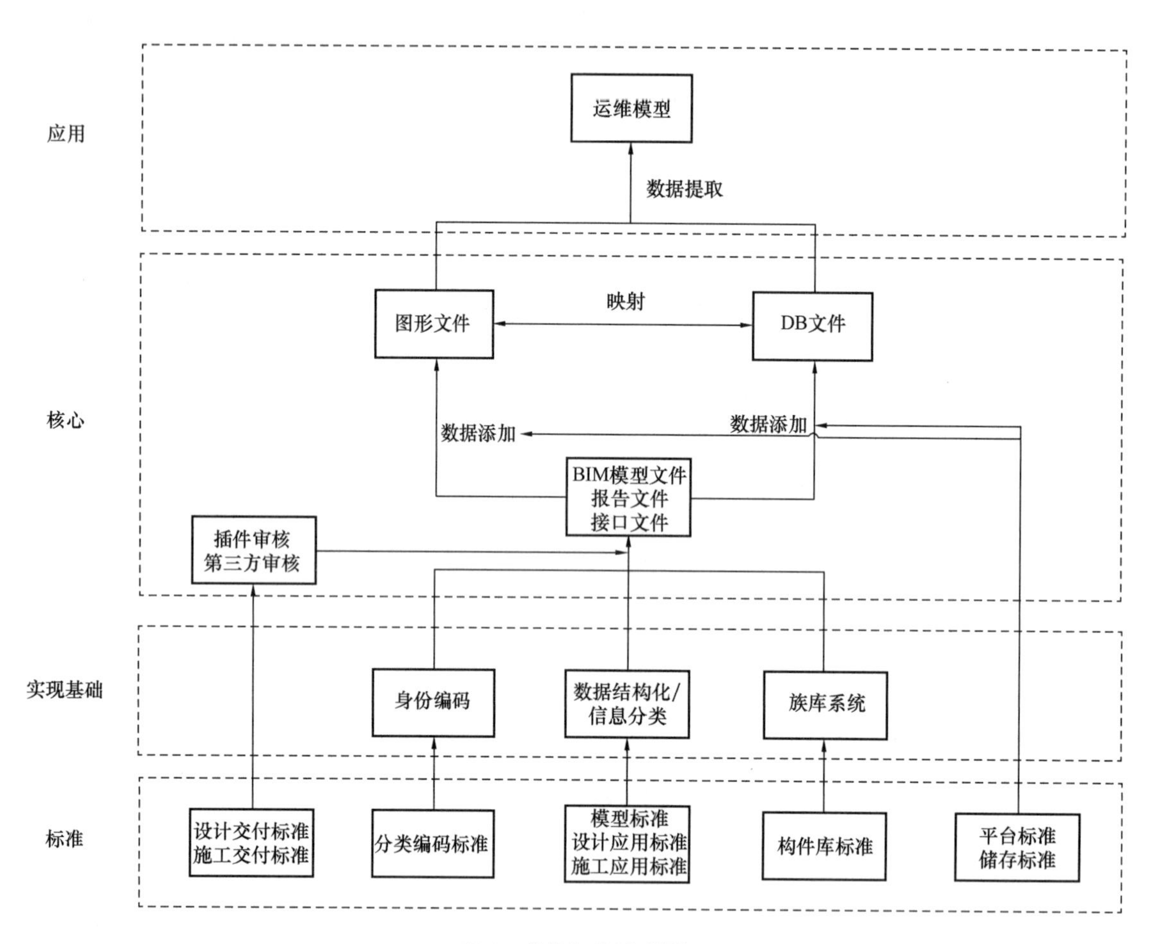


图 1 总体架构示意图

行统一归口管理，全权负责 BIM 标准的立项审批、过程管理和复审修订工作。如图 2 所示，首先需设立一个总体标准，它既是标准体系中其他标准制定的基础，也用于规定和协调其他标准之间的关系。中间层是应用标准，用于指导和规范建设项目 BIM 技术应用，规定设计方、施工方及项目管理方的行为。最底层是基础数据标准，用于指导和规范项目 BIM 软件开发，实现建设工程全生命周期内不同信息系统之间的互操作性。

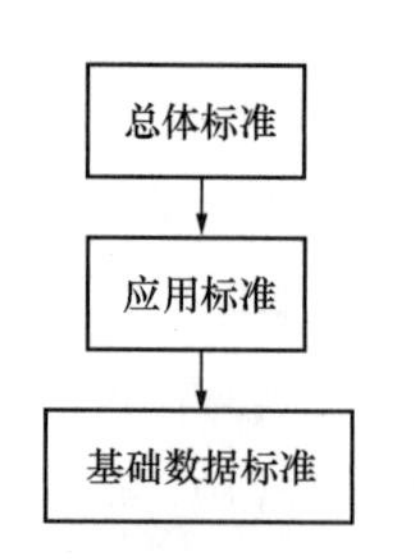


图 2 标准体系逻辑示意图

### 3.2 信息分类

要实现数据结构化，首先要进行信息分类，信息分类是按照选定的属性对目标进行一定的区分，这样就使得同属性的对象被集合在一起，为其后的处理和规划提供支持，更好地满足各方面的实际应用要求。在分类过程中引入了专业和构件相关的单元，然后进行优化组合，在应用中可对全生命周期各方面信息进行描述分析，为用户的高效交互提供支持，且满足一定的信息协同要求[16]。

建筑信息分类应遵循科学性、系统性、可扩延性、兼容性和综合实用性原则。在我国的工程项目中根据构件属性，大多数项目采用线性分类法对构件信息进行分类。同一分支的同层级类目保持并列，不同层级则存在一定隶属关系，这样可以更为高效简洁地进行层次体系划分，更好地满足其后处理的相关要求。

在信息分类规划初期，应整体调研分类对象的应用范围。首先，不要局限于单一阶段，应从建筑全生命周期考虑构件使用的阶段以及不同阶段需要的构件属性信息。在整体规划的基础上，再针对当前最为迫切使用的模型资源进行充分调研和分析，将相应的分类项分步细化。

### 3.2.1 构件分类

信息分类又可以分为构件分类和构件属性分类，构件可按照“专业—子专业—族—族类别—族类型—实例”逐层划分，每一个构件只能隶属一个构件分类下，以建筑专业为例，其分类层级关系如图 3 所示。

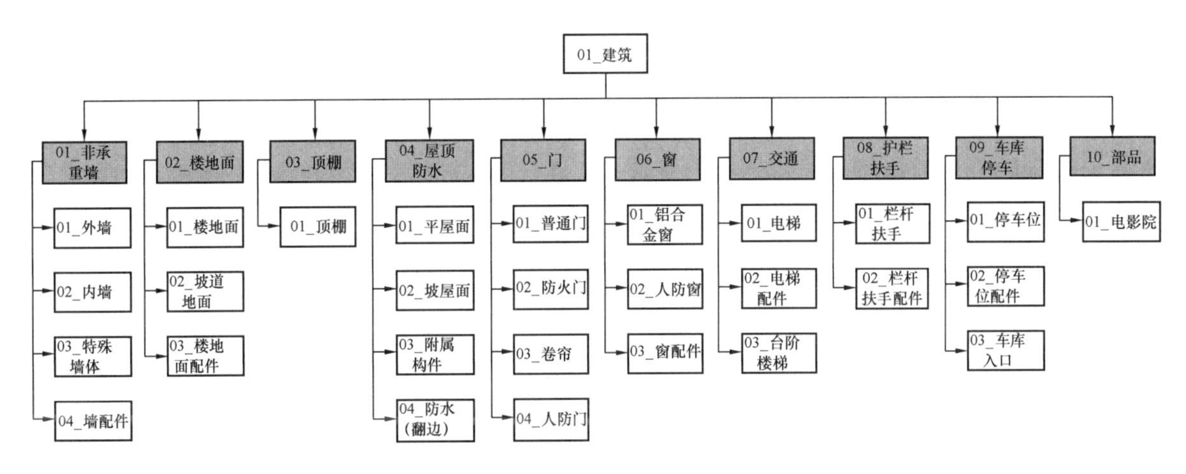


图 3 建筑构件层级关系示意图

### 3.2.2 构件属性分类

构件属性是指建筑信息模型中构件物理特征或理论上可以测量和检测的特征，例如颜色、宽度、长度、工艺要求、验收标准等。构件属性包含设计参数、设备参数、设备信息、质保信息及相关文档。不同的构件信息在各个阶段的不同 BIM 应用点中被使用，其需求各不相同，前期建筑信息模型中构件及构件属性项、属性值信息命名必须规范统一，以方便形成系统化的数据。例如，可采用“族名称 _ 族类型名称 _ 关键属性 1 _ 关键属性 2＋……”作为构件命名规则。

## 3.3 身份编码

编码是指给事物或概念赋予代码的过程，同类事物或概念的编码应具有可识别性和唯一性。对模型的构件进行分类并编码，是模型与模型信息关联的第一步，这种统一的数字编码能更加利于提高所有参与者在模型管理工作的各个方面对模型描述、识别和处理上的一致性和准确性，编码是管理信息系统实施的基础。模型信息分类编码体系有很多种，包括国际上的 ISO 体系、Uniformat 体系、Masterformat 体系、Leen 体系等，且我国也发布了《信息分类和编码的基本原则与方法》GB/T 7027—2002。但在实际项目中，直接使用某一套国际或国内标准，往往不能完全适用。实际项目中应根据建筑生命周期中各个阶段需求来编排符合具体情况的编码体系，应当遵循信息分类编码的基本原则，如表 1 所列，其中比较重要的是唯一原则和可扩充原则。

BIM模型资源信息编码原则　　表1

| 原则 | 备注 |
|---|---|
| 唯一原则 | 具体表现为在分配过程中应控制代码和分类对象保持一一对应关系 |
| 可扩充原则 | 为满足一定的扩充要求，应该设置一定量备用代码，在一定情况下可新加入 |
| 简明原则 | 简短明确，占用空间较少，可以更好地满足综合应用相关要求 |
| 合理原则 | 代码可很好地反映出对象的特点，在各种领域都有很好的适用性，且可以方便集成 |
| 规范原则 | 应该统一规范处理同一层级代码，并制定相应的标准 |
| 完整原则 | 在设计过程中如果发现代码的位数不够，则应根据要求适当补位 |
| 不可重用原则 | 在编码过程中发现代码变动，不可以对其继续分配，而应根据要求进行保存，为其后的操作提供支持 |
| 可操作原则 | 代码应尽可能方便相关人员的工作，减少机器处理的时间 |

但是，仅有分类编码只能确定某一个构件的种类，无法定义其唯一性。所以在分类编码基础上，还需要编制构件编码，构件编码是在构件分类编码基础上完成的。其中，“构件分类编码”是分类码，而“构件编码”是标识码，整个编码体系是以BIM模型的“构件”为对象进行分类和编码。分类码是表示某个类别的事物，对应模型的构件类别；标识码是用于唯一地表示一类事物中的某个对象实例。在实际项目中，我们通过这唯一的构件编码，关联到构件信息数据库，再按照业务信息需求维护和使用构件信息数据库。

### 3.4　族库系统

在工程项目全生命周期的信息管理中，必须要搭建符合标准的族库系统，并对其进行管理。构件库及族库是重要的BIM资源，要实现对BIM模型资源的有效利用，应该根据资源处理相关要求设置特定的模型资源库，根据模型的特征和资源类型情况进行针对性地管理及维护。族库是构件库的基础，族库和含有构件单元化尺寸、规格、性能参数等关键属性项与固定参数属性值的数据库共同组成构件库。族按照族类别归档，根据参数集的共用、使用范围类似的图元进行分组，这样可以对各种组件进行更高效地处理，提高资源的利用水平和效率。

族库的系列化整理主要表现为对同类型构件进行规律性分析，基于其特征和属性进行建模，在此处理过程中一般情况下可根据模型主要参数的驱动，在一定的规则约束条件下建立构件的模型，然后从模型中剥离其类型名称、编码、主要尺寸参数等信息，再进行系列化处理以形成目标构件模型。与此相关的操作流程如下：一是确定基本参数，分析可知这种构件中的参数是设置时的依据和标准，并且采用专业的数据管理系统进行，更有利于数据检索，可以满足资源管理相关要求，也对构件的维护起到一定帮助，提高管理和使用效率。二是对族库资源的管理有更为严格的规范和标准，需要建立和统一标准才可以提高管理水平，确保库中BIM模型及构件的准确性，树立企业BIM模型资源库的权威性。三是企业应根据族库资源的总体规划搭建系统平台。以上做法的好处是可以避免大量的重复建模工作，提高生产效率，并且由于构件库中的构件正确性已经过验证，它的重复使用可避免重新建模时出现导入错误，提高数据质量。

## 4　实现方法

### 4.1　数据结构设计

根据上文中提出的思路，首先应选择合适的数据库来存储数据，目前常用的数据库模型分为两种，分别是关系与非关系型数据库，由于BIM中各项数据之间有密切的相关性，所以选择关系型数据库更符合 BIM 数据管理的要求。BIM 中非结构化的数据传递和保存应该尽量与模型文件的方式保持一致，所以在几种常见的关系型数据库中选择 SQLite 作为方案首选数据库。SQLite 拥有体积小、性能高、可移植性强等特点，对运行系统的软硬件要求极低，符合对数据文件保持与模型文件保存传递方式一致的要求。

下一步应对模型中的数据进行分类整理与数据存储结构设计，设计的标准为满足数据规范化理论的第四范式。范式是关系模型满足的确定约束条件。范式有 1NF、2NF、3NF、4NF 和 5NF 五种，其中 1NF 级别最低。关系模型的规范化是指把一个低一级范式的关系模式转换成若干个高一级范式的关系模式的过程。故将数据存储结构设计作为第四范式，能有利于减少数据冗余，数据结构与实体逻辑的对应关系会更加清晰，数据文件更利于保存和传递，同时可以尽可能减少操作异常的产生。

图 4 为对模型中部分构件的非结构化数据进行数据结构设计的过程，其中构件实体表为数据库文件中的主要数据表，该表中的每一条记录都代表模型文件中的一个具体构件。该表共有 8 个属性字段，其中 id 为该表的主键，作为该数据表中数据的唯一识别码，无实际含

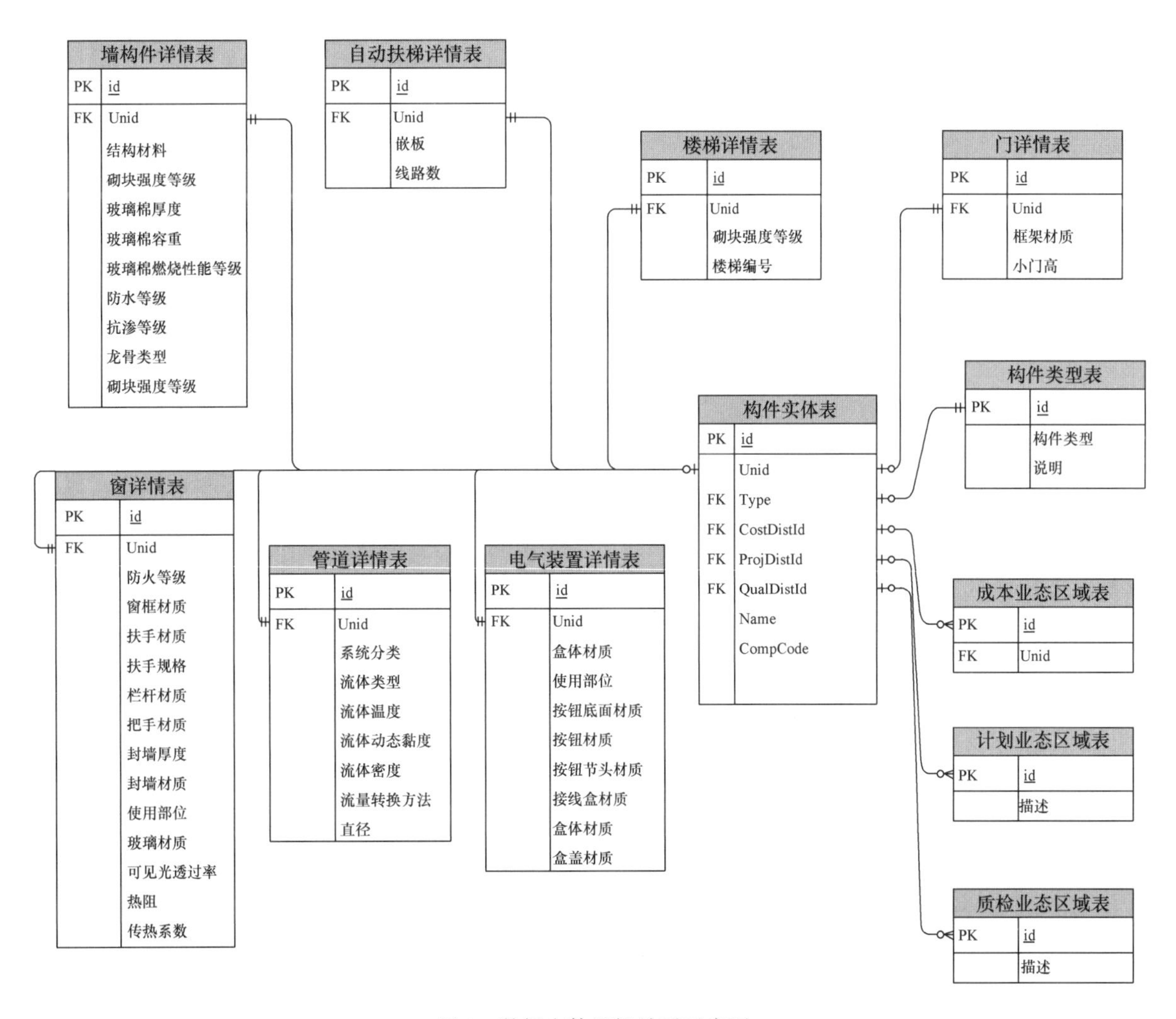

图 4　数据实体逻辑关系示意图

义。字段 Type 为该构件在模型文件中的种类，该字段为外键与构件类型表的 id 字段所关联。字段 CostDistId 为该构件的成本业态区域 id，该字段为外键与成本业态区域表的 id 字段所关联。字段 ProjDistId 为该构件的计划业态区域 id，该字段为外键与计划业态区域表的 id 字段所关联。字段 QualDistId 为该构件的质检业态区域 id，该字段为外键与质检业态区域表的 id 字段所关联，这样可以为对应的字段管理起到促进作用，强化了各方面的关联性，为其应用功能的实现提供支持，因而本文在设计过程中也依据这种规范进行字段的设计，且确定出相关的对象。字段 Name 为该构件在模型文件中的名称，可为空。字段 CompCode 为该构件的真实身份编码，按照上文中提到的编码标准为其进行编码赋值。

当对某条构件信息进行查询时，数据库操作设计如下：根据查询到的构件实体表中的某条构件信息的 Type 属性，在构件类型表中查询对应的构件类型，获得该构件的真实类型；根据 CostDistId 属性，在成本业态区域表中查询，获得该构件的成本业态区域信息；同理查询获得该构件的计划业态区域信息和质检业态区域信息；根据查询到的类型信息在对应类型的构件详情表中以该构件的 Uuid 属性进行查询，获得该构件的类型专有信息，至此，一条完整的构件信息查询完成。

### 4.2 数据添加

以 Autodesk Revit 软件为例，软件中的基本构件类型并不具备各项详细属性字段，为满足属性的添加，需要事先将各类构件以族的形式进行设计与开发，保证各族属性字段满足数据完整性的要求。BIM 一般有 3 种扩展方式：基于 IFCProxy 实体、增加实体、属性集的扩展[17]。这些扩展模式各有一定优缺点和适用范围，在扩展过程中可以根据应用灵活地选择。本文选用了在 Revit 中添加参数，重定义和添加实体的模式进行扩展。例如针对墙类型构件，设计开发墙体族，需要在该族中设计添加结构材料、砌块强度等级、玻璃棉厚度、玻璃棉密度、玻璃棉燃烧性能等级、防水等级、抗渗等级、龙骨类型等属性字段，以确保满足后期对该构件数据的存储与使用，也为进一步地优化管理提供支持，更好地满足特定条件下的应用要求，这也是未来优化改进过程中应该重点考虑的，需要对此进行特定设定，更好地进行优化调节。

每一个构件实体在添加到模型文件中时，应根据设计准则对其属性进行赋值。为减少工作量同时尽可能减少错误数据的录入，在对族属性字段的录入方式进行设计时应尽可能使用选择项而非手动输入项，从数据源头控制信息录入的质量，以此来为特定信息的处理起到促进作用，提高信息管理的效率，在复杂条件下也可以高效地利用这些数据来满足特定应用要求。

同时根据设计准则编写和开发数据校核与属性反写程序，根据构件所处的空间位置、构件的类型等非录入属性建立相应规则并对各构件的录入信息进行校核，发现不符合规则的构件属性进行提醒，同时将推荐的属性信息写入该构件属性字段中，从而建立一层对构件属性数据正确性进行预防性保护的机制，更好地满足其管理要求，为其功能的实现提供支持和依据，这也是在此方面设计过程中应该重点考虑的事情，需要对此予以重视，且进行针对性地优化和改进。

### 4.3 数据提取

以 Autodesk Revit 软件为例，对 Revit 软件进行二次开发，编写实现数据提取的程序。

对数据提取程序进行需求分析，确定软件的运行环境、设计和实现上的限制、使用的代码语言、输入和输出数据、性能需求以及质量需求。由于是对 Revit 进行二次开发，所以程序运行所依赖的运行环境为 Revit，其二次开发主要有基于 RevitAPI 的插件式开发与基于 Dynamo 的二次开发。基于 RevitAPI 的插件式开发主要是针对 RevitAPI 中提供的功能接口来实现一些 Revit 本身不具有的或者较为复杂的函数功能，有极高的开发灵活度。Dynamo 是 Revit 的功能增强器。Revit 在应用过程中可以实现各方面的功能，主要包括模型建立、生成图纸、建立数据库，不过也存在一定的局限性，如处理功能不强大、适用性差。Dynamo 是程序开发平台，在开发过程中可以和 Revit 结合起来以满足复杂条件下的应用要求，也为一些自动化操作功能的实现提供支持，且具有很强的模拟和分析功能，因此目前在很多领域中获得应用。在实际的处理过程中主要是应用 Dynamo，BIM 模型在一定的规则和限制基础上，实现各方面重要操作。由于本文主要涉及数据方面的提取操作，而不涉及图形与模型的操作，所以选择基于 RevitAPI 插件式的二次开发（图 5、图 6）。

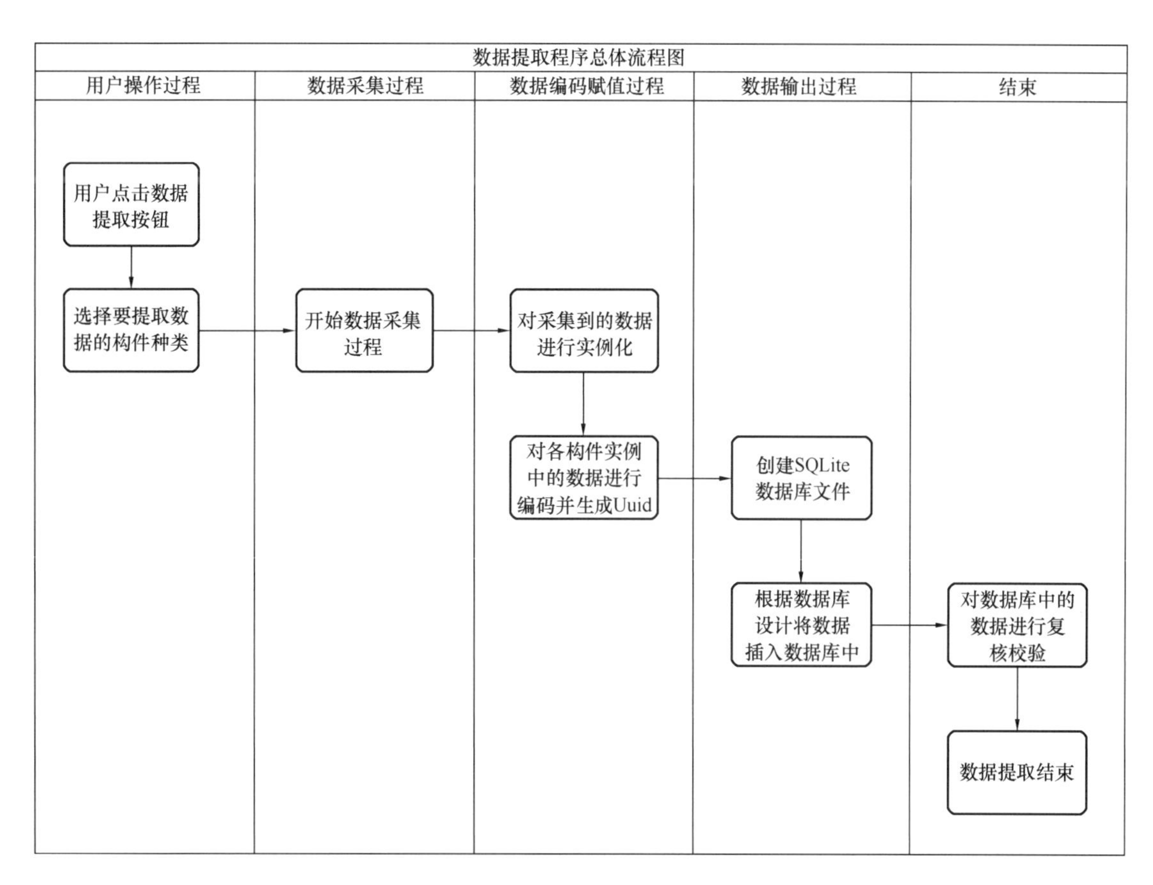


图 5　数据提取程序总体流程示意图

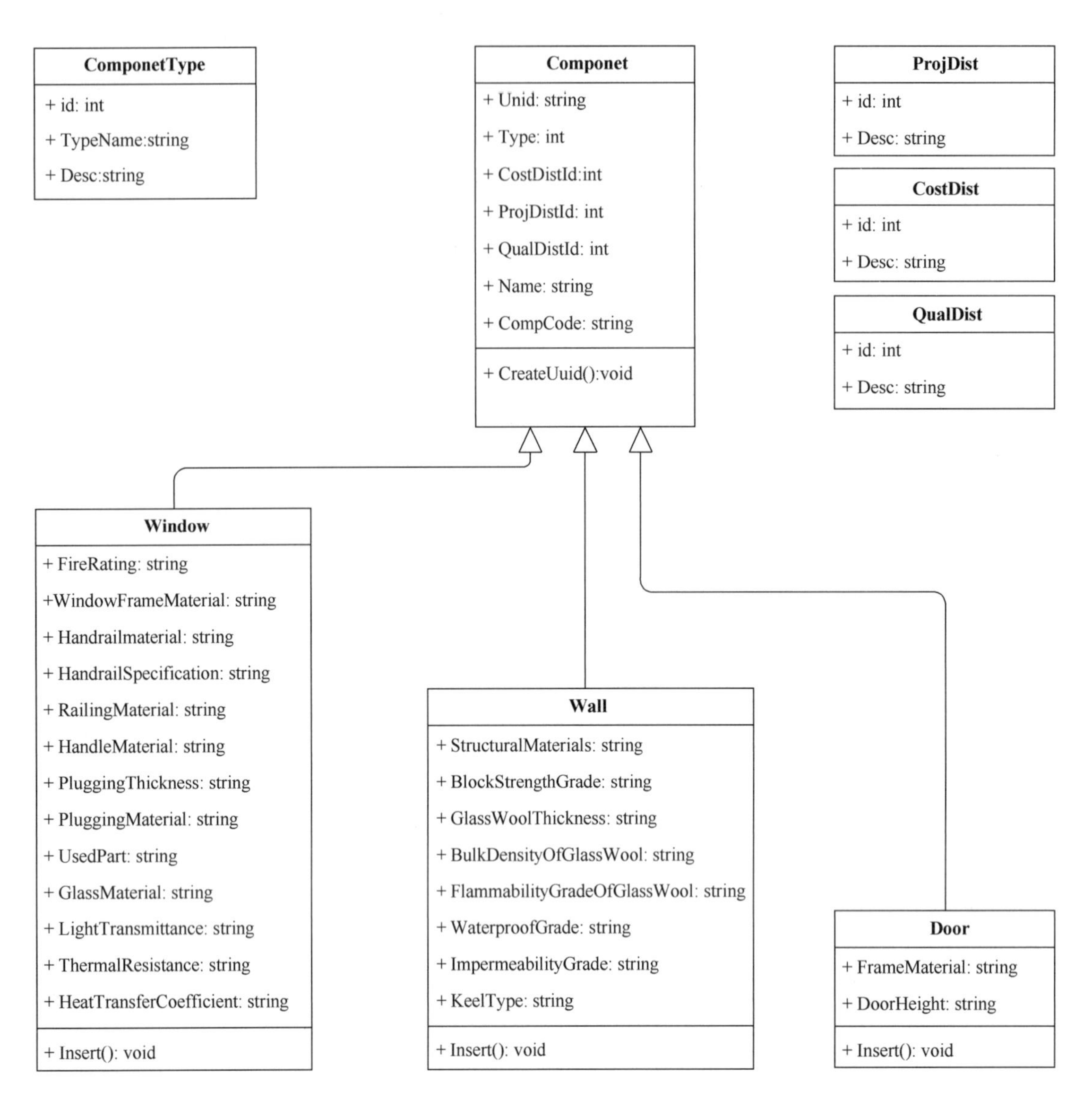


图 6　程序结构 UML 类示意图

## 5　结语

本文介绍了工程项目中信息管理、建筑全生命周期及 BIM 等基础理论，在此基础上阐述了建筑构件信息的分类及特征，并提出了优势方案：对构件数据与构件进行关联，采用构件数据外挂的形式将模型与数据分离管理，并系统地阐述了该方案的实现基础与实现方法。

本文的主要贡献是对此方案进行系统分析，给出总体架构思路，搭建了实现基础层、核心层和应用层的框架体系，并详细说明了该方案四大实现基础，分别是标准体系、信息分类、身份编码和族库系统；又通过选用关系型数据库 SQLite 对数据进行分类整理与数据存储结构设计，以 Autodesk Revit 软件为例，选择 C# 为开发语言，阐述了数据添加及提取的实现方法，从而建立了完整的实施架构和应用流程，得出此方案能够较好地实现建筑构件信息管理的结论。期待本文对建设工程中的信息管理工作可以起到一定的理论支持和参考作用，同时可以更好地满足项目全生命周期信息管理相关要求，为工程建设项目信息管理目标和需求的实现打下良好基础。

## 参考文献


[1] Autodesk Building Industry Solutions, White Paper: Building Information Modeling [EB/OL]. 2002. Autodesk Inc. www. autodesk. com/buildinginformation.

[2] Liu Z, Lu Y, Shen M, et al. Transition from Building Information Modeling (BIM) to Integrated Digital Delivery (IDD) in Sustainable Building Management: A Knowledge Discovery Approach Based Review [J]. Journal of Cleaner Production, 2021(291): 125-223.

[3] 孙东川. 系统工程引论[M]. 北京：清华大学出版社，2014.

[4] 王茹，宋楠楠，蔺向明，等. 基于中国建筑信息建模标准框架的建筑信息建模构件标准化研究[J]. 工业建筑，2016，46(3)：179-184.

[5] Li Y W, Cao K. Establishment and Application of Intelligent City Building Information Model Based on BP Neural Network Model [J]. Computer Communications, 2020(153): 382-389.

[6] Xue F, Wu L, Lu W. Semantic Enrichment of Building and City Information Models: A Ten-year Review [J]. Advanced Engineering Informatics, 2021(47): 101-245.

[7] 张俊，李伟勤. 基于云技术的 BIM 应用现状与发展趋势[J]. 建筑经济，2015，36(7)：27-30.

[8] 王增竹. Revit 二次开发及其应用研究[J]. 水电站设计，2019，35(3)：31-33.

[9] 何关培. "BIM"究竟是什么？[J]. 土木建筑工程信息技术，2010，2(3)：111-117.

[10] 何清华，钱丽丽，段运峰，等. BIM 在国内外应用的现状及障碍研究[J]. 工程管理学报，2012(1)：12-16.

[11] 赖华辉，邓雪原，刘西拉. 基于 IFC 标准的 BIM 数据共享与交换[J]. 土木工程学报，2018，51(4)：121-128.

[12] BuildingSMART. Industry Foundation Classes IFC4 ADD2 Official Release [EB/OL]. http://www. buildingsmart-tech. orglifc/IFC4/Add2/html/.

[13] 张其林，舒沈睿，满延磊. 基于工业基础类标准的参数化实体模型数据交互技术[J]. 同济大学学报(自然科学版)，2021，49(2)：195-203.

[14] 曹炳勇，施新欣. 基于 IFC4.1 标准的 EICAD 路线数据转换方法[J/OL]. 清华大学学报(自然科学版)[J]. [2021-03-03]. https://kns. cnki. net/kcms/detail/11. 2223. N. 20210302. 1720. 002. HTML.

[15] 杨新，焦柯，鲁恒，等. 基于 BIM 的建筑正向协同设计平台模式研究[J]. 土木建筑工程信息技术，2019，11(4)：28-32.

[16] 史海欧，袁泉，张耘琳，等. 基于 BIM 交互与数据驱动的多专业正向协同设计技术[J]. 西南交通大学学报，2021，56(1)：176.

[17] 杨启亮，马智亮，邢建春，等. 面向信息物理融合的建筑信息模型扩展方法[J]. 同济大学学报(自然科学版)，2020，48(10)：1406-1416.

# 商业综合体项目中的构件信息管理策略实施

金维琪[1,2]　王广斌[1]

（1. 同济大学经济与管理学院，上海　200092；
2. 上海原构设计咨询有限公司，上海　200233）

**【摘　要】** 商业综合体项目往往是参与方多、涉及专业广的复杂工程，如何通过有效的信息管理手段，帮助项目各方有效地进行信息共享和传递，提升各阶段的工作效率，使建设阶段的信息可在运维阶段被商管有效利用，将成为重要的研究方向。在本案例中，BIM 应用不再局限于某一参与方局部性的问题，而是利用 BIM 技术进行数据管理，打破不同阶段、不同参与方之间的信息壁垒，用于解决贯穿整个建筑生命周期的信息集成的问题。本文介绍了在整个项目执行过程中，如何对建筑信息管理进行前期规划和设计，在项目中运用构件数据外挂并与构件关联的方式进行建筑生命周期内有效管理的实施流程，利用软件进行信息添加与数据处理，并最终完成模型与数据上传至平台的实现过程，同时总结了该策略实施的重难点，可为其他项目的建筑全生命周期信息管理提供借鉴价值。

**【关键词】** 商业综合体；信息管理；BIM；建筑构件；建筑全生命周期

当前，深层次地挖掘建筑行业信息的价值越来越被重视，而建筑信息模型被认为是建筑设计、建筑施工和运维各环节都应用得到的信息集合[1]，在商业综合体项目的应用中，BIM 数据共享和 BIM 全生命周期效能是讨论的重点之一[2]。

在本文所述项目中，建设方具有一定的 BIM 标准体系、族库系统和数据库等实现建筑构件信息管理的基础，针对多阶段、多参与方信息集成与共享的迫切需求，经过多方共同协作，以 BIM 模型为载体，对模型中的数据进行分离，采用构件数据外挂并与构件关联的方式，完成了建筑生命周期内建筑构件信息的有效管理。

## 1　研究背景

### 1.1　项目概况

该项目是位于上海市闵行区面积约 16 万 $m^2$ 的商业综合体，建设用地面积为 4 万 $m^2$，地上四层（局部有五层），地下二层，容积率 2.0，部分楼板、梁、柱、楼梯等采用预制装配构件。该项目建筑功能空间多，结构复杂，专业交叉频繁。项目使用 Revit 软件构建三维建筑模型，因而表现出很高的应用性能优势。通过分析可知，这种模型包含建筑所有构件、设备等相关的信息，为关联处理提供了支持和便利。模型信息与建设阶段存在密切关系，且在不断的建设过程中相应的模型信息也会产生明显变化，因而应该确定出其关联性，建设、设计、施工、运营相关的单位都应用统一的建筑信息模型，这样各相关方可以通过这种平台高效地进行交互，提高交流效率，实现项目协同管理。该项目网络环境采用 TCP/IP 协议，中心文件服务器端的网络带宽为 100M，工作站端的网络带宽为 50M。

### 1.2 信息管理策略分析

目前，对于建筑构件在建筑生命周期中的信息管理，主要有以下三种方法：第一，开发超级软件，支持一个项目中所有成员完成项目生命周期不同阶段的所有任务；第二，开发一个支持性很强的中间文件，为各方面的信息交互提供支持；第三，建立关系型数据库，对构件数据与构件进行关联，采用构件数据外挂的形式将模型与数据分离管理。

商业综合体项目较为复杂，很难找到适用的一体化软件，达到支持项目中所有成员完成项目生命周期不同阶段的所有任务的效果。而以 IFC 格式作为中间格式时的兼容性有限，通过 IFC 格式成功进行信息交互到运营阶段十分困难[3]，且利用 IFC 格式测试不同的软件，对所得结果进行统计分析，也发现数据交换后，这种文件的大小、几何表达、属性等都出现了明显的变化，相应的差异性很明显。此外，调查结果也表明尚有很多软件不支持 IFC 输入、输出功能，有的虽然支持，但支持的水平不高，这对其应用性能产生一定的制约，因而还需要进行不断地优化和提升[4]。目前来说，在实际项目中进行格式转换时数据质量依然无法保证，导致信息的准确性、完整性受损，给项目带来信息缺失的风险。而采用建立关系型数据库，对构件数据与构件进行关联，采用构件数据外挂的形式将模型与数据分离管理，在数据传递的准确性和完整性上的表现要更好。综上所述，本项目中将采用第三种方式，以 BIM 模型为载体，建立关系型数据库，采用构件数据外挂的形式、将模型与数据分离的方式进行信息管理。

## 2 技术路线

基于 BIM 的建筑构件信息管理策略总体架构如图 1 所示，在统一标准体系的支持下，以信息分类、身份编码及族库系统为实现基础确保信息统一规范，以规范信息添加流程，图形文件与数据库文件相互映射挂接为核心，研发构件信息添加插件为辅助，配合实施流程和管理办法，最终实现数据提取，达到项目实施全过程信息有效集成、管理、传递的目的。

该项目中，构件信息管理总体实施流程如图 2 所示，其重点是有效管控数据质量，利用模型检查、构件挂接测试等手段，保证数据的准确性和完整性，并能够规范地添加和录入。

## 3 实施内容

### 3.1 BIM 模型与数据库

#### 3.1.1 模型搭建与标准设立

BIM 模型作为数据的载体，其搭建原则、方式、标准以及模型质量都是建筑构件信息管理的重要基础，需要在项目开始前完成策划和设计。因项目模型体量较大，在项目前期的生产工作中首先根据下列原则对 BIM 模型进行了划分：一是按专业划分；二是按水平或垂直方向划分，除去外立面、幕墙、泛光照明、景观专业，其余专业内项目模型依据自然层、标准层划分，在进行建模过程中应该注意到这一点，进行适当调节；三是按功能系统划分，在此划分过程中对系统类型可依据专业内模型适当地划分，这样可以更好地满足特定条件下的

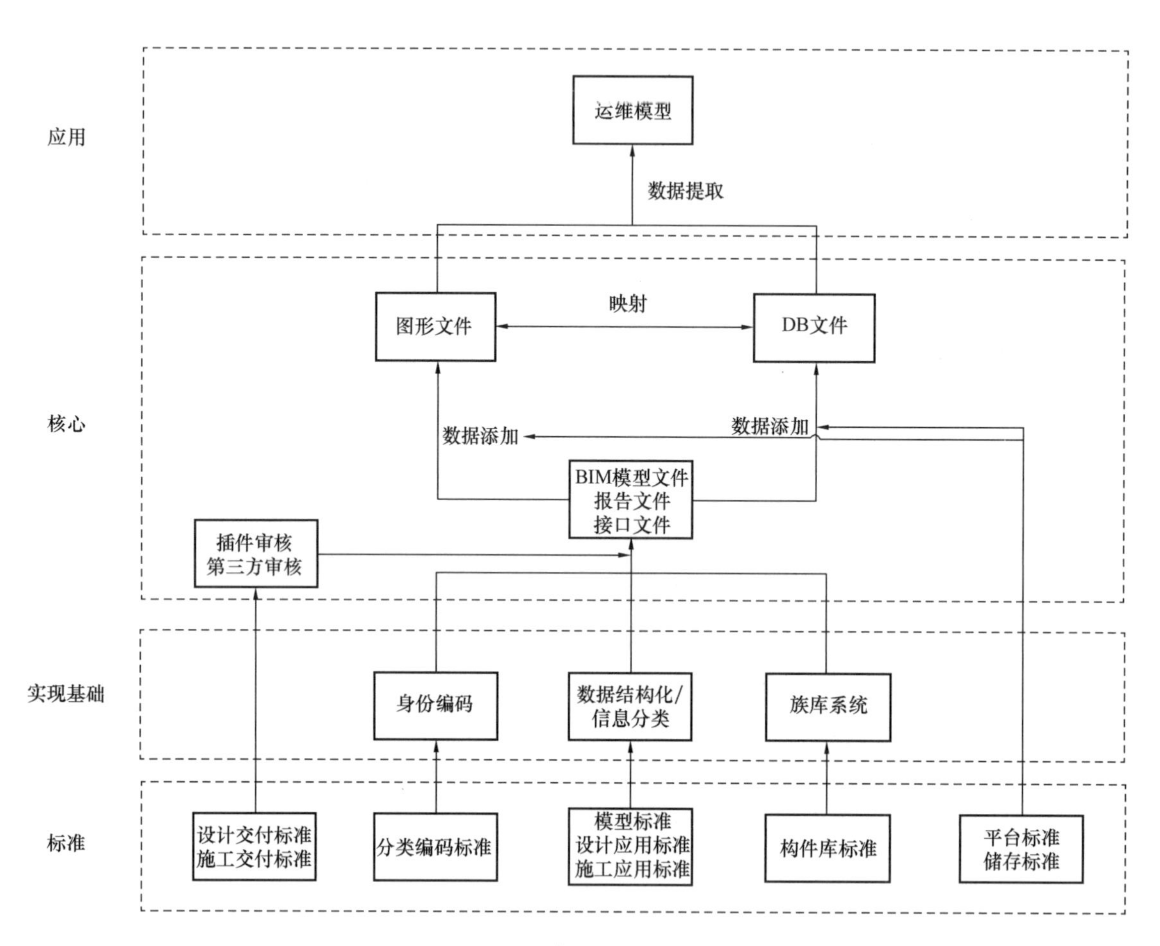


图1 总体架构示意图

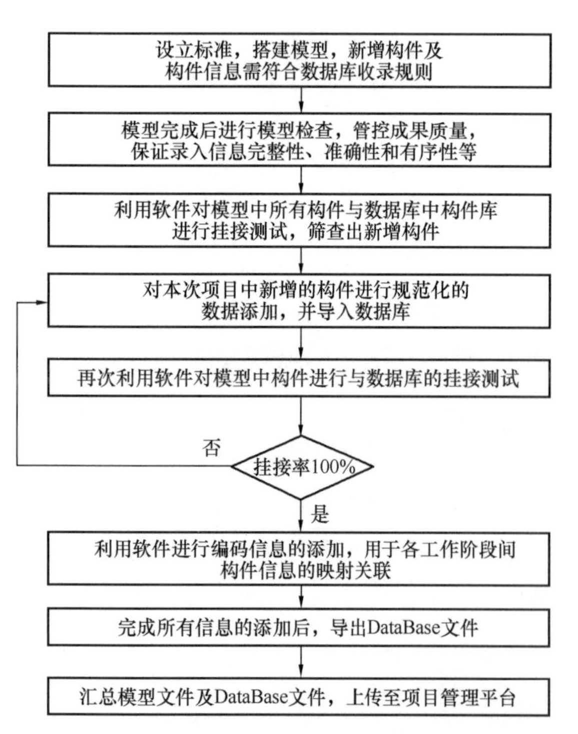


图2 项目构件信息管理总体实施流程图

应用要求；四是基于相关的标准和工作性质进行划分，如具体分析机电管综工作特征和相关内容，对其中末端点位单独建模，这样可以为其后的管理提供支持。该项目根据其具体情况综合运用上述划分方式，在初期将模型划分为98个模型文件进行生产。项目所有模型文件中都明确了项目的基点、轴网、标高等基础信息，模型方位与建筑平面图方位应保持一致，并且项目中应使用统一的单位度量制。后期模型成果提交时，在满足交付标准的前提下清除冗余的对象，重新按专业、按水平或垂直方向或是按整体进行整合，并将其转换为Navisworks格式的轻量化模型。

该项目设立了1个总体标准，即模型标准导则。设立了6项应用标准，其中设计方应用3项：模型设计应用标准、模型设计基础标准、模型设计交付标准；施工方应用 2 项：模型施工应用标准、模型施工交付标准；管理方 1 项：模型平台管理标准。设立基础数据标准 2 项：模型交换存储标准、模型分类编码标准（图 3）。

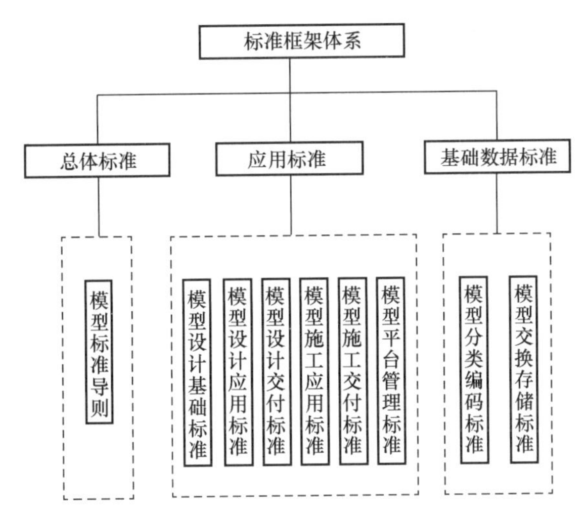


图 3　项目建筑信息模型标准体系结构示意图

### 3.1.2　数据库及信息录入

族库系统和身份编码是实现信息化管控的基础之一。本项目中建设方的数据库中内置了标准族文件及族样板文件、构件信息库、构件编码库等，安装客户端后即可查询和使用，项目中的构件需严格对应数据库中的构件分类、相关属性及编码。数据库中的建筑信息模型构件分类过程中应用了线性分类方法，一级类目总体划分为建筑、结构与装饰工程、机电工程、景观绿化、市政、符号、洞口，二级及以下类目设置主要根据对应的子专业划分，其中的各个类目根据该项目设立的《建筑信息模型分类标准》划分逻辑层次，以便满足统一标准和管理相关要求。各专业的分类过程中应该具体分析相应设计习惯及 Revit 软件特性，族分类体系和文件架构与构件分类体系保持一致。

项目进行过程中，不可避免地需要使用数据库中尚未收录的构件，这时需要严格按照数据库的收录标准新增构件，以保证后期可以录入数据库。新增构件的标准化处理非常重要，包括新增构件的所属分类、族命名规范及参数命名规范，还包括对构件及构件编码标准化处理。

本项目中选用 SQLite 数据库，其拥有体积小、性能高、可移植性强等特点，对运行系统的软硬件要求极低，符合设计方案中对数据文件保持与模型文件的保存传递方式一致的要求。

## 3.2　成果质量管控

对项目的模型成果进行质量管控非常重要，其一是保证以模型为载体的数据的完整性和准确性，其二是验证模型搭建符合标准，以保证数据的结构化处理符合要求，即确保数据的有序性。在项目模型搭建完成后，首先要进行模型检查，在该项目中设置有各阶段的审核要点清单，依据清单要求，各参与方对交付成果进行内审，并对审核构件的数量、空间关系、做法等进行确认，编制自审报告，提交给外部审核单位再次进行核查。模型的外审包括第三方审核以及建设方审核，外审单位在自审报告的基础上，审核模型的合规性、完整性、建模方法的正确性等，并编制审核报告，以达到控制成果质量的要求。表 1 中列举了该项目部分模型审查要点。

**项目中模型审查项　　表 1**

| 序号 | 审查项 | 类型 |
|---|---|---|
| 1 | 模型命名规则性检查 | 建模方法合规性检查 |
| 2 | 系统代码应用规范性检查 | 建模方法合规性检查 |
| 3 | 专业代码应用和规范性检查 | 建模方法合规性检查 |
| 4 | 楼层代码应用规范性检查 | 建模方法合规性检查 |

续表

| 序号 | 审查项 | 类型 |
|---|---|---|
| 5 | 模型配色规范性检查 | 建模方法合规性检查 |
| 6 | 常规建模操作规范性检查 | 建模方法合规性检查 |
| 7 | 模型命名规则性检查 | 建模方法合规性检查 |
| 8 | 系统代码应用规范性检查 | 建模方法合规性检查 |
| 9 | 专业代码应用和规范性检查 | 建模方法合规性检查 |
| 10 | 楼层代码应用规范性检查 | 建模方法合规性检查 |
| 11 | 常规建模操作规范性检查 | 建模方法合规性检查 |
| 12 | 核查专业涵盖是否全面 | 模型完整性核查 |
| 13 | 核查专业内模型装配的完整性情况，以及各构件的位置关系合理性，以及是否出现了错位、错层相关的问题 | 模型完整性核查 |
| 14 | 对模型装配相关情况进行充分地检查，确定出定位关系是否正确，有没有出现错层相关的问题，出现时应该适当地调节 | 模型完整性核查 |
| 15 | 核查模型成果的存储结构是否符合要求 | 模型存储要求核查 |

另一方面，该项目利用了自主研发的审核插件（图 4），其中内置模型检查规则，可以对项目中的构件进行信息、编码核查，确保符合数据库的收录要求。并且，在项目成果移交之前，还必须利用插件核查模型中构件是否完全属于数据库中已存在的信息，以确保信息的完整性和准确性，同时自动生成检查报告，当模型构件 100%符合要求时，才可以进行成果移交工作。

图 4　模型核查插件界面

### 3.3　数据管理策略

完成模型搭建及模型检查后，即可通过软件进行构件库挂接检查。如图 5 所示，构件库挂接检查的作用可将本次项目中新增的构件筛查出来，选择软件的“新增构件”功能，弹出界面中将会显示需要添加信息的新增构件列表，如图 6 所示，可添加的信息有所属分类、属性值添加及修改等。修改完成后再次进行构件库挂接测试，直至模型中所有构件与数据库中的构件库所含信息完全一致，此时构件挂接率为 100%，所有信息都能完整、准确地录入数据库中。

在该商业综合体项目中，后期的施工阶段有进度计划管理和施工质量管控的需求，运维阶段有业态划分、商管设备分类相关信息的需求。因此，需要通过编码将构件在施工阶段和运维阶段进行关联。具体做法是：首先在模型中划分业态区域，然后在软件中打开编码反写功能，选择计划、质检业态区域，根据数据库中内设的编码库，对应编码属性值写入模型的构件中（图 7），完成与项目进度关键节点、质检信息及商管设备分类之间的关系设置。

由于篇幅所限，本文无法列出全部数据库中构件的编码信息，下文以室内消火栓为例，说明该项目中构件编码在各环节的映射原理。项目模型中室内消火栓的类别名称为“消防-室内消火栓”，所属分类编码是 20.60.50.15。模型完成后，软件查找相应编码并写入构件。在施工阶段，构件的信息需求为进度关键节点与质量验收检查项目，通过室内消火栓构件编码完成与进度关键节点对应关系，如表 2 所示，与质量验收检查项目对应关系如表 3 所示。室内消火栓作为后期使用阶段十分重要的建筑构件，在运维阶段也有着相应的信息需求，因此，还需通过室内消火栓构件编码完成与商管设备分类对应关系，如表 4 所示。

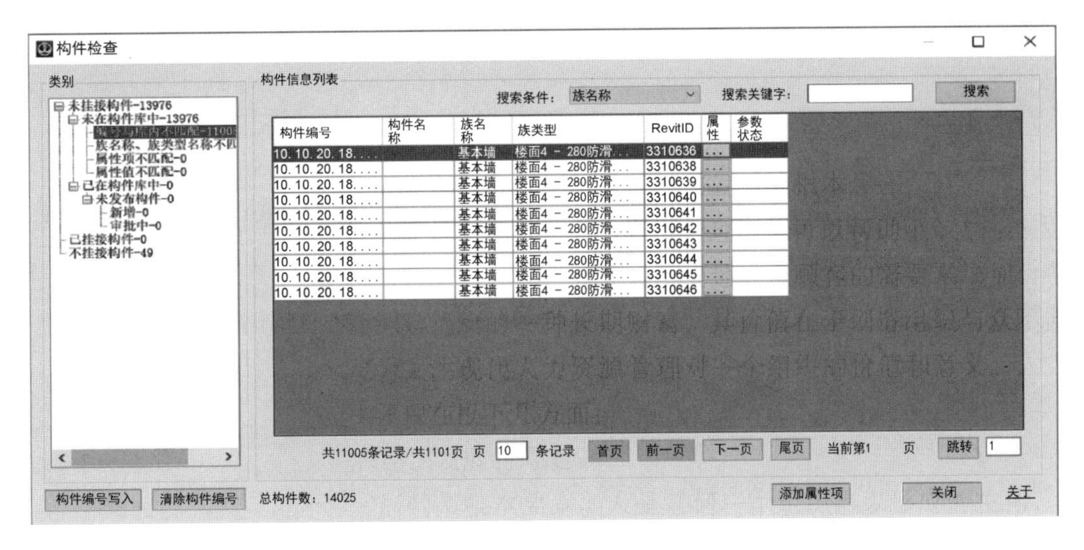

图 5　软件中构件挂接测试界面

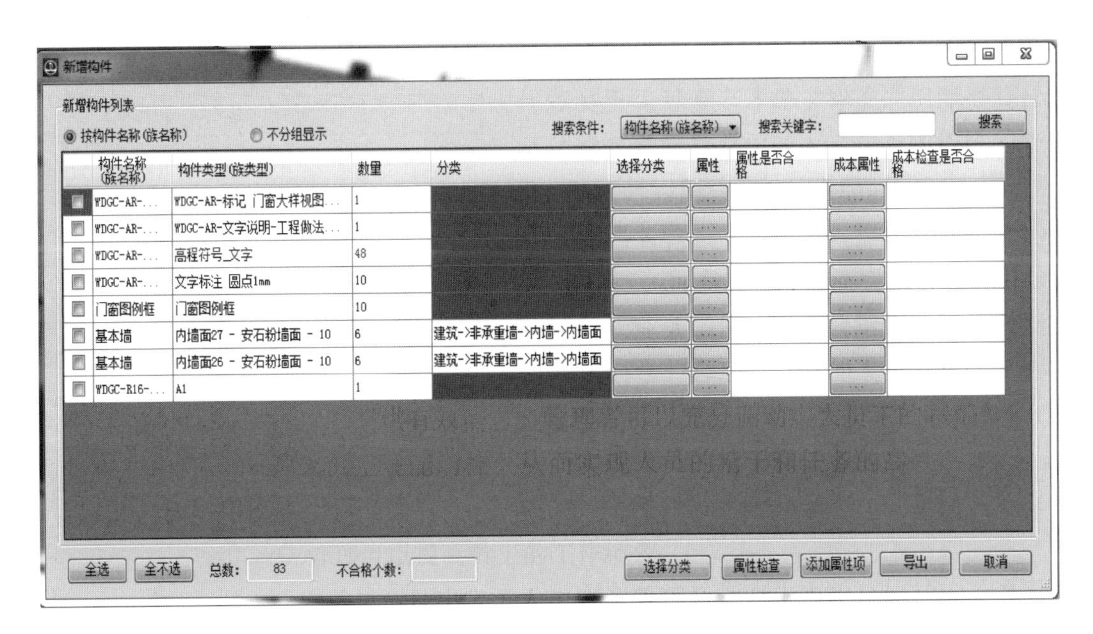

图 6　软件中新增构件界面

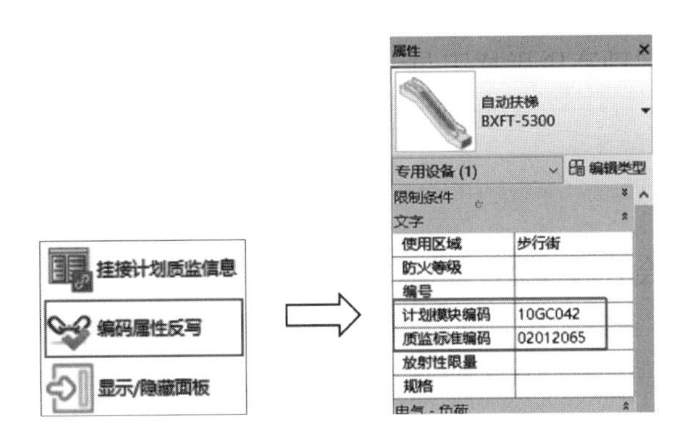

图 7　自动扶梯构件编码反写示意

室内消火栓构件编码完成与进度关键节点对应关系表　　表 2

| 序号 | 阶段 | 业务事项 | 计划编码 | 模型构件 | 构件分类编码 | 构件分类名称 | 构件属性 |
|---|---|---|---|---|---|---|---|
| 113 | 工程 | 消火栓管线 | 10GC055 | 消火栓系统管道 | 20.60.50.15 | 室内消火栓 | 区域：公共区域 |

室内消火栓构件编码完成与质量验收检查项目对应关系表　　表 3

| 序号 | 编码 | 过程 | 一级分类 | 二级分类 | 三级分类 | BIM 构件分类编码 | 构件分类名称 | 构件属性 |
|---|---|---|---|---|---|---|---|---|
| 108 | 02012063 | 开业过程 | 内装 | 消火栓 | | 20.60.50.15 | 消防-室内消火栓 | — |

室内消火栓构件编码完成与商管设备分类对应关系表　　表 4

| 商管设备分类内码 | 商管设备分类名称 | 商管设备分类全码 | 商管设备分类全称 | BIM 构件分类编码 | BIM 构件分类名称 |
|---|---|---|---|---|---|
| 1666 | 消火栓 | XFS/XHS | 消防水系统/消火栓 | 20.60.50.15 | 消防-室内消火栓 |

完成所有编码反写后，通过软件导出项目模型的数据文件，该文件的大小范围是 500kB 至 80MB，小于或大于该范围值的数据文件均存在异常。依据项目初始设定的交付标准，将各专业的模型文件按照规定文件夹架构进行储存与命名，与数据文件分别上传至项目管理平台，以确保该项目的 BIM 成果在设计、质检、计划、项目管控及运维等多方面的应用。

## 4　各阶段工作重点

### 4.1　设计阶段

设计阶段的工作是建筑全生命周期信息管理的基础，是信息的上游。在设计阶段满足交付模型架构要求的同时，要避免过多地拆分及合并，减少模型隐患。尤其需要注意的是，设计阶段模型内所有室内空间均需要建立“空间”用于程序分析，采用的构件为“房间”，空间模型建立在建筑文件内，贯穿的空间按各层进行切割，建立完空间后以该房间名命名此空间。

该项目整体的工作与协同流程如图 8 所示，首先接收并确定前置工作条件，然后组织人力资源进行模型搭建、信息录入及核查，最终生成各专业数据接口及报告文件，提交最终成果。

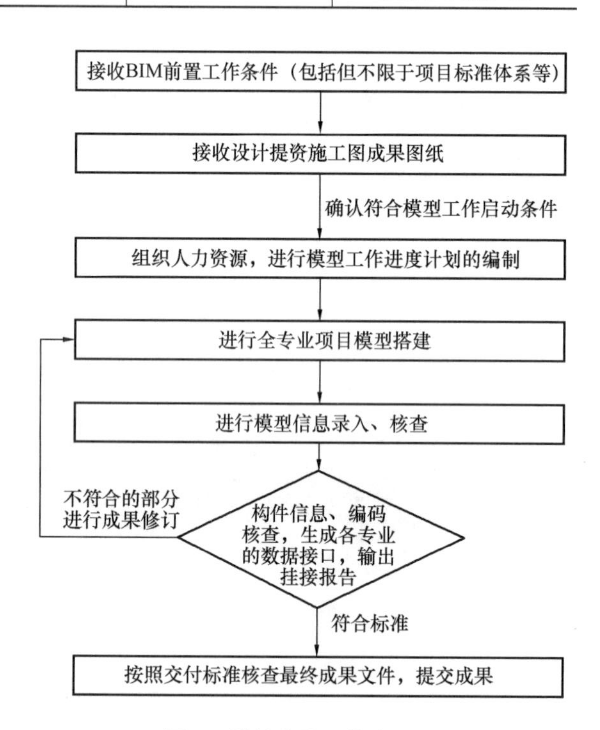

图 8　设计阶段工作流程图

在项目设计模型移交之前，利用自主研发插件对项目中的构件进行检查，当模型构件检查达到 100％完整性和准确性后，模型即可进行移交工作。并且，模型构件检查完后，自主研发插件会自动生成检查结果的报告文件，内容包括统计数据、构件清单详情等内容，用以进行数据报告和分析。根据项目标准中的要求，在设计阶段交付项目BIM成果时，共交付了438个文件，并按照交付标准和存储结构要求进行存储，交付成果文件包含内容见表5。

设计阶段交付成果文件　　表5

| 序号 | 交付内容 | |
|---|---|---|
| 1 | 经过清理的全专业可编辑模型文件 | |
| 2 | 各专业按专业整合的链接模型文件 | |
| 3 | BIM相关的深化设计、成本、质检、计划技术文档 | ①幕墙深化节点模型<br>②质检、计划业态、空间模型<br>③质检、计划编码检查报告<br>④模型检查报告<br>⑤构件库检查报告<br>⑥材料设备检查报告<br>⑦全专业编码接口文件<br>⑧全专业材料接口文件 |

## 4.2 施工阶段

施工方在设计模型的基础上创建施工模型。施工模型对构件几何、非几何信息要求更准确，施工方需对设计信息进行复核，设备信息根据现场实际进行完善。施工BIM模型构件信息应包括设计信息、施工信息、进场信息、安装信息等内容。施工模型能够指导施工、帮助决策参考并生成指导现场2D施工图纸及3D交底等相关文件。一定程度上，施工方是上游数据与下游数据管理和使用的过渡点，在项目应用流程中，明确设计、施工方沟通及模型维护渠道，确保信息沟通顺畅，以及保证模型基础一致十分重要。设计模型与施工模型的分界面体现在三个方面：首先，施工方需要完善施工采购的信息；其次，机电设备及管线需要根据实际采购情况及现场安装情况进行设备复核及管线深化优化；最后，需要在设计模型的基础上补充执行器、支吊架等未建模模型，还需要补充二次元器件的采购及深化信息（表6）。

施工阶段需补充信息分类表　　表6

| 序号 | 信息类型 | |
|---|---|---|
| 1 | 构件信息 | |
| 2 | 新增构件添加的信息 | ①通信、燃气专业构件的信息<br>②探测器、执行器、控制器的信息<br>③补充的支吊架构件信息<br>④补充的埋件构件信息 |
| 3 | 在相关联构件上补充的控制器、执行器、探测器的信息 | |
| 4 | 构件的系统归属信息 | |
| 5 | 构件的位置归属信息 | |
| 6 | 建筑归属信息 | |
| 7 | 楼层归属信息 | |
| 8 | 专业归属信息 | |
| 9 | 二次元器件信息 | |
| 10 | 上下游关系信息 | |

在该项目设计阶段共交付了12个专业的模型文件，其中的建筑专业、结构专业、景观专业、室外标识专业的模型在施工阶段沿用，并由设计方在发生变更时进行维护修改。给水排水专业、暖通专业、电气专业、智能化专业、夜景专业、采光顶专业、内装专业及幕墙专业的设计模型由施工方进行深化，并负责模型维护及变更。并且，施工方还将设计阶段划分的12个专业补充到14个，增加了设计未建模的燃气设施和通信设施模型文件，并补充了执行器、传感器、控制器、支吊架及埋件等内容。信息的补充和维护是施工阶段的重要工作。

根据信息分类的不同，添加信息采用不同的方法。有些信息可以在原设计模型中直接添加，结合模型，根据系统图查找构件的相应位置，在实例属性中添加相应的信息及内容。对于一些共性的或存在逻辑性的信息，则采用插件快速录入。对于临时信息，也可以按照设置好的固定格式在Excel表内完成，后续能够通过插件快速录入数据库中。本项目中的信息添加方式见表7。

各类型信息添加主体　　表7

| 序号 | 信息类别 | 信息添加方式 |
|---|---|---|
| 1 | 构件信息 | 插件 |
| 2 | 通信专业构件信息 | 插件 |
| 3 | 燃气专业构件信息 | 插件 |
| 4 | 探测器、执行器、控制器的信息 | 插件录入 |
| 5 | 在相关联构件上补充的探测器、执行器、控制器 | Revit 模型 |
| 6 | 支吊架信息 | Revit 模型 |
| 7 | 埋件信息 | Revit 模型 |
| 8 | 系统归属信息 | Revit 模型 |
| 9 | 位置归属信息 | Revit 模型 |
| 10 | 建筑归属信息 | Revit 模型 |
| 11 | 楼层归属信息 | Revit 模型 |
| 12 | 专业归属信息 | Revit 模型 |
| 13 | 二次元器件信息 | 插件 |
| 14 | 上下游关系信息 | 手动记录 |

竣工交付时，该项目施工方交付成果包括14个专业的深化模型文件、模型接口文件、辅助文件、竣工模型报告文件、竣工审核文件、与模型分离的施工信息文件、竣工交付资料的电子文件等。

## 4.3 上传平台

项目模型数据和模型交付物经过建设方相关部门审批确保准确性后，由建设方上传至运维平台，其模型信息文件转化的示意图如图9所示。项目同步至平台后，平台自动生成文件目录，用户可以根据权限对目录进行修改和删除（图10）。该项目的平台具有良好的数据兼容性，模型分离出的数据文件上传平台后，并未有数据丢失，保持了良好的信息完整性和有序性。建筑信息模型文件在上传至平台时，自

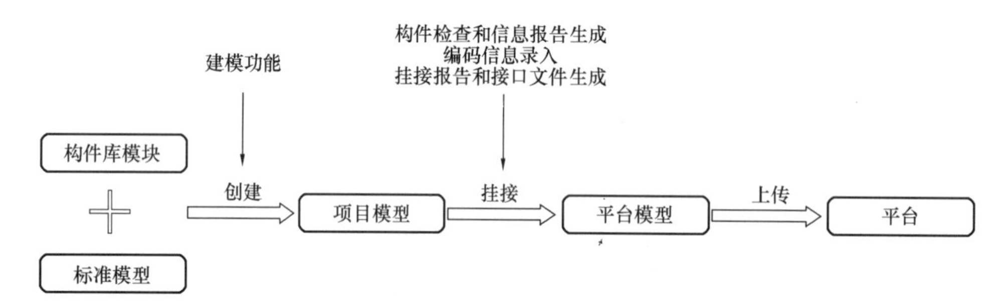


图9　模型信息文件转化示意图

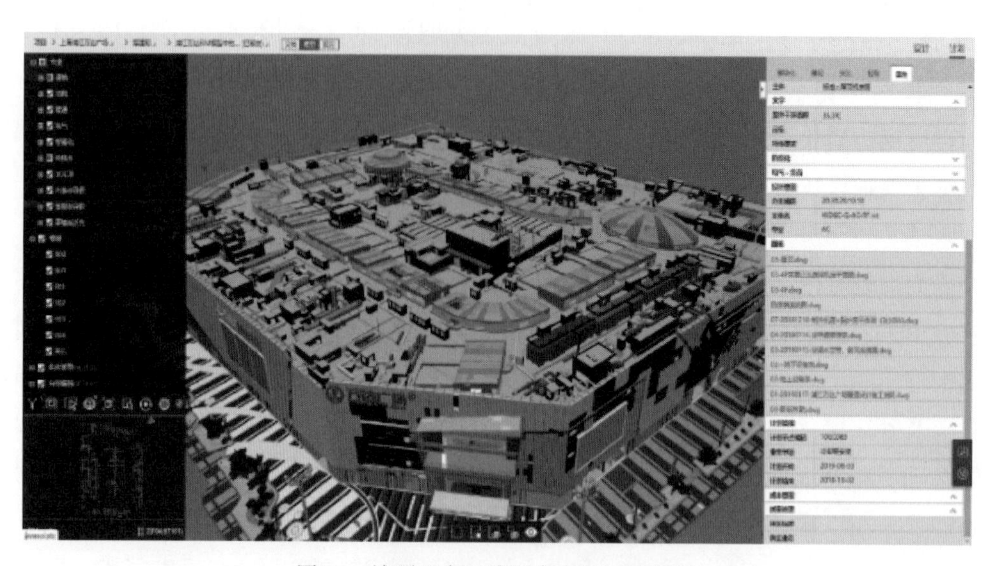

图10　该项目在运维平台中界面示意图

动转成轻量化数据文件，以提高数据文件的上传和使用效率。

该项目运维阶段可以充分利用项目竣工模型所含真实丰富的建筑物设施空间关系、设备尺寸型号等信息，并集成运维阶段相关管理信息而形成运维模型，合理有效地应用在建筑设施维护与管理上。

## 5 应用效果分析

目前，该项目已经竣工开业进入使用阶段，在建设项目的全过程中，每一环节都高效借助 BIM 技术的优势，最大限度完成构件信息管理的工作，完成构件信息在全生命周期中的集成。在该项目中，通过规范信息添加标准与流程，采用统一的信息分类与编码体系实现，确保信息统一规范，为在关系型数据库中对构件数据与构件进行关联打下基础。这也让项目后期移交运维方时，有大量可交互的可用信息，使运维工作提高了效率，并提供了可靠的数据保障。

因该项目体量大，对模型精度要求高，其信息模型进入深化阶段时包含上百万个构件。虽然前期进行了大量的标准制定以及插件的开发，但对构件及构件信息的精细度和准确度要求较高，搭建模型和信息录入时仍然有非常大的工作量，耗费了大量人力。因此，提高模型搭建和信息录入的效率和准确度，也是该信息管理策略后期研究的方向。

## 6 结语

本文分析了国内商业综合体项目的实际需求，结合实际项目案例应用，阐述了完整的应用过程，介绍了实施流程和管理办法。该项目信息管理策略的成功实施，对 BIM 在建筑工程项目中全生命周期的运用重难点、信息交互形式、多方协同模式都进行了深入探讨，确立了基于 BIM 技术在工程项目全生命周期中信息管理的流程，为该建设方及国内其他商业综合体项目建设的信息管理工作提供了可借鉴的经验。

### 参考文献

[1] Autodesk Building Industry Solutions, White Paper: Building Information Modeling [EB/OL]. 2002. Autodesk Inc. www. autodesk. com/ buildinginformation.

[2] Liu Z, Lu Y, Shen M, et al. Transition from Building Information Modeling (BIM) to Integrated Digital Delivery (IDD) in Sustainable Building Management: A Knowledge Discovery Approach Based Review [J]. Journal of Cleaner Production, 2021(291): 125-223.

[3] 何清华，钱丽丽，段运峰，等 . BIM 在国内外应用的现状及障碍研究[J]. 工程管理学报，2012(1): 12-16.

[4] 赖华辉，邓雪原，刘西拉 . 基于 IFC 标准的 BIM 数据共享与交换[J]. 土木工程学报，2018，51(4): 121-128.

# 基于深度学习算法的建筑结构设计研究综述

范文峰　于殿友　何　政

（大连理工大学土木工程学院，大连　116024）

【摘　要】本文首先梳理总结了建筑结构设计发展历程，对深度学习以及常应用于建筑领域的深度学习模型进行了介绍。然后，梳理总结了基于深度学习算法GANs、VAEs和CNNs的建筑结构设计的研究成果，同时展示了相关研究在建筑结构布局、建筑结构平面图生成等方面表现出的优秀性能。

【关键词】建筑结构设计；CAD；深度学习；GAN

## 1　引言

国务院印发的《中国制造2025》中指出："新一代信息技术与制造业深度融合，正在引发影响深远的产业变革，形成新的生产方式、产业形态、商业模式和经济增长点。我国制造业转型升级、创新发展迎来重大机遇。"建筑行业也正在迎来新一轮的转型升级，智慧建筑和智能建造是转型升级中的重要方向，智能结构设计则是智能建造发展的关键环节之一。

现如今的建筑结构设计主要是"人+计算机辅助设计"的模式。计算机辅助设计技术的发展给结构设计带来了巨大的便利，计算机绘图取代了手工绘制图纸，结构的建模和分析也可以在计算机中完成，大幅提升了建筑结构设计的效率。但是，现阶段的建筑结构设计仍然是以人工为主，存在着很多的限制，具体表现为：①效率低，结构工程师需要与建筑工程师反复交互；②周期长，结构工程师需要对计算模型进行反复调整与验算；③主观性强，针对同一建筑，不同的结构工程师通常给出不同的设计结果。

为了解决上述问题，相关的研究早在20世纪就开始了，相关的研究技术主要应用于结构优化设计和结构选型。随着计算机技术的进一步发展，21世纪中智能技术在结构设计方面的应用被进一步加深和拓宽，尤其是对结构的方案设计和优化，基于算法的人工智能、机器学习和深度学习在建筑行业有大量的研究和应用。

本文旨在总结和回顾在建筑领域应用的深度学习算法和近些年来基于深度学习算法的建筑结构设计等方面的研究成果。

## 2　结构设计的发展历程

### 2.1　人工设计

最初，建筑结构设计是由人独立完成的。建筑结构设计的任务包括：对选定的建筑物选择结构方案，确定结构类型；对选定的结构进行各种荷载工况、边界条件、施工方法等情况下的内力、变形及稳定分析；根据最不利荷载或作用效应进行结构构件的截面及节点构造设计；根据构件内力、结构变形及截面选择的结果重新修正结构，进行重分析和重设计等[1]。完成一项设计任务，需要查询各种资料，分析比较各种资料和计算结果；进行大量复杂的力学分析；此外，还应考虑到现代建筑结构的复杂性、荷载和作用的复杂性及制造加工安装的要求。

因此，建筑结构的设计已不是一种简单意义上的结构计算和截面校核，它需要大量的分析、综合工作，需要运用各种知识和技术才能完成。

### 2.2 计算机辅助设计

20世纪50年代，在美国诞生了第一个计算机绘图系统，开始出现具有简单绘图输出功能的被动式的计算机辅助设计技术。20世纪60年代初期，计算机辅助制造（Computer Aided Manufacturing，CAM）和计算机辅助设计（Computer Aided Design，CAD）相继出现，使用计算机进行绘图和设计的时代由此开启。经过几十年的发展，相关单元技术已日趋成熟。现如今，CAM和CAD已经在大学和工业部门被广泛地应用。

计算机辅助制图和有限元分析技术是计算机辅助设计的两项关键技术手段。计算机辅助制图技术在显著提高绘图精度的同时缩短了绘图时间。常用的建筑绘图软件有AutoCAD。而有限元分析的发展则可以追溯到20世纪40年代。相比手算方法，有限元分析帮助结构工程师更为快速和准确地预测各种荷载下的结构响应，降低了复杂结构分析对于结构工程师的难度。随着科技的发展，越来越多的结构计算软件得以开发并运用于各项实际工程中，目前我国比较常见的建筑结构计算软件有PKPM、YJK、广厦等，国外较为普及的有ETABS、SAP2000、MIDAS、ANSYS、ABAQUS等。

但是在该阶段，计算机主要承担的是计算分析工作，设计中具有创造性的工作仍然需要人来完成。

### 2.3 智能设计

进入21世纪，随着计算机技术的发展，人工智能技术再次兴起，基于算法在建筑领域进行创新的研究逐渐增多。基于规则的生成算法如遗传算法（GA）[2]、模拟退火[3]、元胞自动机[4]等被广泛用于生成建筑特征。这些优化算法在建筑形式生成、节能建筑设计、平面布局生成等方面有着许多应用。但是，这些方法大多适用于几何建模，而不适用于工程计算。因此，在结构设计中的应用很少。它们的本质是人通过算法和公式来做设计，人类为主导，机器为辅助，该阶段仍属于计算机辅助设计的阶段。

智能设计是通过机器学习大数据自主寻找设计规律，然后机器自己做设计，这一阶段已经到了计算机决策设计阶段。基于机器学习和深度学习技术的建筑结构优化、设计的相关研究近些年来也开始出现。可以预见，建筑行业已迎来一个新的发展机遇，基于人工智能技术的建筑与结构设计是未来的发展趋势。

## 3 深度学习的介绍

人工智能（Artificial Intelligence，AI）是让机器具有人类的智能。其具体组成可表示为：计算机控制＋智能行为。人工智能使用计算机处理技术来学习、感知、处理自然语言或做出类似人类的决策。它可以处理大量复杂数据，并进行实时决策。机器学习（Machine Learning，ML）是人工智能的一个子集，是一个研究计算机如何在没有编程的情况下进行学习的领域。ML算法用于在一组可能的函数中选择最佳函数，并解释数据集特征之间的关系。它被广泛应用于计算机视觉、光学字符识别（OCR）和预测等领域。深度学习（Deep Learning，DL）是机器学习的一个子集，它允许计算机从过去的经验中学习并总结规律。它使用人工神经网络和其他包含多层的机器学习算法，并模仿生物神经网络。

深度学习是机器学习的一个子领域，深度学习可以理解为对人工神经网络和其他相关机器学习算法的研究，它由一个以上的隐藏层组成。因此，深度学习算法的计算路径从输入到输出有几个步骤。与ML算法相比，由于存在较长的计算路径，深度学习算法一般适用于图像、视频和音频等高维数据。我们将在下文对神经网络的基本形式和建筑结构设计研究中常用的深度学习模型进行介绍。

## 3.1 前馈神经网络

前馈神经网络（Feedforward Neural Networks，FNN）是第一种也是最简单的人工神经网络类型，又被称为“多层感知器”（Multi-Layer Perceptrons，MLPs），是一种被广泛应用的深度学习算法。它包含分层排列的多个神经元（节点），相邻层的节点之间有连接，所有这些连接都有与之相关的权重。在前馈网络中，信息仅沿一个方向进行，即从输入节点，通过隐藏节点到达输出节点。FNN的结构如图1所示，其中圆圈代表神经元。

数据（$x_1$，$x_2$，…，$x_n$）首先会输入到输入层节点内，然后输出给隐藏层节点，隐藏层节点获取前一层的输入，计算加权输入 $w_i x_i$ 加上偏置项，通过非线性激活函数 $f$ 将结果传递。非线性激活函数有很多种，表1列举了几种常用的激活函数，可以根据应用程序使用。最后，隐藏层的计算结果将输入到输出层中，输出层的输出与期望的真实值进行比较，并计算损失。通过将整个训练数据集的损失叠加，并添加正则化来减少过拟合，可以计算出损失函数。其目的是通过反向传播的方法调整神经网络的权值来最小化损失函数。反向传播计算误差和权重之间的梯度。基于误差与权值之间的梯度，Adam、NAdam、Gradient Descent等优化算法可以计算出使损失最小化的权值。对同一数据集进行多次处理，调整权重，得到误差最小的训练模型。

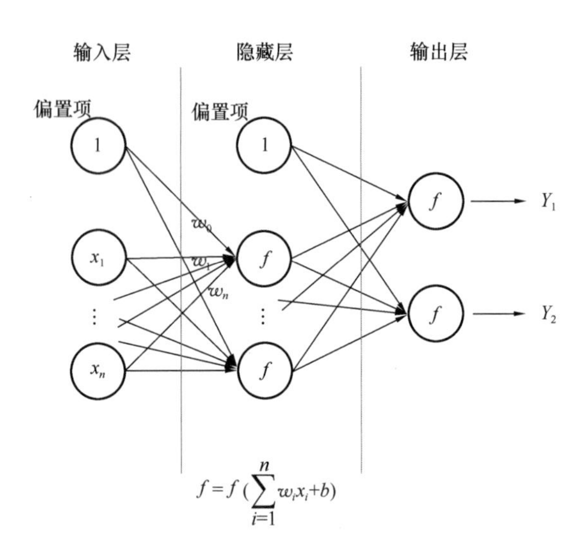


图1 前馈神经网络模型案例

常见的激活函数类型 表1

| 激活函数 | 函数 |
|---|---|
| Logistic | $f(x)=\frac{1}{1+\exp(-x)}$ |
| Tanh | $f(x)=\frac{\exp(x)-\exp(-x)}{\exp(x)+\exp(-x)}$ |
| ReLU | $f(x)=\max(0,x)$ |
| ELU | $f(x)=\max(0,x)+\min[0,\gamma(\exp(x)-1]$ |
| SoftPlus | $f(x)=\log[1+\exp(x)]$ |

## 3.2 变分自编码器

变分自编码器（Variational Auto-Encoders，VAE）作为深度生成模型的一种形式（图2），是由Kingma等[5]于2014年提出的基于变分贝叶斯（Variational Bayes，VB）推断的生成式网络结构。

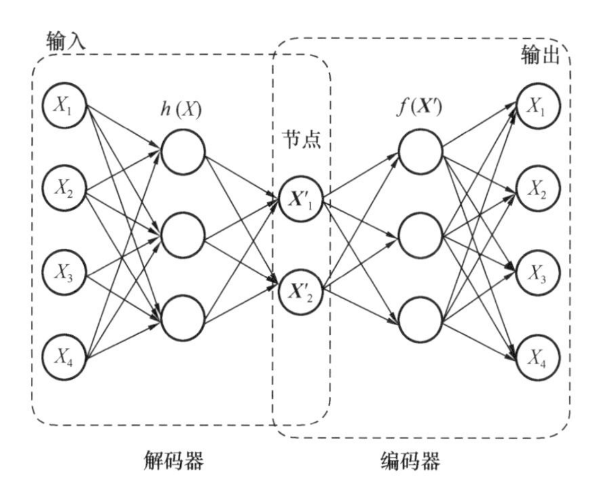


图2 变分自编码器

与传统的自编码器通过数值方式描述潜在空间不同，它以概率的方式描述对潜在空间的观察，在数据生成方面表现出了巨大的应用价值。VAE一经提出就迅速获得了深度生成模型领域的广泛关注，在深度生成模型领域得到越来越多的应用。将数据 $X$ 输入VAE中，经过反复训练，输入数据 $X$ 最终被转化为一个编码向量 $\boldsymbol{X}'$，其中 $\boldsymbol{X}'$ 的每个维度表示学到的一些关于数据的特征，而 $\boldsymbol{X}'$ 在每个维度上的取值代表 $X$ 在该特征上的表现。随后，解码器网络接收 $\boldsymbol{X}'$ 的这些值并尝试重构原始输入。将数据解构和重构，即为VAE的作用。

### 3.3 卷积神经网络

卷积神经网络（Convolutional Neural Network，CNN）是一种独特的人工神经网络，具有强大的提取图像隐藏特征的能力。CNN被广泛应用于图像分类和计算机视觉应用等领域。CNN的架构主要有三种层次：卷积层、池化层和全连接（FC）层。与多层感知器（MLP）网络结构相比，CNN中卷积层之后是池化层，或者是另一层卷积层，最后是FC层，图3为一个简单的卷积神经网络模型，执行的是图像识别分类任务。输入层保存着输入的图像数据，卷积层是CNN的核心组成部分，而卷积层的核心是卷积核/滤波器，其本质为权重矩阵，它小于图像像素值矩阵。图像的像素值和卷积核权重之间进行点积计算，并将结果输出，输出的矩阵即为特征图，这个过程被称为卷积。特征卷积核在整个图像上移动来进行计算并确定特征。

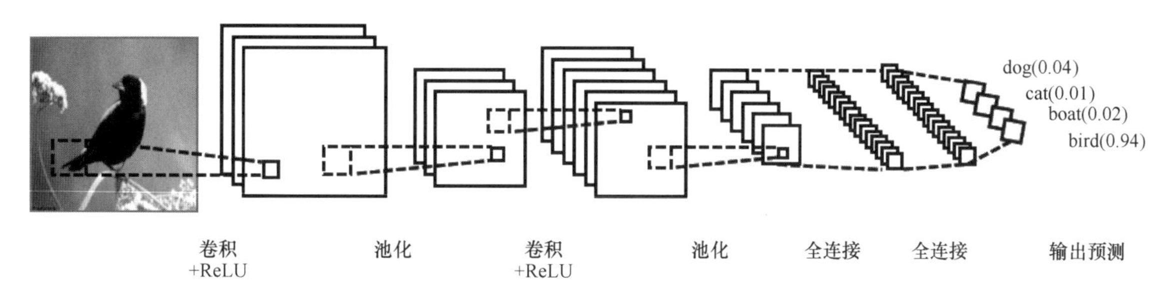


图3 一个简单的卷积神经网络模型

卷积神经网络和传统神经网络层与层之间的连接存在着不同，传统神经网络相邻层神经元之间采用的是全连接模式，而在CNN中，上一层的所有神经元并不全部和下一层的神经元相连接，只有属于过滤器的神经元被连接到下一层的卷积神经元（图4）。通过这种方式减少神经元之间的连接，降低了训练神经网络需要的内存，大大提高了训练效率。

用于图像处理的CNN网络有很多，其中比较有名的有LeNet-5、AlexNet、VGGNet、Goog-LeNet和ResNet。

### 3.4 生成对抗网络

生成对抗网络（Generative Adversarial

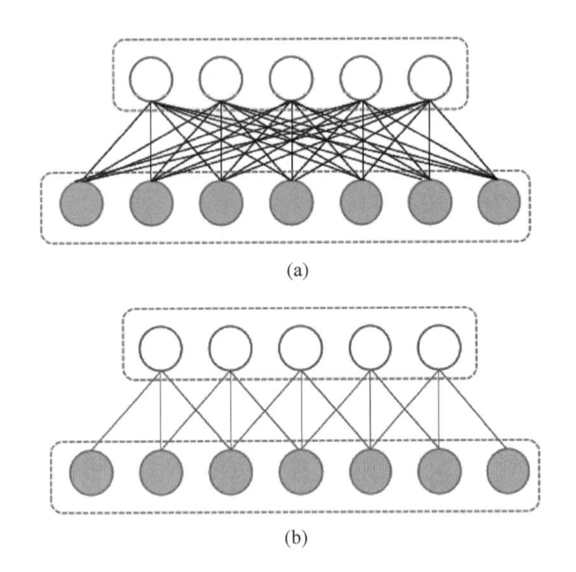


图 4 全连接层和卷积层神经元连接方式对比
(a) 全连接层；(b) 卷积层

Networks，GAN）是近年发展起来的一种用于半监督或无监督模式下的深度学习算法，由 Goodfellow 等[6]于 2014 年提出。该网络提出一对互相竞争的网络，通过对抗训练来学习数据的分布规律。

生成对抗网络由生成器（G）和判别器（D）两部分组成（图 5），G 的输入是一个随机向量 $z$，在给定一定量真实数据样本的条件下，对生成对抗网络进行训练。G 的主要目的是生成类似于真样本 $X_R$ 的假样本 $X_F$，以骗过 D。而判别器 D 的输入由真样本 $X_R$ 和假样本 $X_F$ 两部分组成，D 的目标就是判断输入的数据是真的还是假的，根据误差来不断地优化提升 G 和 D 的性能，G 和 D 不断地对抗最终达到一个纳什平衡状态，即 D 判断不出输入是来自于真实的样本，还是来自于 G 生成的假样本，此时就可以认为 G 学习到了真实数据的分布。

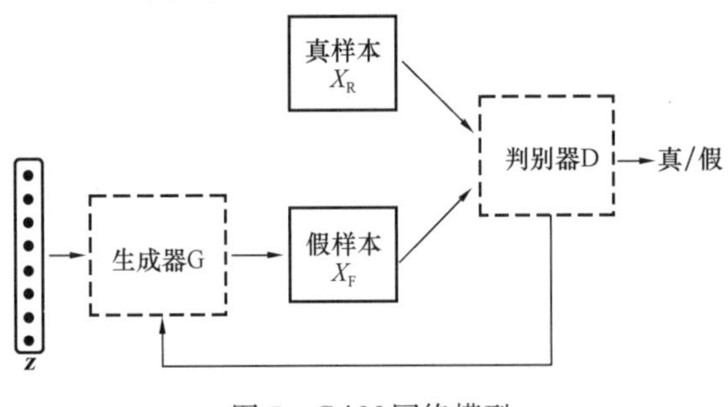


图 5 GAN 网络模型

GANs 有多种变体，如 PGGAN、CGANs、Text to image GANs、DCGANs 等，这些算法很多已经应用于建筑行业的生成式设计中。

除了前面讨论的算法，还有其他大量的 ML 等法和 DL 算法已经被研究人员用于建筑领域。

## 4 深度学习在建筑结构设计方面的应用

建筑行业发展的这些年，遗存下来大量的建筑信息数据得不到利用，极大地造成了资源的浪费。深度学习具有通过数据驱动发现隐含规律的能力，为利用建筑信息数据解决建筑相关问题提供了手段。最近几年，利用深度学习算法来实现结构的智能化设计方面的研究逐渐增多，在设计方面的研究主要是在建筑设计和结构设计上。生成式深度学习模型，如 GANs、VAEs 和 CNNs，在建筑设计方面表现出了卓越的能力。下面对基于深度学习算法的建筑结构设计方面的研究成果进行介绍。

### 4.1 基于生成对抗网络的研究

利用深度学习算法生成建筑平面图是一个被广泛研究的领域。Isola 等[7]于 2018 年开发了“Pix2Pix”软件，实现了图像到图像的转换。这款 Pix2Pix 软件有广泛的应用，包括生成提供草图的照片、从输入的黑白图片生成彩色图像以及从建筑标签合成照片等。Chaillou[8]在 Pix2Pix 的基础上，创建了一个三步生成堆栈网络（图 6），堆栈的每个模型都处理工作流中的一个特定任务：（Ⅰ）占用空间；（Ⅱ）规划分区；（Ⅲ）家具布局。

架构师能够在每个步骤之间修改或微调模型的输出，从而实现预期的人机交互，当土地

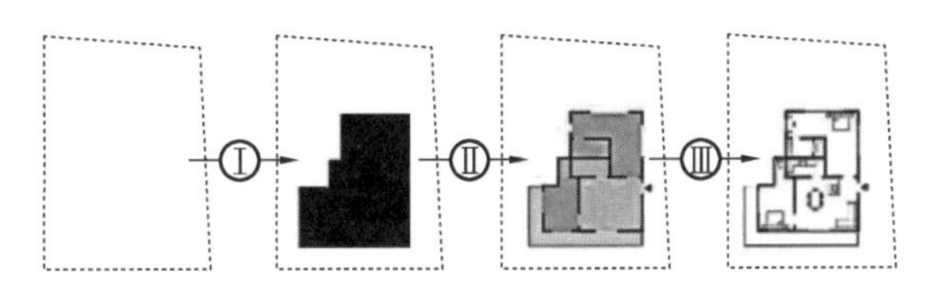


图 6　三步堆栈模型

的形状作为输入时，依次通过这三个步骤，最终可以生成完整的建筑平面图，这个模型被命名为“ArchiGAN”。

2018 年，Wang 等[9]在 Pix2Pix 基础上进行了改进，提出了“Pix2PixHD”，将条件图像生成质量扩展到高分辨率图像。同年 Huang 和 Zheng[10]首次将 Pix2PixHD 应用于建筑图纸的识别和生成，用不同的颜色标记房间，然后通过两个卷积神经网络生成公寓平面图，如图 7 所示。

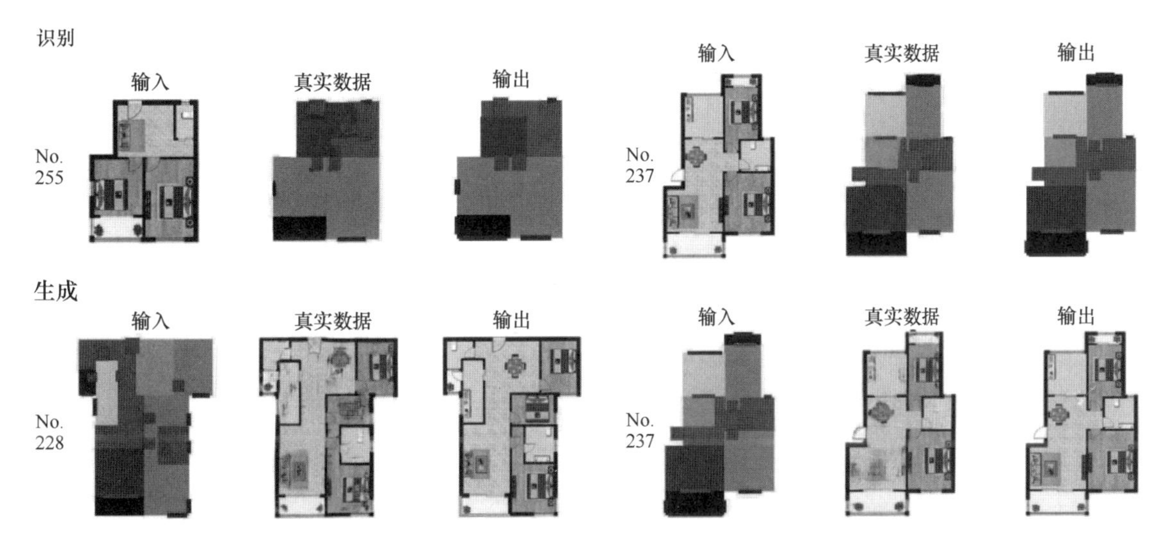


图 7　公寓楼层布局识别和生成

2020 年，Nauata 等[11]提出了一种基于图约束的生成式对抗网络 House-GAN，其生成器和鉴别器均建立在关系体系结构上。他们提出了一个气泡图概念，将建筑的各个约束编码到不同的气泡中，形成一个关系网络，通过学习建立气泡图与现实建筑房屋布局之间的联系。2021 年，他们在此基础上进一步研究，将 House-GAN 和 CGAN 集成提出了生成对抗式平面布置图优化网络 House-GAN++[12]，用于自动生成平面布置图。

2021 年，Liao 等[13]提出了一种基于生成对抗网络的剪力墙结构生成式设计方法 (StructGAN)，通过语义化方法将设计图纸中的剪力墙、填充墙、门窗洞口特征提取出来，采用生成对抗网络模型进行设计特征学习训练，进而根据建筑设计图纸自动生成对应的剪力墙结构设计方案，网络结构如图 8 所示。随后在此基础上，他们进行了文本-图像融合多模态数据融合与图像生成的算法开发，该算法被命名为 TxtImg2Img[14]，算法的核心改进为多模态数据融合的图像生成网络（图 9）的开发。生成器左端分别为文本和图像-特征编码提取模块。将尺寸一致的文本和图像特征张量进行数据融合，进一步对融合特征进行特征深度提取和转化，进而生成符合建筑设计图与对应设计文本要求的结构设计图像。

2022 年 Lu 等[15]在此基础上又提出了一种物理增强的剪力墙结构智能化生成式设计方法 StructGAN-PHY（图 10）。引入了物理性能评估网络，通过对结构设计的力学性能评

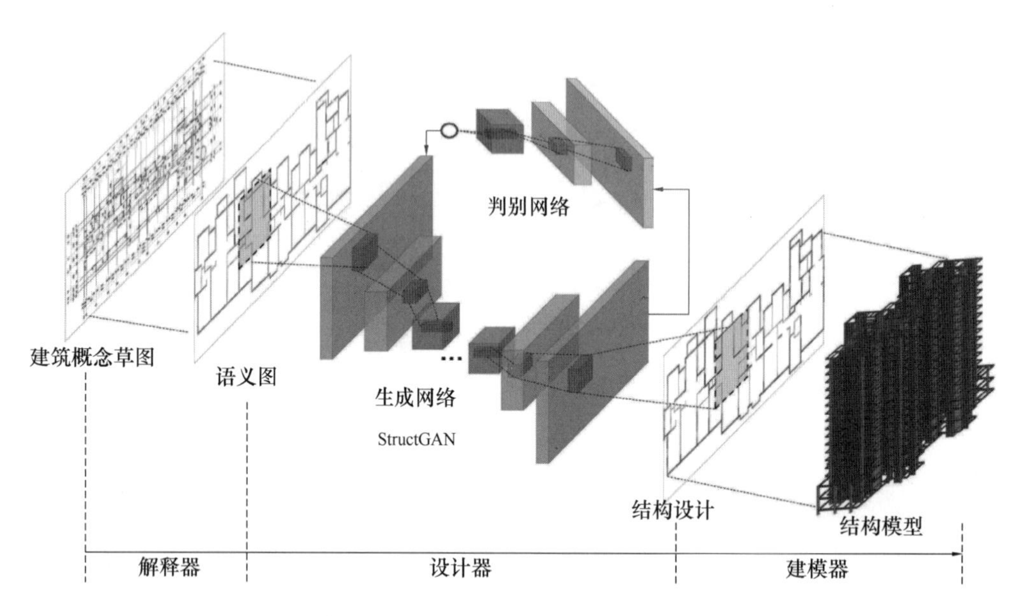


图 8　StructGAN 自动化结构设计框架

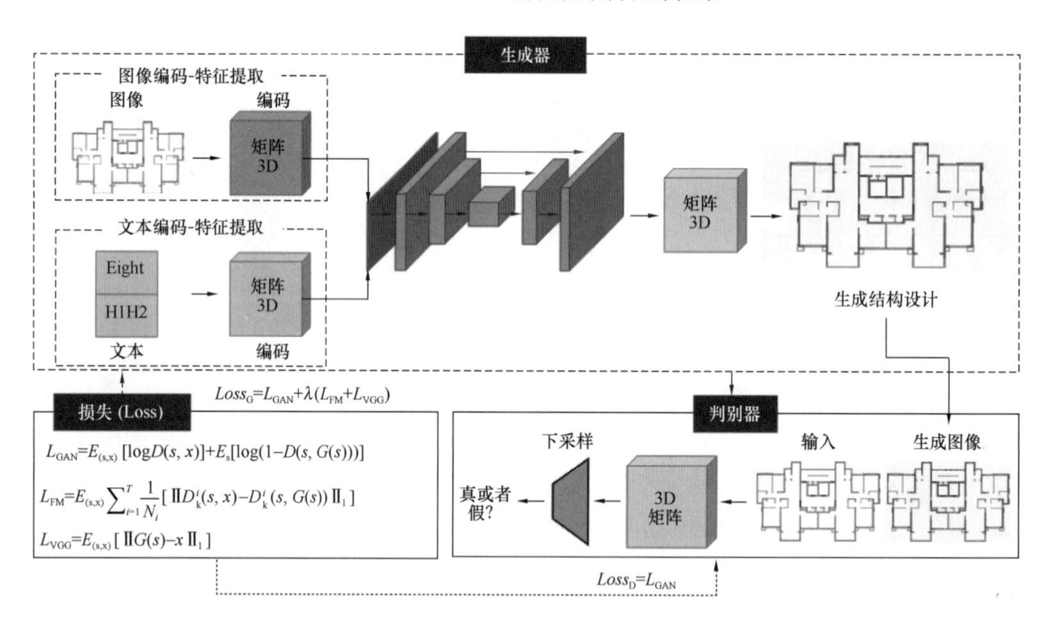


图 9　TxtImg2Img 的生成器和判别器网络架构

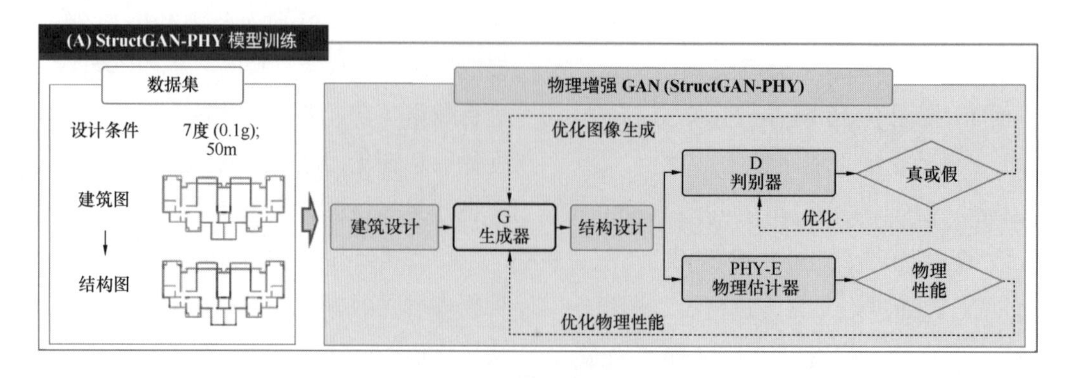


图 10　StructGAN-PHY 模型

估，有效地引导生成网络学习结构设计中的隐式力学机理。基于该方法，在缺乏相应结构设计数据时，物理增强方法仍旧可以有效完成训练；对于数据量较少的情况，物理增强方法可以有效提升设计结果的力学性能。该方法在传统的数据驱动的基础上引入了物理驱动，使得生成的结构图在力学上具备合理性，具有十分重要的意义。

尽管 GANs 在架构设计规程中非常有前途，但它也有一些挑战和缺点。首先，GANs 不能生成真正新颖或创新的架构设计，因为算法是使用以前可用的数据进行训练的。此外，一些体系结构学科缺乏体系结构数据集也是一个挑战。现如今使用数据增强技术（如翻转、倾斜和裁剪）可以在一定程度上缓解这个问题，为较小的数据集生成更多的数据。此外，GAN 还存在着两个自带的问题：①GAN 在判别器训练得越好的情况下，生成器越容易出现梯度消失情况；②GAN 存在着模型崩塌或者称为多样性不足的问题。这两个问题由 GAN 本身的特点所决定，现在关于这两个问题也已经有许多补救的方法，如使用改进的目标函数、增加正则化的目标和规范化的参数等方法。

## 4.2 基于 VAE 的研究

在深度生成模型领域，变分自编码器是另一种应用广泛的算法。Wu 等[16]提出了一种基于编码器-解码器网络的算法，用于自动和有效地生成具有给定边界的住宅建筑平面图。该方法的核心是一个两阶段的方法，首先确定房间，然后确定墙壁，同时适应输入的建筑边界，模仿人的设计过程，完整的设计过程如图 11 所示。通过比较不同平面图的合理性，使该方法大大优于现有的方法。

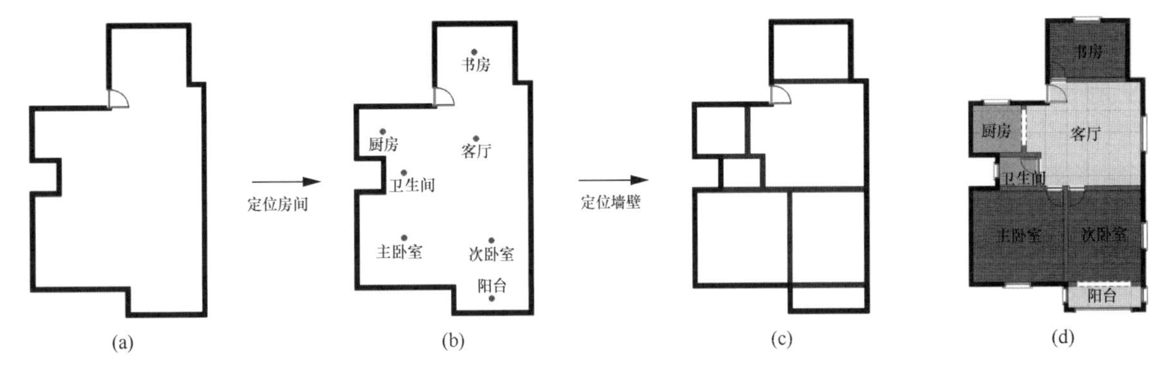


图 11　给定边界生成住宅建筑平面图的过程

## 4.3 基于卷积神经网络的研究

Pizarro 等[17]提出了一种基于卷积神经网络（CNN）模型的框架，在考虑建筑数据作为输入的情况下，结合两个独立的平面布置图进行预测，生成最终的工程平面布置图（图 12）。第一个平面预测是利用两个回归模型来预测墙体的工程厚度值、长度、墙壁在建筑平面的两个轴线上平移以及地板边框宽度和长宽比。第二个平面预测是使用一个模型来组装，该模型生成了每面墙的工程楼层平面的可能图像。两个独立预测的方案结合在一起，形成最终的工程楼层平面图，从而可以预测墙体的矩形设计参数，并提出建筑中不存在的新结构元素，使该方法成为加速建筑墙体布局的早期概念设计的优秀候选。

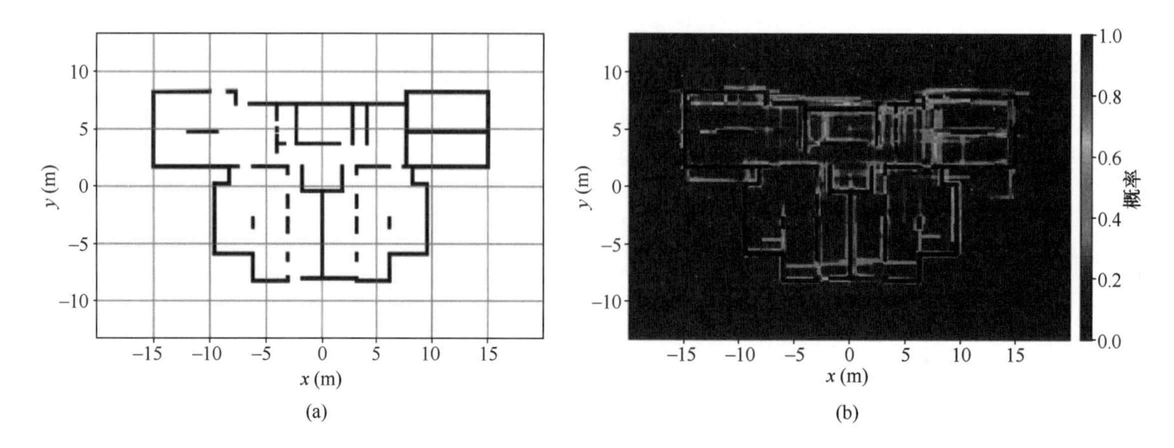


图 12　建筑墙体布局预测案例

(a) 建筑计划；(b) 预测计划

## 5　总结

建筑结构设计的方法随着科技的进步不断发展。由最初的完全“人工”的方式，发展到现在的“人工+计算机辅助设计”的模式，再到正在探索中的“智能设计”，建筑结构设计不断朝着更快、更高效和成本更低的方向进步。

AI 作为当下最热门的研究领域之一，给建筑行业带来了新的变革机遇。从上面的介绍可知，基于深度学习算法的建筑结构设计已经取得了初步的成果，并且在建筑平面布局、结构平面设计等方面展示出了优秀的成果。未来的建筑结构设计必将走向智能化，设计速度快、设计性能好、设计成本低是未来智能设计具备的特性。

### 参考文献

[1] 刘殿华，夏军武．建筑结构 CAD[M]. 南京：东南大学出版社，2011.

[2] Holland J H. Adaptation in Natural and Artificial Systems: An Introductory Analysis with Applications to Biology, Control, and Artificial Intelligence[M]. MIT Press, 1992.

[3] Yeh I C. Architectural Layout Optimization Using Annealed Neural Network[J]. Automation in Construction, 2006, 15(4): 531-539.

[4] Herr C M, Kvan T. Adapting Cellular Automata to Support the Architectural Design Process[J]. Automation in Construction, 2007, 16 (1): 61-69.

[5] Kingma D P, Welling M. Auto-Encoding Variational Bayes[EB/OL]. 2013: arXiv: 1312.6114[stat.ML]. https://arxiv.org/abs/1312.6114.

[6] Goodfellow I, Pouget Abadie J, Mirza M, et al. Generative Adversarial Nets [J]. Advances in Neural Information Processing Systems, 2014: 27.

[7] Isola P, Zhu J Y, Zhou T, et al. Image-to-Image Translation with Conditional Adversarial Networks [C]//Proceedings of the IEEE Conference on Computer Vision and Pattern Recognition. 2017: 1125-1134.

[8] Chaillou S. Archigan: Artificial Intelligence x Arch-itecture [M]//Architectural Intelligence Springer, Singapore, 2020: 117-127.

[9] Wang T C, Liu M Y, Zhu J Y, et al. High-resolution Image Synthesis and Semantic Manipulation with Conditional GANs[C]//Proceedings of the IEEE Conference on Computer Vision and Pattern Recognition. 2018: 8798-8807.

[10] Huang W, Zheng H. Architectural Drawings Recognition and Generation through Machine

Learning[J]. 2018.

[11] Nauata N, Chang K H, Cheng C Y, et al. House-gan: Relational Generative Adversarial Networks for Graph-constrained House Layout generation[C]//European Conference on Computer Vision. Springer, Cham, 2020: 162-177.

[12] Nauata N, Hosseini S, Chang K H, et al. House-GAN++: Generative Adversarial Layout Refinement Network towards Intelligent Computational Agent for Professional Architects[C]//Proceedings of the IEEE/CVF Conference on Computer Vision and Pattern Recognition. 2021: 13632-13641.

[13] Liao W, Lu X, Huang Y, et al. Automated Structural Design of Shear Wall Residential Buildings Using Generative Adversarial Networks[J]. Automation in Construction, 2021(132): 103931.

[14] 廖文杰，黄羽立，郑哲，等. 基于生成对抗网络融合文本图像数据的剪力墙结构生成式设计方法[C]//. 第30届全国结构工程学术会议论文集(第Ⅲ册). 2021: 381-387.

[15] Lu X, Liao W, Zhang Y, et al. Intelligent Structural Design of Shear Wall Residence Using Physics-enhanced Generative Adversarial Networks [J]. Earthquake Engineering & Structural Dynamics, 2022.

[16] Wu W, Fu X M, Tang R, et al. Data-driven Interior Plan Generation for Residential Buildings [J]. ACM Transactions on Graphics (TOG), 2019, 38(6): 1-12.

[17] Pizarro P N, Massone L M, Rojas F R, et al. Use of Convolutional Networks in The Conceptual Structural Design of Shear Wall Buildings Layout [J]. Engineering Structures, 2021(239): 112-311.

# 正向设计中BIM助力水力计算的研究与应用

费博伟　谭　春　胡永基　李臻阳　毛晓明

（中国建筑西南设计研究院深圳分公司，深圳　518000）

**【摘　要】** 本文将从计算原则上论证国内现有BIM工具进行水力计算的可行性，并以某正向设计项目中的给水系统水力计算为例，阐述了如何在不同的设计阶段，利用不同的BIM计算工具进行水力计算，从而提高设计效率和质量。

**【关键词】** 海澄-威廉公式；BIM；正向设计；水力计算

## 1　研究背景

近些年来，随着建筑行业的蓬勃发展，建筑生命周期中各个环节愈加追求精细化，比如机电设备的选型，既要保证满足使用需求，又要避免选型过于保守，导致浪费。

然而从方案阶段到施工阶段，机电设备的参数受到各方因素的影响，但由于流程较长且较为复杂、设计方参与程度有限、设计周期长，设备选型参数难以实时动态调整。

而BIM技术的正向设计工作模式，能够以信息化模型为载体，在设计各个阶段，帮助设计人员进行计算及分析，这样在项目前期，一定程度上能够规避一些设计风险，在项目后期，也能快速进行复核计算。比如，基于BIM技术的正向设计过程中的水力计算过程就是很好的例子[1]。

## 2　BIM技术的优点

结合给水排水设计的特点和BIM技术本身的优点，对BIM技术助力水力计算的优点总结如下：

（1）精准计算

许多建设工程在施工过程中，为了提升管线复杂区域的净空高度，或工序安排不当，会额外增加大量的管道翻弯避让，或者路线绕远避让，由此产生的管道的局部水头损失和沿程水头损失难以估量。

BIM技术本身有三维可视化、可协调性和前趋性的特点[2]，在项目前期，能通过多专业综合协调，将这些可能存在的管道翻弯体现在模型中。这样就能够更精准地计算管道水头损失[3]，避免由于实际水头损失过多，导致产生水泵扬程预留不足、管径偏小的隐患，同时也能一定程度上减少由于设计过于保守带来的浪费[4]。

（2）可模拟性

BIM系列软件当中的分析软件，能够模拟能耗分析，比如空间冷热负荷分析等，目前市场上已经有了比较成熟且适合民建领域给水排水专业进行水力计算的软件。

其中以AutoDesk平台的Revit受众最为广泛，其操作简便、兼容性好，在国内的插件中，鸿业Space的水力计算模块可以作为水力计算软件的代表。本文将以这两个软件为代表进行可行性分析和探讨。

## 3 可行性分析

以传统二维设计为基准，以生活给水系统为例，从计算方法及其他特点上，与另外两种正向设计进行比较，进而论证现有计算工具的可行性。其计算原则对比见表 1。

计算原则对比　表 1

| 计算方法 | 二维设计 | 以 Revit 为代表的欧美软件（后文简称“Revit”） | 以鸿业为代表的国内插件（后文简称“鸿业 Space”） |
| --- | --- | --- | --- |
| 设计秒流量 | ① 同时概念法<br>② 当量法<br>③ 百分数法 | 根据管道系统连接的卫生器具的当量总数，转换为体积流量，从而计算出该管段的设计秒流量 | 同二维设计 |
| 沿程水头损失 | 海澄-威廉公式 | ① 达西公式<br>② λ 修正公式：<br>a. 柯列布洛克公式<br>b. 哈兰德公式[5] | 同二维设计，不仅可估算，也可精算 |
| 局部水头损失 | ① 管件当量长度法<br>② 管网沿程水头损失百分比法<br>③ 产品损失累加 | 通过各种方式定义单个管件水头损失，逐个累计取得统计值 | 管网沿程水头损失百分比法 |

## 4 特点与适用范围

通过查阅设计规范、软件使用说明等相关资料，列举各种计算方法的特点，并根据这些特点，得出其适用范围，详见表 2。

特点与适用范围　表 2

| 计算方法 | 二维设计 | Revit | 鸿业 Space 插件 |
| --- | --- | --- | --- |
| 特点 | ① 国内规范中，海澄-威廉公式从 20 世纪末，逐步替代舍为列夫公式等，是主要的水力计算公式，是目前设计师的计算依据[6]<br>② 二维设计的估算值，难以精准考虑后期调整 | ① 达西公式被推荐，作为塑料类管道、室外长距离给水管水力计算使用，被认为比海澄-威廉公式计算更为精准[7~9]。Revit 的计算规则符合水力学定律<br>② 三维协同工作模式，管道可实现实时联动，数据实时调整<br>③ 可根据软件预留的 API 接口，通过二次开发，实现使用符合中国规范的计算公式 | ① 计算规则符合国内的规范，比二维设计更精准<br>② 必须使用插件的布置洁具及定义洁具等功能，所生成的给水点按照角阀等位置预留，比较接近二维设计的习惯<br>③ 管道与洁具，不能实时联动，后期调整不方便 |
| 适用范围 | 二维设计 | 计算结果较为精准，可以作为管综后的施工图阶段校核使用<br>管线翻弯较多时，更为安全 | 计算结果较为精准，可作为初设和施工图阶段使用<br>管线翻弯较少时，更为安全 |

## 5 实例分析

下面以某 EPC 超高层塔楼的高区供水系统为例（图 1），具体介绍应用方法。需要计算的管段为从 39 层给水转输泵房的水泵出口，到 45 层最不利点的位置。

由于该区域净高较为充足，因而前期在水力计算中对水头损失估算时，采用按沿程水头损失百分数取值的方法，未考虑管线过多的翻弯。但设计后期，经与其他专业配合发现，设备层泵房到管井、卫生间等区域，机电管线过于密集复杂，管线翻弯较多，因而使用 Revit 软件，再次复核计算结果。

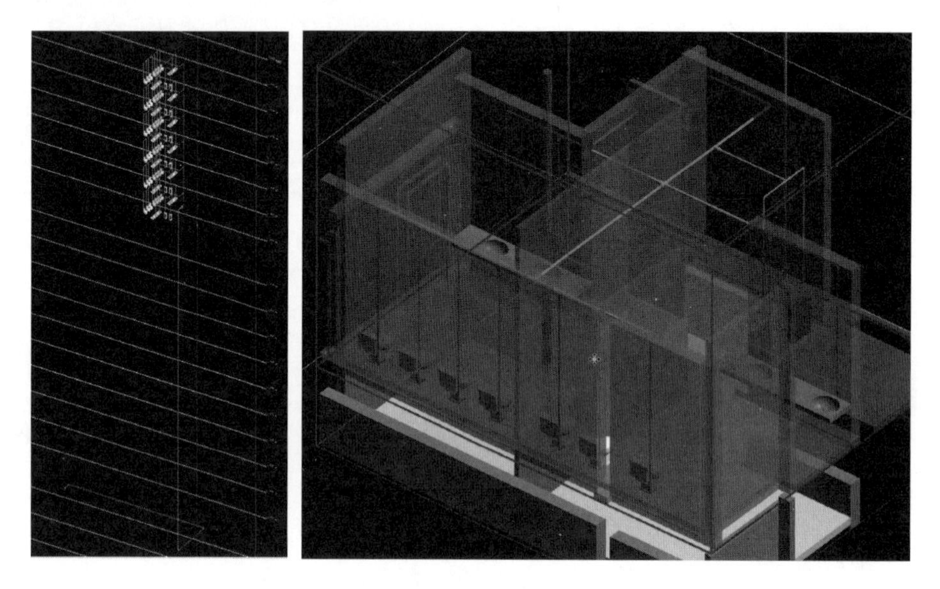

图 1　模型示例

## 6　具体步骤

（1）方案阶段

创建管道系统、管道材质。需要注意的是，只有规范化创建，才能进行下一阶段计算。

（2）初设阶段

根据设计要求，布置卫浴设备，然后定义卫浴设备当量，利用鸿业 Space 估算、精算，生成水力计算报告，详见图 2～图 4。需要注意的是，计算规则符合规范，可自动提取管长信息，比普通的计算软件更为精准。

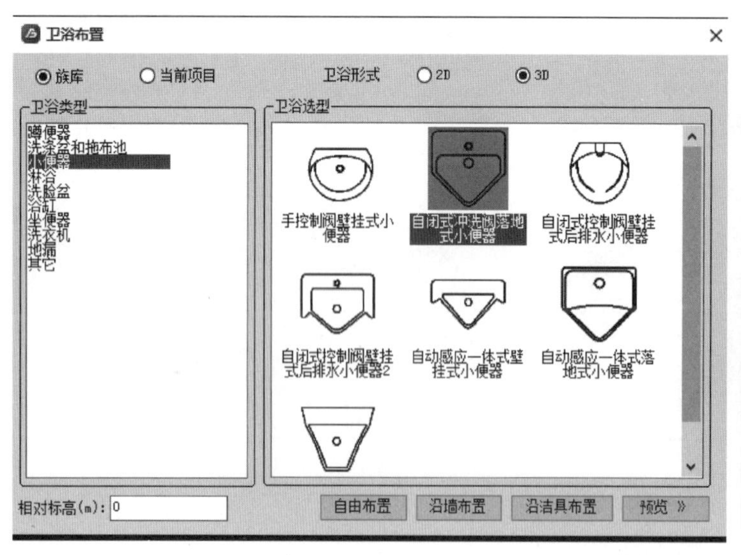


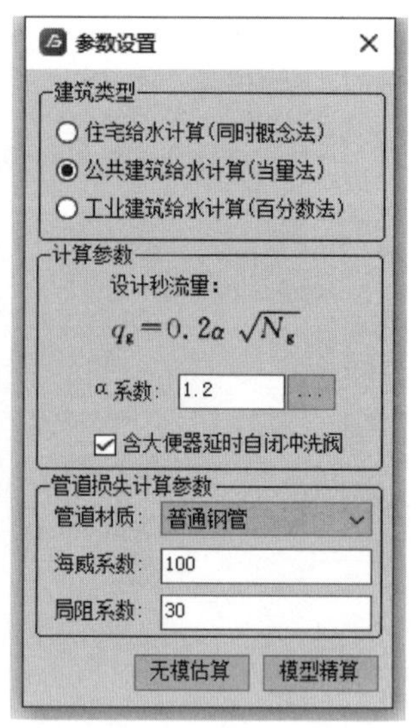


图 2　鸿业 Space 软件界面

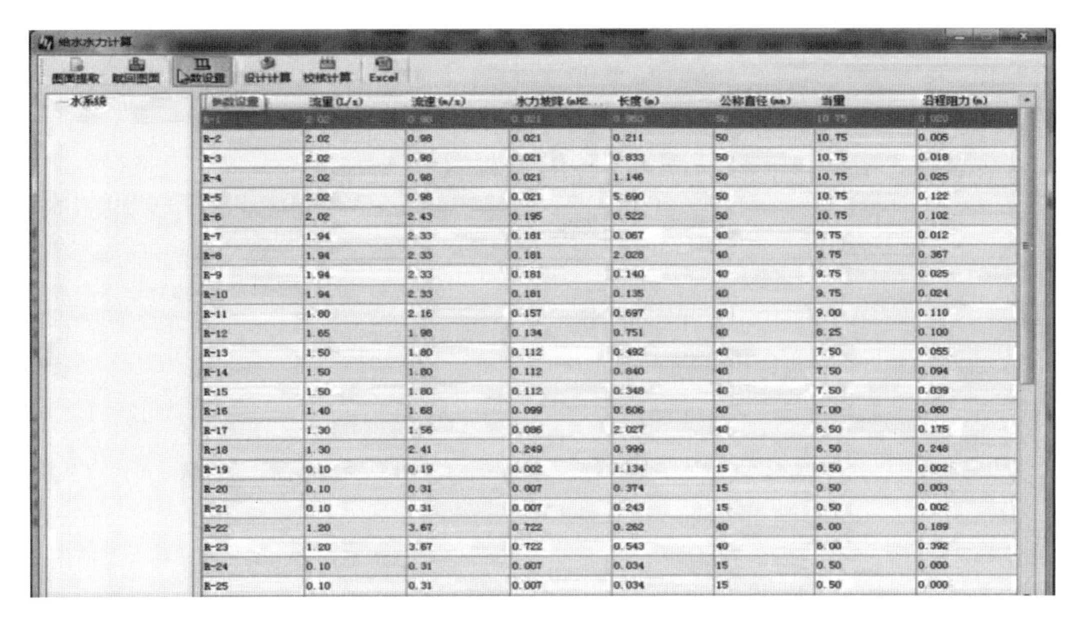

| 参数设置 | 流量(L/s) | 流速(m/s) | 水力坡降(mH2... | 长度(m) | 公称直径(mm) | 当量 | 沿程阻力(m) |
|---|---|---|---|---|---|---|---|
| R-1 | 2.02 | [illegible] | [illegible] | [illegible] | 50 | 10.75 | [illegible] |
| R-2 | 2.02 | 0.98 | 0.021 | 0.211 | 50 | 10.75 | 0.005 |
| R-3 | 2.02 | 0.98 | 0.021 | 0.833 | 50 | 10.75 | 0.018 |
| R-4 | 2.02 | 0.98 | 0.021 | 1.146 | 50 | 10.75 | 0.025 |
| R-5 | 2.02 | 0.98 | 0.021 | 5.690 | 50 | 10.75 | 0.122 |
| R-6 | 2.02 | 2.43 | 0.195 | 0.522 | 50 | 10.75 | 0.102 |
| R-7 | 1.94 | 2.33 | 0.181 | 0.067 | 40 | 9.75 | 0.012 |
| R-8 | 1.94 | 2.33 | 0.181 | 2.028 | 40 | 9.75 | 0.367 |
| R-9 | 1.94 | 2.33 | 0.181 | 0.140 | 40 | 9.75 | 0.025 |
| R-10 | 1.94 | 2.33 | 0.181 | 0.135 | 40 | 9.75 | 0.024 |
| R-11 | 1.80 | 2.16 | 0.157 | 0.697 | 40 | 9.00 | 0.110 |
| R-12 | 1.65 | 1.98 | 0.134 | 0.751 | 40 | 8.25 | 0.100 |
| R-13 | 1.50 | 1.80 | 0.112 | 0.492 | 40 | 7.50 | 0.055 |
| R-14 | 1.50 | 1.80 | 0.112 | 0.840 | 40 | 7.50 | 0.094 |
| R-15 | 1.50 | 1.80 | 0.112 | 0.348 | 40 | 7.50 | 0.039 |
| R-16 | 1.40 | 1.68 | 0.099 | 0.606 | 40 | 7.00 | 0.060 |
| R-17 | 1.30 | 1.56 | 0.086 | 2.027 | 40 | 6.50 | 0.175 |
| R-18 | 1.30 | 2.41 | 0.249 | 0.999 | 40 | 6.50 | 0.248 |
| R-19 | 0.10 | 0.19 | 0.002 | 1.134 | 15 | 0.50 | 0.002 |
| R-20 | 0.10 | 0.31 | 0.007 | 0.374 | 15 | 0.50 | 0.003 |
| R-21 | 0.10 | 0.31 | 0.007 | 0.243 | 15 | 0.50 | 0.002 |
| R-22 | 1.20 | 3.67 | 0.722 | 0.262 | 40 | 6.00 | 0.189 |
| R-23 | 1.20 | 3.67 | 0.722 | 0.543 | 40 | 6.00 | 0.392 |
| R-24 | 0.10 | 0.31 | 0.007 | 0.034 | 15 | 0.50 | 0.000 |
| R-25 | 0.10 | 0.31 | 0.007 | 0.034 | 15 | 0.50 | 0.000 |

图 3　操作界面一

（3）施工图阶段及后期服务

管线综合后，利用鸿业 Space 精算、Revit 分别计算水头损失，取二者较大值。需要注意的是，鸿业的计算规则符合规范，但局部水头损失计算不如 Revit 精准。

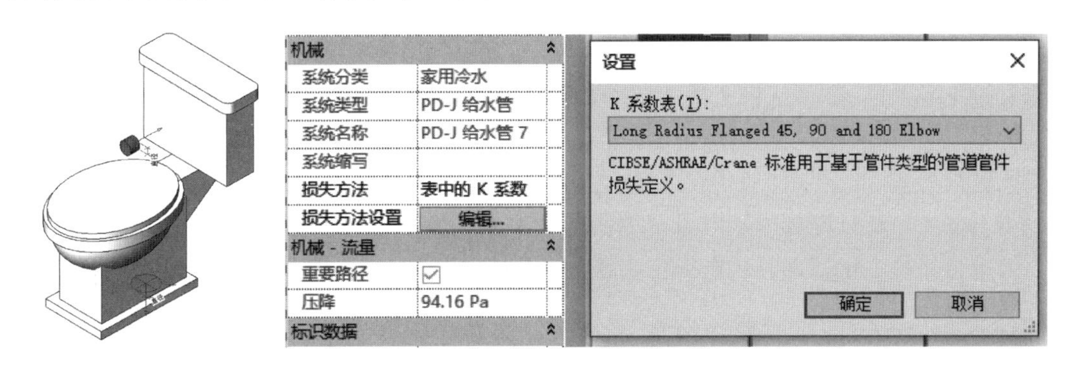


图 4　操作界面二

## 7　结果对比

详见表 3。

**结果对比　　表 3**

| 计算方法 | 初设 (mH20) | 施工图 (mH20) | 结论（仅针对本次模拟计算） |
|---|---|---|---|
| 鸿业 Space（精算） | 9.95 | 10.2 | ① 管线综合增多的弯折，对水头损失的影响较大<br>② 施工图阶段，如果管线翻弯较多，用 Revit 进行复核，计算结果更为安全 |
| Revit | — | 18.31 | |

## 8　总结

（1）模拟分析软件进行水力计算是未来趋势

从前文可知，利用 BIM 系列软件可以快速实现水力计算，提高设计的精细化程度，并能够在生命周期的各个环节中，快速复核得到设计成果。因此，使用模拟分析软件进行水力计算，将是未来的趋势。

（2）目前现有计算工具可基本满足使用

需求

虽然Revit等一些欧美BIM软件所采用的计算规则不同于国内规范，但是计算规则是符合水力学定律的，可以用于施工图及以后阶段的给水、循环水系统的校核，但是管道绘制需要精细化，应当结合实际情况，谨慎考虑。

以鸿业Space等为代表的国产软件，符合国内现行规范的计算规则，可进行初设及以后阶段全专业的计算，计算结果比二维估算更为精准。

（3）目前应用模拟软件进行水力计算的局限性

BIM技术自引入我国后，在施工、深化设计等领域均取得了较好的实施效果。

然而BIM技术中的水力计算等模拟分析的功能模块，却一直少有设计师进行探索，大部分设计师仍然沿用计算软件、计算表格等传统计算方式进行这项工作，这其中的原因较为复杂，比如设计院自主开展正向设计受到的支持有限、计算之前需要精细化建模、耗费时间较多、计算软件尚不成熟等[10]。

由此看来，要广泛地使用模拟分析软件进行实时水力计算，并将设计成果传递至全生命周期，助力建筑精细化管理，尚有很长一段路要走。

## 参考文献

[1] 连淳.BIM深化设计计算技术应用[J].安装，2014(6)：14-17.

[2] 王希鹏.三维仿真技术在建筑给排水管道工程中的应用研究[D].青岛：青岛理工大学，2013.

[3] 徐晓宇.基于BIM模型的CFD水力计算的研究及应用[A]//中国图学学会建筑信息模型(BIM)专业委员会.第三届全国BIM学术会议论文集[C].北京：中国建筑工业出版社，2017：279-283.

[4] 刘雪晴，田福文，刘全，等.基于BIM的截流水力计算及其算稿系统研发[J].水电与新能源，2022，36(9)：74-78.

[5] 周积果，刘德忠.似牛顿浆体几个摩阻系数计算公式的比较[J].中国矿山工程，2014，43(5)：67-71.

[6] 常青，李江云，陈知超.管道水力公式的选用对水泵选型的影响研究[J].中国农村水利水电，2014(3)：172-175.

[7] 夏连宁.关于输水管道水力计算公式选用的探讨[J].给水排水，2020，56(4)：139-143.

[8] 王雪原，黄慎勇，付忠志.长距离输水管道水力计算公式的选用[J].给水排水，2006(10)：32-35.

[9] 靳波.标准规范中钢管和铸铁管沿程水头损失计算公式的节能设计探讨[J].工程建设标准化，2014(6)：61-65.

[10] 赵昕.建筑给水排水专业面临BIM抉择[J].给水排水，2012，48(11)：85-91.

# 基于深圳中学 Revit 正向给水排水设计复盘与思考

李臻阳　谭　春　王淳贤　毛晓明　费博伟

（中国建筑西南设计研究院有限公司，成都　610041）

**【摘　要】** 传统的二维 CAD 设计，既不利于项目内重点区域的布置，也不能在设计师间形成良好的空间交互思想。随着 BIM 技术突飞猛进地发展，在三维空间内解决管综问题逐渐成为主流趋势。但目前项目大多依赖翻模，正向设计人员经验较少成为正向设计难以推广的原因。本文结合往期项目的正向设计过程，阐述分析项目建模流程和建模中出现的问题，探索 BIM 正向设计在建筑设计中的更多可能性，对建筑正向设计提出改良性建议。

**【关键词】** BIM 技术；正向设计；设计复盘

随着建筑设计领域不断更新和发展，正向设计已经成为建筑设计方向的大趋势。在 2022 年北京冬季奥运会的场馆中，通过运用 BIM 技术已经实现了对于高难度、多工艺、复杂地形的难点克服，同时结合监控和环境监测等手段，在 BIM 模型中实现对场馆的实时监控，BIM 技术在项目整个设计和管理周期中起到了巨大作用[1,2]。

传统的二维设计既不利于设计师对图纸更深度地理解，也不利于校对、审核人员对图纸的严格把控。虽然正向设计已经成为建筑设计领域的新方向，在三维上可以提前解决项目中隐藏的疑难杂症，但目前大多数项目仍依赖二维翻模，真正的全项目正向设计尚在起步阶段，建模经验较少，正向设计对于设计师也提出了更高的要求，提高了企业的人力成本，而翻模始终无法完全表达设计师本身意图，也不能在企业中形成一种良性的机制。上述种种原因导致正向设计目前依旧不能在市场中大力推行，为了提高团队效率、减少正向设计过程中不必要的问题，真实的全过程正向设计复盘尤为重要。

## 1　BIM 模型的搭建

### 1.1　模型准备阶段注意事项

在传统二维设计中，管道交叉、管道阀门施工安装，各专业信息交互不全面、不及时、沟通效率低已然成为通病，设计完成的成果也只能在二维里展现，当反馈到实际情况中便会暴露出一系列的问题，对整个设计周期以及后期服务带来了较大的困扰。而 BIM（Building Information Modeling）技术建立在三维模型的基础上，不仅实现了三维可视化设计研究，同时也可以在庞大的模型中做到精细化、局部化，将重点问题前置暴露并有效地解决。

目前使用的主流建模软件为 Autodesk Revit，该软件经过 20 余年的发展，已经从编程式软件蜕变为一款可以实现三维全专业模型建模的工具。在模型建立初期，首先需要结合设计要求和标准，对 BIM 模型内容和精度进行确认[3~5]。

其次，企业层面上尽量提供统一的模型模板，各专业在统一模板的基础上使用不同的样板、族库、插件，在做到项目标准统一的情况下，满足各专业内的建模需求，实现建模过程中各专业协同并进、标准统一，保证出图内容为一套标准体系。

## 1.2 项目建模流程

机电专业建模一般需要建立在土建模型之上，所以建模过程首先要完成建筑与结构模型，才可以创建各专业的中心文件。由于 Revit 是只能单核运行的软件，所以为避免后期模型卡顿问题，建议各专业分开建立其中心文件，待本专业中心文件建立完成，再链接其他专业的模型内容。模型建立完成后设计人员再分别认领其工作集，并严格按照所属工作集工作，避免产生过多的图元权限问题，具体的模型建立工作流程如图 1 所示。

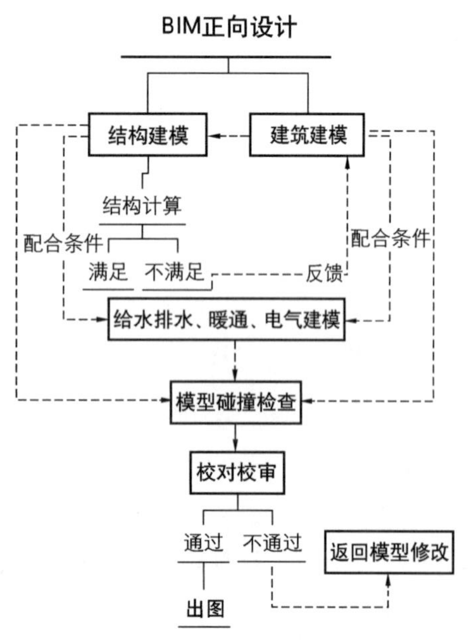


图 1　正向设计建模流程图

## 1.3 标准化参数及需求设定

建模过程中的多种附件以及族类型，在设计前最好能够做到整齐划一，各个专业除了使用各自专用的模板建模文件外，还需要载入相应的族，构建一个具有标准化统一的项目模型。族不仅需要满足相应的建模精度要求，也要能够附带相应参数，例如衔接管径、附件尺寸，水泵附带有对应的流量扬程更方便设计师进行选型和布置。标注上也应做到整齐划一，通过使用同样的字体对项目进行注释。而部分族库附件和注释在不同的项目中会有不同的需求，所以对于族的修改和编辑也是必要的，通过修改族构件属性以及参数属性，实现项目内部对族的分类、分项要求。

## 1.4 专业协作及出图

在 Revit 中各专业协作采用类似 CAD 参照的模式，通过链接其他专业的模型，便可实时查看其他专业的建模内容以及修改部分，提升了工作效率以及配合的深度，将原来相对单调的平面工作协作模式转换为立体直观的协同。建立综合模型可以更好地体现项目的管综情况，方便各专业对重点区域的空间把控。提资最好使用制定好的项目提资模板，方便专业内人员使用，提高配合工作效率。

虽然三维建模在空间展现上优势很大，但是在施工出图仍以二维图纸为准的情况下，Revit 平面表达还需向二维设计靠拢。例如管线的甄别就需在模型中分别对不同类型管线进行标注，使用鸿业插件可以分系统地对三维模型中的管道进行分类标注，如图 2 所示，根据不同系统管道运用不同的标注方便出图[6]。出图可充分利用 Revit 自带的出图功能，利用模板中的图框套图出图，过程中需要检查和注意出图管道的宽度、线型、管线重叠问题，关注注释及底图内容是否合理，保证设计成果可以完整展现[7]。

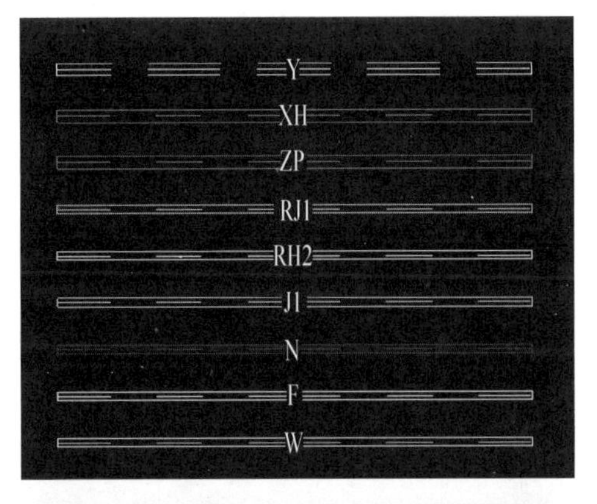


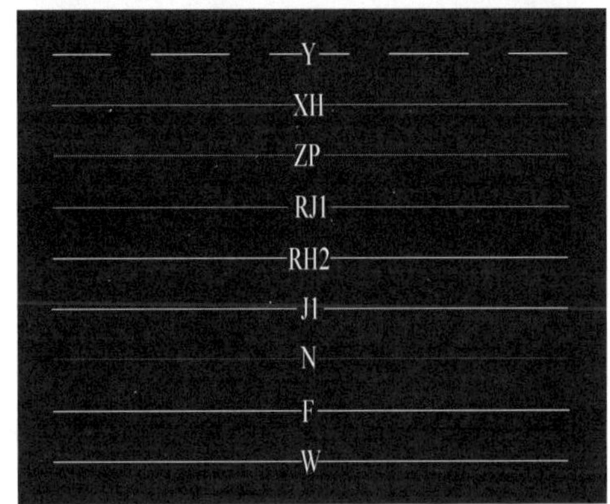


图 2　不同管道线型图

# 2　正向设计过程中的问题与探讨

## 2.1　项目概况

项目位于广东省深圳市，总建筑面积约为 7 万 $m^2$，分为地上、地下两个子项，项目整体场地平整，竖向分区系统相对简单，整个项目包含给水、排水、消防、雨水、气体灭火、泳池等系统设计，建筑高度为 23.8m，为多层公共建筑。由于学校对使用上有特殊要求，故该项目分为一、二期建设。该项目方案要求较高，许多教室以及走廊都采用了吊顶形式，这对于机电专业设计提出了更高的要求。二维 CAD 设计很难全面地解决项目内部的各处问题，而正向设计在该项目完成过程中起到了关键性作用，确保了项目的顺利完成以及施工安装的合理性、可行性。

## 2.2　设计原则

在项目中，水专业管道整体按照先主管后支管、小管让大管、有压管让无压管、非金属管让金属管、经常检修管道下置的原则，在整个项目中则采用风管在上、桥架在下，水管不得布置在桥架之上的原则。除了以上的管道排布方式，各专业管道还需在满足各自的安装和检修规定的基础上，合理设置间距。

## 2.3　重难点讨论

### 2.3.1　错层高差问题

项目地下室和一层给水方式为市政直供，二层及以上的教室以及实验室采用二次加压供水。由于学校午休宿舍和教学区有较大高差，所以给水管道在宿舍内单独设置，又因走廊部分布置吊顶，没有足够的走管空间，结构梁在此处也不允许穿越，所以给水管在五层通过立管向下供给宿舍，在五层给水管通过加厚的垫层通往各个宿舍供水。但是该做法在实质上并没有解决层高的问题，较好的办法还是和方案设计人员沟通，在一层和二层增加竖井方便给水管道通向宿舍。

### 2.3.2　分期建设问题

项目排水系统是整个项目较为复杂的部分，因为项目分为一、二期建设，故所有的排水系统不可串接，其中地上的教室、花池和走廊排水、冷凝水、雨水不可从一期向二期范围内串接，避免竣工后排水无法正常排出，所以本项目排水立管和点位相对较多，直接影响到整个项目的管综部分。消防系统与排水系统需要在一、二期之间形成分隔，在一期消防环管单独成环，二期则接在一期预留的环管接口上，构成整个项目的消防系统，见图 3。

### 2.3.3　走管空间局限问题

因整个项目的实验室和地上的走廊区域采

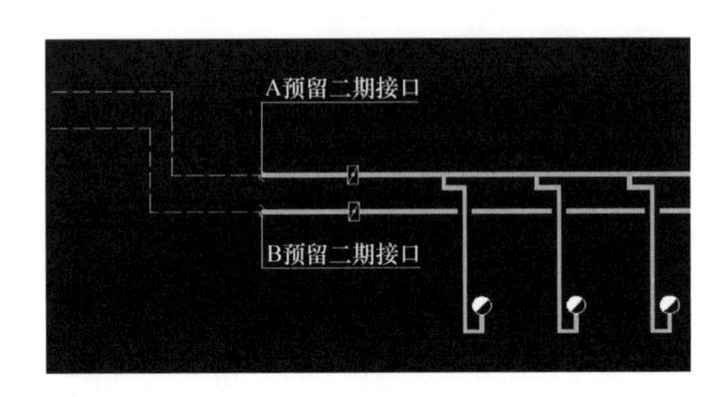


图3　消火栓一期预留接口图

用吊顶形式包管，项目又需满足绿建三星要求，增设了许多绿化屋面在楼层各处，在教学楼层高仅为3.9m的情况下，很多吊顶仅能刚好包住梁，此时排水管道进入走廊便只能穿梁通过，如图4所示。

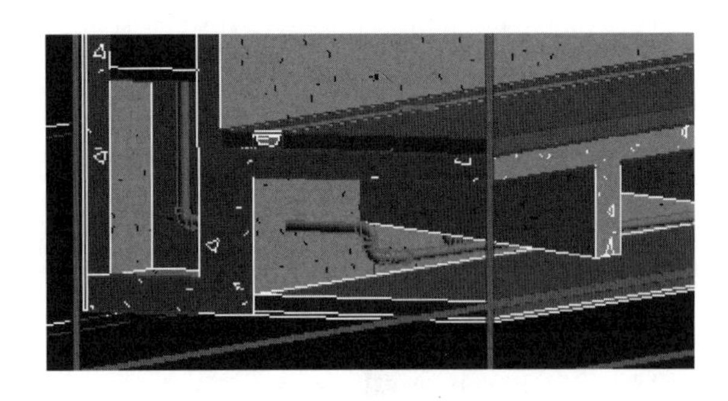

图4　走廊花池排水管穿梁图

虽然走廊内使用变截面梁增加了走廊空间，但是仍规避不了大部分排水管道需要穿梁的现状，穿梁对于BIM设计的精准程度提出了很高的要求，套管点位众多构成了水专业和结构专业的重大难点，只能通过细致和密切的配合才能解决问题。

因屋面2/3高度以下的雨水不能与上层屋面的雨水汇合排放，所以整个项目内部增设了较多雨水排水点位。屋面旁走廊设置排水沟并使用雨水斗排水，接至雨水系统。而在深圳水务局当初并未明确走廊排水可以按照雨水考虑的情况下，教室走廊的排水仍使用地漏排水，与花池排水一起接至废水系统。

#### 2.3.4　高大空间整洁性展现

自喷设置在地下室、一层篮球馆出口以及二层，将一层防火分区面积设置为2500m$^2$内，可以不设置喷淋，保证了一层架空区域的空间整洁。篮球馆为负一层到一层的通高区域，高度为11m，为满足高大净空整洁性的要求，水炮管道沿斜柱向上布置，后期通过装饰包裹，横管隐藏在梁下的挂板缝隙内，见图5。

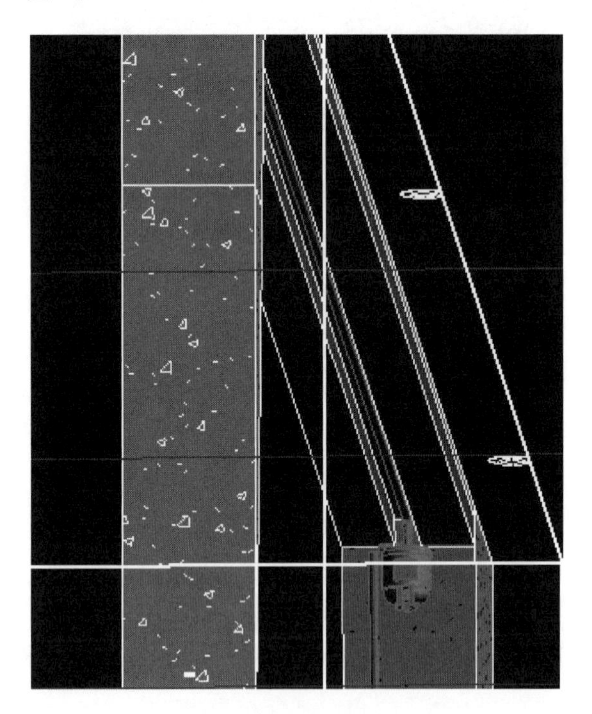

图5　篮球场水炮布置方式图

### 2.4　管综过程中的问题

在项目中，管综部分的主要影响因素为吊顶区域空间相对紧张，故在地上部分暖通采用分体式空调，在吊顶内主要走给水排水管道以及桥架。为了进一步增大吊顶空间，结构采用了变截面梁方便机电专业走管。吊顶内遇到管道交叉时，采用翻弯的方式来解决碰撞问题，部分地方采用穿梁形式，见图6。地下部分管综相较于地上较为复杂，但是遵循项目前期设定的管综原则，聚焦重点区域对梁下的管道进行梳理，可以形成一个完善的模型，对精细化施工具有指导性意义。管综问题需要归纳和整

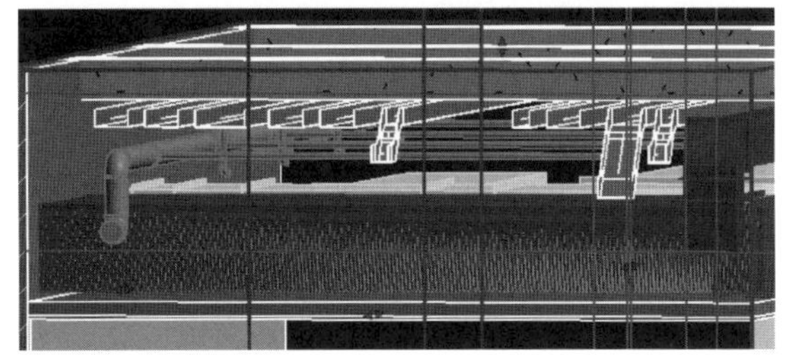

图 6　地上、地下重点区域管综图

理在管综报告中，再通过召开管综会议针对报告逐项梳理解决，见图 7[8]。在整个设计过程中通过对主导专业提出的管综问题逐一解决，定期开展管综会议报告，可以有效地保证项目的正常推进，避免后期不必要的工作量堆叠。

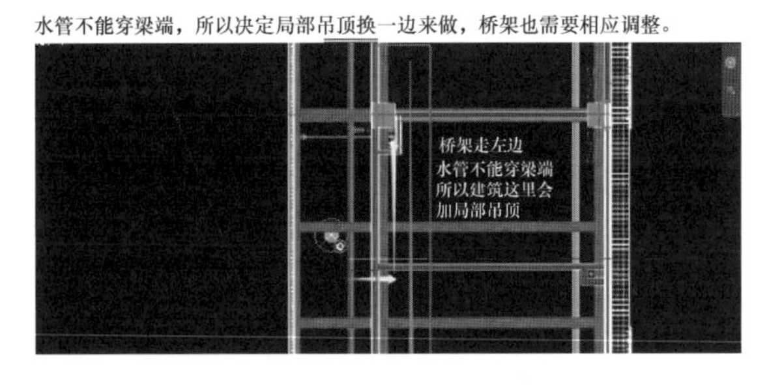


图 7　管综报告截图

## 3　正向设计亮点优化

### 3.1　标注优化

在项目模型完成前期，由于 Revit 标注并没有像 CAD 一样分图层标注，对于体量较大的项目，后期将成为不小的工作量，为方便项目设计后期标注的管理，可以在设计前期将标注按照系统分类建立。立管标注有两种方法，一种是通过给立管做编号注释，用制定好的族给立管进行编号。用族对立管赋值注释属性，便可以形成一个较为系统的编号体系，可以查找编号的使用记录，避免编号重复。另一种方法通过使用鸿业标注，不需要对每一根立管赋予立管注释属性，但是需要注意在设置时仿宋字体在导出 CAD 的模式下会出现中文字间距过大的现象，经过实测，将字体设置为宋体就能解决此问题。

### 3.2　构件真实直观表达

在设计过程中，地漏、消火栓、阀门等物件连接后，在管件不变动的情况下较为方便，可以随着附件的移动而自动改变管道位置，但是当出现反向连接时，管道无法自动更正并报错，此时就需断开管道并重新连接，相较于 CAD 会多花费一些时间。虽然部分操作也显得有些生硬和呆板，但在 Revit 中弯头和管件会显示出不同管材安装时的实际所需空间，比起 CAD 更加直观、真实，在狭小空间管道安装衔接的条件下给予了设计师更深刻的体验。

### 3.3　泵房空间展示

泵房大样可通过 Revit 进行建模与出图，相较于 CAD，Revit 的三维泵房大样更加精细，对于管道的布置以及距墙的距离都有更加准确地控制，在管道以及阀门、阀件的放置过程中，也可以让设计师从更深刻的角度去理解如何合理地优化布置空间，不仅有利于施工图的落地，也方便了后期泵房的检修和维护。

### 3.4　协同模板提资

Revit 模型的更新是可以通过同步实时查看的，相较于使用协同平台更为方便[9]，可以更为直观地看到其他设计人员的改动，所以对于各个专业建模时的要求也就更高，需要提醒其他专业同步更新模型内容。

和其他专业配合时，多运用提资视图会相对方便，但是提资模板的设置有可能会出现问题，例如横管被显示等。建议逻辑的设置尽量简单，避免出现逻辑混乱的情况。

### 3.5 减少管综工作量及效果展现

因为在 Revit 中进行机电专业的管综碰撞在后期会产生大量的工作，建议在初设过程中或者施工图前期过程中机电各专业进行初步定案会，对项目内部各区域的各专业管线高度进行确定。通过项目前期管线的高度控制，减少后期因各种管综问题而产生的工作量。

在检验模型成果时使用 Enscape 软件，既可以在模型内部进行局部漫游检查模型内容，也可配合大空间视图查看模型问题，如图 8 所示。在内容展示上 Enscape 可以将构件与族高精度展示，渲染后的模型既方便自我审查，也可以形成良好的展示效果[10]。

图 8　地上部分 Enscape 给水排水图

## 4　总结与展望

(1) Revit 是目前正向设计市场上主推的软件，在精细化三维设计方面拥有着较大优势，针对项目的重点区域和机房，对管道进行合理地排列布置，提高设计精度的同时，方便设计师对空间关系进行更深入地理解，给予施工更好地指导。

(2) 在 Revit 中可通过设置组、合理安排快捷键、善用三维视口和剖面来提升效率，同时也可以设定自己需要的族，采用适合于项目本身的管线建模方法来优化设计过程和出图内容，但由于操作方式、运行卡顿以及工作模式与 CAD 大不相同，所以设计周期肯定比 CAD 只多不少，建议及时与配合方沟通和确认项目节点。

(3) 项目管综可以通过前期召开管综会议，确定重点区域各专业管道高度及位置，及时发现问题，减少后期工作量。

(4) Revit 中查找和替换功能一直都是诟病，可通过开发插件实现替代功能，根据内容定位到项目中的具体位置，方便查看和修改。

### 参考文献


[1] 冯增文，于淼，李珂，等．智慧建造技术在冬奥会国家高山滑雪中心建设中的应用[J]. 工程建设与设计，2021(S1)：223-226.

[2] 张知田，司佳丽，郭红领，等．冬奥会雪上场馆全寿命期 BIM 需求分析[J]. 工程管理学报，2020，34(5)：64-68.

[3] 李兵，方玉妹，汪深．BIM 技术在室外管综设计中的应用研究[J]. 给水排水，2019，55(11)：119-123.

[4] 钟炜，李志勇，万振东．基于 BIM 的综合管廊交互设计与协同管理应用[J]. 中国给水排水，2021，37(12)：104-108.

[5] 吕洪峰，张智博，贾春蕾，等．BIM 技术在哈尔滨先锋桥排水泵站设计中的应用[J]. 中国给水排水，2021，37(8)：89-94.

[6] 黄聪．BIM 技术在建筑给水排水设计出图中的应用[J]. 住宅与房地产，2019(12)：50.

[7] 蔡忠兴，陈颖．BIM 二、三维转换在南海某项

目给水排水设计中的应用[J]. 广东土木与建筑，2022，29(4)：24-26.
[8] 陈康，孙明倩．基于 BIM 技术的地下车库机电管综[J]. 四川建筑，2021，41(S1)：88-90.
[9] 王巧雯，张加万，牛志斌．基于建筑信息模型的建筑多专业协同设计流程分析[J]. 同济大学学报(自然科学版)，2018，46(8)：1155-1160.
[10] 李亚琴，范华冰，朱卓晖．Enscape 在 BIM 技术中的应用[J]. 四川建筑，2021，41(S1)：73-75.

# 基于 DEA 的项目 BIM 应用效益分析

王若冰

（泰州市绿色建筑与科技发展中心，泰州　225300）

【摘　要】本文通过对已发布的 BIM 技术应用政策进行分析梳理，得出大部分省市选择将 BIM 技术应用费纳入工程建设其他费考虑的结论，该费用的列支方式与 BIM 技术最佳应用起点不谋而合，即从项目前期设计阶段开始，我国工程造价模式与 BIM 技术融合是理论可行且有政策基础的。其次，阐述 DEA 模型对 BIM 应用进行效益分析的合理性，并构建基于 DEA 模型的 BIM 技术应用效益评价体系；最后，结合 25 个实际案例通过评价模型进行 BIM 应用效益评价分析，总结出现阶段项目中 BIM 技术应用效益水平，并进一步分析水平不高的原因。

【关键词】数据包络分析；工程造价管理；BIM；效益评价分析

## 1　引言

建筑业将持续面临经济增速放缓、固定资产投资减少、防疫隔离需求等实际困难，如何迅速转型，向技术要效益、向创新要利润，已经成为建筑行业不得不思考的现实问题。建筑业向高质量发展方向转变是必然趋势与唯一选择，而要做到高质量发展，数字化变革、信息化管理是唯一出路。BIM 技术要发挥作用不能仅仅用来建模。2018 年以来，BIM 政策呈现出明显的地域和行业扩散、应用方向明确、应用支撑体系健全发展的特点。目前全国已有多省、市、自治区发布 BIM 相关应用政策（表 1）。

各省市 BIM 取费政策汇总表　　表 1

| 地区 | BIM 技术文件中约定的列支渠道 |
|---|---|
| 上海 | 建设成本，主要建议列入建设其他费 |
| 杭州 | 仅在工程总承包项目中考虑，列入总承包其他费 |

续表

| 地区 | BIM 技术文件中约定的列支渠道 |
|---|---|
| 浙江 | 建设单位主导应用的，计入工程建设成本 |
| | 承包商主导应用的，按暂列金额单独列项 |
| 广东 | 工程建设其他费 |
| 广西 | 设计阶段计入工程建设其他费，在工程设计费的其他设计费中列项 |
| | 施工阶段计入建安费用，措施项目清单中按总价措施费单独列出 |
| | 运维阶段计入工程建设其他费 |
| 山西 | 工程建设其他费中单独列支（未明确列支名称） |
| 湖南 | 工程建设其他费，以 BIM 技术服务费单独列项 |
| 福田区 | 同湖南 |
| 住房和城乡建设费 | 目前仅考虑工程总承包项目，列入总承包其他费 |

综合表 1 可见，各地政策是从技术应用主导方、应用阶段、费用计取阶段、费用性质等完全不同的角度出发考虑的。如浙江省考虑了

BIM技术应用主导方不同，列入工程造价的子目就不同。不管是建设单位主导还是承包商主导，从工程造价形成来说，暂列金额是建设单位为工程建设过程中可能出现的，但在预算编制阶段不明确具体用途的费用预留[1]。此费用具有不可竞争的性质，即投标时此项金额只可按建设方要求列支，不可下浮。如深圳福田区考虑的是费用计取阶段，要求在编制工程项目可研估算或概算时考虑，即从决策或初步设计阶段开始计取BIM费用，这笔费用主要是BIM使用费用，不包含技术开发性费用。而江苏省考虑的是费用性质，BIM费用作为不可竞争费用[2]。

总体来说，各地政策的不同在于两点：一是计取时间，是立项决策初始，还是施工招标投标阶段；二是费用计取的具体子目。如果是工程建设其他费、暂列金额等，就代表建设单位有权决定BIM技术应用的阶段与深度；如果是工程建设费用，BIM技术相关费用只有在施工期才可以使用，虽然建设单位也可以在招标文件中约定BIM技术应用深度，但是工程建设费用必然仅局限于施工阶段，既不能前延至设计决策阶段，也无法后伸至运维管理阶段。所以如将BIM费用纳入工程建设费用考虑，既会局限BIM技术应用的广度与深度，不利于费用支出统计，也无法最大限度发挥BIM的效益。从鼓励创新、支持创新角度来说，将BIM费用列入工程建设其他费，更有利于BIM技术进行全生命周期应用与管理，也更有助于BIM技术应用效益的测算。而目前BIM效益研究都未提及费用取费问题。

## 2 BIM技术应用效益研究现状

### 2.1 国外研究现状

Love P等[3]提出基于ROI计算BIM投资收益的不足，讨论建立了收益评估框架，结合无形收益与间接成本来适应BIM不断发展的性质。Barlish K等[4]在文献基础上，提出了一个确定建筑信息模型价值的框架计算模型来分析BIM对项目效益的影响。综合考虑了成本或投资指标与收益或回报指标。研究结果表明，通过BIM应用产生效益的期望值很大，但是实际回报值、投资额、收益情况因每个项目而异。Shin M等[5]通过分析在规划和施工阶段使用BIM的项目，概述BIM实施的优势。提出如果在施工前使用BIM，可以减少施工期间不必要的错误与损失，从而减少返工并节约成本。Lu W等[6~7]选择绘制MacLeamy的时间-工作量分布曲线的方式，对使用BIM与未使用BIM的项目进行对比分析，得出BIM的实施增加了设计阶段的工作量，但额外的工作量在建造阶段得到了回报。从整体来看，BIM实施为项目节省了约6.92%的成本。

### 2.2 国内研究现状

吴蔚[8]与袁斯煌[9]均采用了先进行文献统计分析并结合实例分析研究BIM应用效益的方法，两人共同点在于采用统计方法对BIM效益学术论文综述进行分析，不同点在于吴蔚提出的评价体系针对钢结构制作工艺优化，袁斯煌提出的评价体系适用于业主主导的BIM应用，同时袁斯煌将评价指标体系优化为管理、战略、产品、财务、组织五大方面，再对筛选结果进行效益综合评价，适用面更广、效益分析更全面。

琚娟[10]认为，相比于BIM企业层级的应用，项目层级BIM的应用效益评价更有难度，尤其对于业主而言，项目中BIM效益不直观、不量化。琚娟重点考虑的是财务指标，并采用应用投资回报率ROI对BIM效益进行评价研究，得出施工阶段应用BIM技术具有明显的经济效益，但是是否在项目前期做好BIM应用规划，也会影响到BIM应用投资回报率。钟炜[11]打破只关注BIM技术带来财务效益的弊端，提出了基于平衡计分卡理论设计指标体系，从项目管理与BIM实际项目运用的角度，对整体绩效予以评价并促进工程项目管理水平整体改善。

饶阳[12]提出从业主方角度研究BIM效益的必要性与重要性，并且基于业主方视角运用DEA一阶段法对分阶段的BIM投资效率进行分析，得出BIM应用投资相对有效的结论。王宇宏[13]则认为施工企业的BIM技术应用绩效更值得关注，尤其是施工阶段更需进行动态应用绩效评价。王宇宏分析了9个案例，指出BIM技术能够降低企业生产成本，并且带来可观的效益，但是电子化投入与措施费投入过高，尤其是电子化投入与BIM软件市场竞争是否为充分竞争直接相关，软件开发力度不够、竞争机制不健全，会对企业应用BIM技术意愿产生较大影响。王晓晴[14]同样关注BIM企业层级应用效益，对建设单位与施工企业均进行了调研，梳理出项目全生命周期BIM应用点。王晓晴认为BIM企业层级应用效益不明显主要是因为BIM应用目标不明确，其可以分为基础、拓展与创新三个不同深度，提出投资效率的研究首先要明确项目全生命周期各阶段BIM应用目标，其次要及时整理建设过程期间的BIM应用成本投入及产出效益数据。

### 2.3 研究综述

不论国内还是国外，BIM效益分析因研究方式、研究对象、实际案例等研究角度不同偏差较大。国内BIM技术实际可用于分析的成功应用较少，理论研究分析偏多，且结果离散度高，原因有二：①研究数据选用比较绝对化，要么是业主方角度的数据，要么是施工方角度的数据；②研究方法的选取未充分考虑BIM技术这类信息化技术的特征。信息化技术的投入，不是单指标单输出，也不是只有经济效益的回报，尤其对于刚进入BIM市场的企业，他们接受新技术意愿高，虽然运用BIM技术的成本相对较高，进而造成经济效益不高，甚至是负效益，但是对于创新型的信息化技术应用，应用越成熟，能力越强大，与组织之间的磨合度越高，隐性效益也越高，所以唯经济支出是不合理的，得出的效益评价结果也会有失偏颇。基于以上原因，本文结合国内建筑行业的实际情况，引入工程造价管理理论，解决研究数据绝对化的问题，引入数据包络分析法（DEA）解决指标不完善、方法不合适的问题。

## 3 基于DEA的BIM应用效益分析

### 3.1 DEA方法介绍

数据包络分析法（DEA）在处理综合评价多投入多产出指标时具有不需要预先估计参数的优势，所以避免了掺杂主观因素，这样在简化算法、减少误差等方面就凸显了很强的客观性。DEA模型导向可以分为投入导向、产出导向和非导向，即是以投入还是产出为主进行分析。本文进行效益分析，不仅是对投入，也不仅是对产出，而关注的是投入与产出的相对合理性。投入导向，是指在不减少产出的条件下，对于无效决策单元要达到技术有效该如何改进，研究的是各项投入应该减少的程度；产出导向，是在不减少投入的条件下，各项产出指标如何改进。本文考虑的是建设项目BIM应用效益，是综合效益，也需要进行相关性、合理性等分析，而且BIM技术的投入与产出是受到多方面影响的，所以选择非导向模型较为合适。

### 3.2 应用步骤

应用DEA模型对BIM技术应用的效益评价有两个关键环节：首先是选择与确定用于评价的决策单元。本文基于工程造价管理理论，将经过市场选择形成的价格作为效益评价分析的基础，不论是哪个阶段的应用，BIM技术的投入都能够为建设项目带来明显的经济效益、潜在的社会效益，如缩短工期、减少损失、提升业绩等，所以对BIM效益评价时不应局限于某一阶段，或者局限于技术层面的应用，可以从整体角度来思考项目效益。从工程造价的组成考虑，以往的测算常将应由企业摊销的固定资产等一次性算到项目投入上，对于项目效益评价影响很大，导致不同的项目、不同的研究者评价的结果离散性大、数据不稳定，影响了行业应用BIM技术的信心。基于工程造价理论，回归项目投资本身，明晰投入、产出的界限。其次是选择与确定评价指标。基于DEA评价指标构建原则，影响因素采用文献中普遍采用的变量。最后本文运用MaxDEA软件进行评价的关键指标分析。

### 3.3 评价指标的确定

本文选取的指标为项目导向性指标，其主要考虑保证工程顺利进行的人员配备、优化工期、降低成本等因素，主要包括BIM管理人员与BIM技术人员的投入，投标时BIM技术应用费如BIM实施费用与施工措施费，工期、成本优化降低比例，合同信息管理效率与物资管理效率的提高率。本文主要运用数据包络分析对建设项目BIM应用效益进行评价，考虑到可量化与可评价原则，确定最终的效益评价指标体系，见表2。

效益评价指标体系　　表2

| 一级指标 | 二级指标 | 三级指标 |
| --- | --- | --- |
| 输入 | 人力投入 | BIM管理人员 |
| | | BIM技术人员 |
| | 财务投入 | 投标时BIM技术应用费用 |
| 输出 | 施工管理效果 | 工期优化率 |
| | | 成本降低率 |
| | | 合同信息管理效率 |
| | | 物资管理效率的提高率 |
| | | 客户满意度 |
| 环境变量 | 项目环境 | 项目建设年限 |
| | 政策环境 | BIM政策完善程度 |
| | BIM组织环境 | BIM团队已完成项目数量 |

## 4 案例分析

本文的实证分析数据主要由某市BIM试点项目且已完成项目建设的建设单位提供。基于可比性原则，本文将统一采用BIM技术应用于施工阶段的项目数据，且数据主要从项目的投标文件与相关施工资料中获取。由于对BIM费用列支统计存在争议，所以本文对选取案例进行逐一比对，基于工程造价管理理论，经过招标投标形成交易价格，既是业主的成本，也是承包商的收入，且对项目利益相关者开放，并且用作进度付款的标准。采用这样的客观数据来定量测量、确认效益，且作为评估与评价的基础更具有公信力。所以在测算效益时，BIM费用的投入以中标的投标报价为准。

### 4.1 案例情况

为了发挥DEA模型在BIM效益评价方面的最大效力，决策单元样本数要充分且合理，本文收集了25个可供分析的BIM项目应用实际案例，项目数超过了投入与产出指标数之和。从项目数据保密性考虑，只对25个项目的概况、内容等进行简要介绍。其中项目1、项目5、项目24、项目25是医院，项目2、项目7、项目12、项目13、项目23是商业综合体，项目3、项目14、项目16、项目20是住宅，项目4、项目6、项目21是市政基础设施，项目8、项目9、项目17是学校，项目10、项目11、项目15、项目19、项目22是商业办公楼，项目18是单独装饰，总共包含医院、商业综合体、住宅、市政、学校、商业办公楼、装饰七类。为了使数据方便可查、统计结果清晰明确，对案例分析项目与指标体系中考虑的指标，用代号简化表示，代号设置如表3所示。调研的25个可供分析的BIM项目应用实际案例的投入产出与环境变量值详见表4。

**各指标代号与单位** **表3**

| 分类 | 编号 | 三级指标 | 指标说明 | 单位 |
|---|---|---|---|---|
| 投入指标 | X1 | BIM管理人员 | 实际投入人数 | 人 |
| | X2 | BIM技术人员 | 实际投入人数 | 人 |
| | X3 | BIM技术费用 | 投标时实际费用 | 万元 |
| 产出指标 | Y1 | 工期优化率 | 通过三维协同设计缩短设计周期天数/总工期 | % |
| | | | 通过三维可视化减少专业工程招标投标天数/总工期 | |
| | | | 通过工程量自动统计缩短造价算量天数/总工期 | |
| | | | 通过BIM减少工程变更缩短工期天数/总工期 | |
| | | | 其他通过BIM缩短工期天数/总工期 | |
| | Y2 | 成本降低率 | 通过参数化设计减少幕墙等材料用量×材料单价 | % |
| | | | 通过管线综合优化减少管线布置×管线单价 | |
| | | | 通过BIM应用节约运营成本 | |
| | | | 其他通过BIM节约成本 | |
| | Y3 | 合同信息管理效率 | 访谈评分 | % |
| | Y4 | 物资管理效率的提高率 | 访谈评分 | % |
| | Y5 | 客户满意度 | 访谈评分 | 分 |
| 环境变量 | Z1 | 项目建设年限 | 实际建设年限 | 年 |
| | Z2 | BIM政策完善程度 | 访谈评分 | 分 |
| | Z3 | BIM团队已完成项目数量 | 访谈评分 | 个 |

**投入产出及环境变量值** **表4**

| *DMU* | X1 | X2 | X3 | Y1 | Y2 | Y3 | Y4 | Y5 | Z1 | Z2 | Z3 |
|---|---|---|---|---|---|---|---|---|---|---|---|
| D1 | 3 | 5 | 120.00 | 3.13 | 0.49 | 7.30 | 6.10 | 7 | 2.63 | 8 | 3 |
| D2 | 3 | 5 | 42.74 | 6.76 | 2.93 | 9.30 | 9.80 | 10 | 0.81 | 9 | 2 |
| D3 | 3 | 4 | 100.00 | 6.31 | 0.01 | 6.50 | 5.30 | 9 | 0.56 | 6 | 1 |
| D4 | 2 | 4 | 32.00 | 8.00 | 0.47 | 6.10 | 8.20 | 8 | 1.23 | 7 | 1 |
| D5 | 2 | 4 | 40.00 | 5.61 | 0.30 | 8.70 | 8.20 | 7 | 2.05 | 9 | 3 |

续表

| DMU | X1 | X2 | X3 | Y1 | Y2 | Y3 | Y4 | Y5 | Z1 | Z2 | Z3 |
|---|---|---|---|---|---|---|---|---|---|---|---|
| D6 | 2 | 4 | 32.00 | 7.11 | 0.40 | 8.10 | 7.90 | 8 | 1.23 | 9 | 3 |
| D7 | 2 | 5 | 300.00 | 6.67 | 4.37 | 9.20 | 9.40 | 9 | 2.47 | 10 | 2 |
| D8 | 2 | 6 | 20.00 | 3.45 | 0.10 | 8.70 | 7.90 | 8 | 0.79 | 9 | 3 |
| D9 | 8 | 4 | 240.00 | 12.31 | 2.09 | 7.50 | 5.60 | 10 | 1.07 | 9 | 2 |
| D10 | 6 | 18 | 150.00 | 10.00 | 4.28 | 8.70 | 7.50 | 9 | 2.96 | 8 | 4 |
| D11 | 5 | 12 | 80.00 | 8.02 | 0.66 | 8.10 | 7.50 | 9 | 2.49 | 9 | 4 |
| D12 | 6 | 8 | 20.00 | 5.76 | 0.35 | 7.50 | 8.90 | 10 | 2.85 | 7 | 2 |
| D13 | 2 | 4 | 40.00 | 1.37 | 0.53 | 8.30 | 8.20 | 8 | 2.00 | 6 | 3 |
| D14 | 2 | 4 | 50.00 | 1.80 | 1.52 | 6.20 | 8.20 | 8 | 1.82 | 6 | 1 |
| D15 | 2 | 3 | 64.00 | 2.08 | 0.05 | 5.00 | 3.20 | 9 | 1.71 | 9 | 3 |
| D16 | 1 | 3 | 80.00 | 2.70 | 0.67 | 8.00 | 6.50 | 7 | 3.24 | 8 | 1 |
| D17 | 5 | 2 | 40.00 | 3.58 | 1.62 | 8.70 | 8.50 | 10 | 1.15 | 8 | 1 |
| D18 | 3 | 5 | 110.00 | 2.08 | 2.70 | 9.10 | 8.90 | 10 | 0.66 | 6 | 1 |
| D19 | 2 | 6 | 20.00 | 8.58 | 0.80 | 6.10 | 3.50 | 8 | 1.28 | 6 | 1 |
| D20 | 5 | 5 | 99.00 | 3.85 | 0.57 | 7.00 | 6.30 | 8 | 2.14 | 8 | 2 |
| D21 | 1 | 8 | 90.00 | 1.60 | 2.13 | 7.20 | 5.60 | 9 | 2.74 | 7 | 2 |
| D22 | 2 | 3 | 25.00 | 1.67 | 3.45 | 8.00 | 4.60 | 7 | 2.46 | 8 | 2 |
| D23 | 2 | 8 | 180.00 | 1.47 | 0.36 | 7.50 | 7.50 | 6 | 2.23 | 7 | 1 |
| D24 | 3 | 8 | 65.00 | 1.35 | 1.36 | 8.10 | 9.50 | 8.5 | 2.03 | 7 | 1 |
| D25 | 2 | 10 | 80.00 | 2.22 | 0.24 | 7.20 | 6.50 | 7 | 3.70 | 10 | 3 |

## 4.2 DEA 模型计算及效率分析

本文主要运用 DEA 模型对 25 个项目实例进行数据分析，分析软件主要采用 MaxDEA。根据本文进行 BIM 效益分析评价的研究，首先对效率值进行数据分析，其次分析出哪些是无效单元。DEA 模型中有两类径向距离函数，其中 CCR 适用于规模收益不变的分析条件，BCC 适用于规模收益可变的条件。通过 CCR 模型测算得到的是技术效率值，通过 BCC 模型测算得到的是纯技术效率值，其中技术效率值与纯效率值成正比，规模效率值与技术效率值也呈正比。

通过对技术效率值、纯技术效率值、规模效率值进行分析，决策单元可以分为技术有效或技术无效。对于技术无效的情况进一步分析，可以得到引起技术无效的原因。分析规模收益是处于递增、不变还是递减的状态，有助于分析得出决策单元 *DMU* 的投入利用情况。将表 4 的投入产出数据导入 MaxDEA 进行 DEA 模型计算，其结果见表 5。

**MaxDEA 软件数据计算结果　　表 5**

| 评价单元 *DMU* | 技术效率值 *TE* | 纯技术效率值 *PTE* | 规模效率值 *SED* | 规模收益 *RTS* |
|---|---|---|---|---|
| D1 | 0.54 | 0.66 | 0.82 | 下降 |
| D2 | 1.00 | 1.00 | 1.00 | 常量 |
| D3 | 0.90 | 0.97 | 0.93 | 下降 |
| D4 | 1.00 | 1.00 | 1.00 | 常量 |
| D5 | 1.00 | 1.00 | 1.00 | 常量 |
| D6 | 1.00 | 1.00 | 1.00 | 常量 |
| D7 | 1.00 | 1.00 | 1.00 | 常量 |
| D8 | 1.00 | 1.00 | 1.00 | 常量 |

续表

| 评价单元 DMU | 技术效率值 TE | 纯技术效率值 PTE | 规模效率值 SED | 规模收益 RTS |
|---|---|---|---|---|
| D9 | 1.00 | 1.00 | 1.00 | 常量 |
| D10 | 0.62 | 1.00 | 0.62 | 下降 |
| D11 | 0.44 | 0.93 | 0.47 | 下降 |
| D12 | 1.00 | 1.00 | 1.00 | 常量 |
| D13 | 1.00 | 1.00 | 1.00 | 常量 |
| D14 | 1.00 | 1.00 | 1.00 | 常量 |
| D15 | 1.00 | 1.00 | 1.00 | 常量 |
| D16 | 1.00 | 1.00 | 1.00 | 常量 |
| D17 | 1.00 | 1.00 | 1.00 | 常量 |
| D18 | 0.86 | 1.00 | 0.86 | 下降 |
| D19 | 1.00 | 1.00 | 1.00 | 常量 |
| D20 | 0.53 | 0.60 | 0.88 | 下降 |
| D21 | 1.00 | 1.00 | 1.00 | 常量 |
| D22 | 1.00 | 1.00 | 1.00 | 常量 |
| D23 | 0.58 | 0.80 | 0.72 | 下降 |
| D24 | 0.78 | 0.95 | 0.82 | 下降 |
| D25 | 0.65 | 0.72 | 0.90 | 下降 |
| 平均值 | 0.875780879 | 0.945247175 | 0.920990911 | — |
| 方差 | 0.04 | 0.01 | 0.02 | — |

图表数值分析：从表 5 分析得出 25 个项目 BIM 应用的技术效率值、纯技术效率值与规模效率值的平均值与方差。根据分析结果可知，目前 BIM 技术在建设项目上的应用与水平不均衡。提高 BIM 应用效益、提高 BIM 普遍应用水平已成为扩大 BIM 应用范围、推广 BIM 技术、促成 BIM 技术落地的重心工作之一。

如表 5 所示，D2、D4、D5、D6、D7、D8、D9、D12、D13、D14、D15、D16、D17、D19、D21、D22 规模效率为 1。规模效率值等于 1，意味着在现有规模与应用技术水平下，这些决策单元 *DMU* 已达到 DEA 的有效状态，即在不改变投入和产出情况下，该评价单元在此时技术下应用 BIM 能产生最大效益水平。技术无效的决策单元 *DMU* 有 9 个，规模效率值分别为 $SED_1=0.82$，$SED_3=0.93$，$SED_{10}=0.62$，$SED_{18}=0.86$，$SED_{20}=088$，$SED_{23}=0.72$，$SED_{24}=082$，$SED_{25}=0.90$，包含了医院、住宅、商业综合体、单独装饰四类项目。技术无效的决策单元意味着这九个决策单元的 BIM 技术应用未达到最大效益水平，如果不改变投入与产出，目前 BIM 应用投入是没有效率的，或者是低效率的。

评价单元 D2、D4、D5、D6、D7、D8、D9、D12、D13、D14、D15、D16、D17、D19、D21、D22 已经达到规模收益不变状态，即 BIM 技术应用水平已经达到最佳状态。意味着投入与收益相匹配，已充分利用了投入资源，如果想进一步扩大 BIM 应用效益水平，可从增加 BIM 技术应用点、应用深度、创新度等可能会带来效益提升的方面着手。评价单元 D1、D3、D10、D11、D18、D20、D23、D24、D25 处于规模收益递减状态，说明这些 BIM 项目效益不理想，投入结构不合理，即导致 BIM 效益相对于投入来说，产出是不合理的。

## 5 结论

本文通过构建适用于我国工程造价体系的 BIM 应用效益评价指标体系，运用 DEA 模型对 25 个实际建设项目数据进行效益评价，并根据评价结果提出相应的建议。综合上述研究，主要得出以下结论：

(1) 目前 BIM 应用效益研究是热点，但是如何合理测算、理性分析投入产出与应用深度等的关系，仍需多尝试、多推广，尤其是政府投资项目需要发展改革委、财政等部门在项目估算、概算编制阶段给予支持。建议从概算阶段开始单独列支 BIM 费用，结合项目建设目标，同步明确 BIM 应用目标与预期效益。

（2）本文建立的效益评价体系，是客观的、合理的、易统计的，适用于参建各方进行BIM效益评价的指标体系。指标包含三个方面：投入、产出与变量。投入具体分为管理与技术应用中的人员投入数与技术投入费用；产出分为工期优化、成本节约、信息管理效率、顾客满意度等；变量分为工期、政策与已完项目数量。该指标体系从工程造价形成角度入手，在具体内容上具有一定创新性，使得投入与产出更符合市场交易行为特征，更具有客观可比性。

## 参考文献


[1] 中华人民共和国住房和城乡建设部．建设工程工程量清单计价规范 GB 50500—2013[S]．北京：中国计划出版社，2013.

[2] 江苏省人民政府办公厅．省政府关于促进建筑业改革发展的意见[EB/OL]．(2017-12-25)[2020-09-16]．http：//www.jiangsu.gov.cn/art/2017/12/25/art_59141_7125875.html.

[3] Love P，Simpson，Hill A，et al. From Justification to Evaluation：Building Information Modeling for Asset Owners[J]. Automation in Construction，2013，35(11)：208-216.

[4] Barlish K，Sullivan K. How to Measure the Benefits of BIM：A Case Study Approach[J]. Automation in Construction，2012(24)：149-159.

[5] Shin M，Lee H，Kim H. Benefit-Cost Analysis of Building Information Modeling (BIM) in a Railway Site[J]. Sustainability，2018，10(11).

[6] Lu W，Fung A，Peng Y，et al. Demystifying Construction Project Time-Effort Distribution Curves：BIM and Non-BIM Comparison[J]. Journal of Management in Engineering，2015，31(6)：04015010.

[7] Lu W，Fung A，Peng Y，et al. Cost-benefit Analysis of Building Information Modeling Implementation in Building Projects through Demystification of Time-Effort Distribution Curves[J]. Building and Environment，2014(82).

[8] 吴蔚．BIM效益评价方法及应用研究[D]．武汉：华中科技大学，2014.

[9] 袁斯煌．业主驱动的BIM应用效益评价研究[D]．重庆：重庆大学，2016.

[10] 琚娟．基于投资回报率的项目BIM应用效益评估方法研究——基于业主视角[J]．建筑经济，2018，39(7)：42-45.

[11] 钟炜，李粒萍．BIM工程项目管理绩效评价指标体系研究[J]．价值工程，2018，37(2)：40-43.

[12] 饶阳．业主方BIM效益评价研究[D]．武汉：华中科技大学，2016.

[13] 王宇宏．基于数据包络分析的建筑施工企业BIM绩效评价体系研究[D]．成都：西南石油大学，2016.

[14] 王晓晴．BIM分层级应用的投资效率研究[D]．烟台：烟台大学，2020.

# 基于 CiteSpace 的国内智慧交通研究进展分析

封志虎[1]　苏政忠[2]　林之伟[1]　常　乐[1]　崔文忻[1]　朱佳宇[1]　吕茂彬[1]

（1. 江苏海洋大学土木与港海工程学院，连云港　222005；
2. 黑龙江大学土木工程学院，哈尔滨　150006）

**【摘　要】** 为探究国内智慧交通的研究现状，并为后续阶段的研究提供参考方向，本文以中国知网 2009～2021 年共 3421 篇文献为研究样本，借助 CiteSpace 文献计量软件，依次以作者、机构和关键词为节点，制作智慧交通相关的知识可视化图谱，并从研究现状、焦点及演进趋势多维度对其研究进行分析和总结。研究表明：自 2011 年，智慧交通的研究总体上呈稳步发展趋势；发文作者的分布较为分散，虽有一定的网状结构，但未形成明显聚类。后续研究应着眼于配套设施、绿色交通及运输方式等薄弱环节发展，最终达到交通强国这一目的。

**【关键词】** 道路工程；智慧交通；研究进展；CiteSpace

## 1　引言

近年来，随着城市化进程的飞速发展，交通运输在现代社会发展中的地位日益凸显。但大规模城市扩建的背后，暴露的是基础设施建设的严重滞后，交通事故频繁、交通运输拥堵是最具代表性的方面[1]。为此，一些学者将目光转移到智慧交通构建上来，依托大量智慧城市试点工程，借助物联网、大数据、云计算等手段，构建智慧交通系统，最终达到由“交通大国”向“交通强国”转变的目的[2]。然而，当前国内现有被引用较多的智慧交通综述中[3]，多数文献选择从发展背景、概念理念、特征特点和建设目标等方面进行阐述，但从整体角度分析研究发展进程的文献较少，学者难以准确及快速地把握当下已有成果和未来的发展方向。为了掌握国内智慧交通的研究发展现状，为后期规划的发展确定方向，本文以 2009～2021 年为研究时段，运用 CiteSpace 知识可视化分析工具，从文献趋势、发文来源、发文作者、研究机构、被引文献、研究趋势及热点多方面对智慧交通的相关文献进行深度挖掘，以期为后续研究提供参考与依据。

## 2　数据来源与研究方法

### 2.1　数据来源

本文研究对象为国内智慧交通领域的相关文献与硕博论文，为保证数据的可靠性与全面性，数据来源为中国知网数据库，以“智慧交通”为主题检索词，时间范围为 2009～2021 年（2022 年数据不全暂不分析）。在初次检索的 4099 篇文献基础上，手动排除 678 篇无关文献，最终得到有效文献共 3421 篇，作为本文研究样本。

### 2.2 研究方法

本文使用的 5.8.R3 版本的 CiteSpace 软件是美国大学陈超美教授基于 Java 语言开发的分析工具，将时间切片设置为 1 年，通过其可对智慧交通的结构现状、分布情况和发展规律进行文献总结，凸显研究前沿、研究热点、研究主题变化等，从而为研究人员寻找未来研究趋势提供参考与依据。

## 3 智慧交通研究现状分析

### 3.1 文献时序分析

文献时序的变化可在一定程度上反映智慧交通关注度的变化趋势[4]。因此，为了分析国内智慧交通的研究进程，本文以中国知网上 2009～2021 年的年度发文量为基础，制作出以智慧交通为主题的文献时序变化趋势，如图 1 所示。

图 1　智慧交通研究文献时序分布

从文献时序上来看，有关智慧交通研究的文献数量呈逐年增加趋势。根据筛选文献的年度分布情况，将相关研究大致分为 2 个阶段。

① 2009～2010 年为起步发展阶段。2009 年美国国际商业机器公司（International Business Machines Corporation，简称 IBM）才正式提出智慧交通这一理念，因此相关发文量较低。

② 2011～2021 年为爆发阶段。在这十年时间内，智慧交通的发文量迅速增长，这说明其逐步进入广大研究人员的视野，为研究人员所关注。这一阶段受到了“十二五”期间综合交通规划的影响，为我国由“交通大国”迈向“交通强国”奠定了坚实基础。交通运输部正式印发的《综合运输服务“十三五”发展规划》中，明确指出要着力构建便捷高效、绿色低碳、智能智慧的综合运输服务体系。目前“十四五”刚拉开序幕，但随着城市的飞速发展，交通作为重要环节，亦将迎来新的发展机遇。

### 3.2 发文来源分析

如图 2 所示，从文献资源类型看，有 796 种期刊共刊登了 2940 篇关于智慧交通研究的文献，其中 64 种核心期刊刊登 113 篇，占期刊文献的 3.84%。刊登相关文献较多的核心期刊有：《公路》9 篇、《科技导报》2 篇、《重庆理工大学学报》2 篇、《城市发展研究》2 篇；博士论文分布于 8 所高校中，共 12 篇，其中北京交通大学最多为 2 篇；硕士论文分布于 49 所高校中，共 355 篇，其中电子科技大学最多，共 17 篇。从检索结果中获得文献发表量排名前 30 的期刊皆为非核心期刊。由此可见，核心期刊的发文量占比较低。通过核心期刊与非核心期刊发文质量的比较，发现非核

图 2　文献资源类型

心期刊质量较低，多有拼凑现象，后续研究应注意研究的深度与广度，力求创新点，助力智慧交通研究发展。

### 3.3 发文作者分析

通过发文作者的共现图谱可分析在该领域中的核心作者及作者的合作情况。在图3所示的作者合作网络共现图谱中，节点代表作者，节点面积代表作者在该领域的发文量，节点大的发文量大。

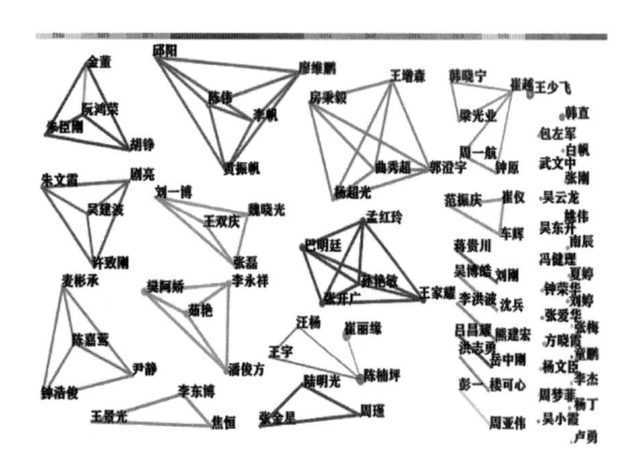


图3 作者合作网络共现图谱

**发文量≥5篇的发文作者　　表1**

| 发文量（篇） | 发文作者 | 发文机构 |
|---|---|---|
| 10 | 王少飞 | 重庆交通科研设计院 |
| 6 | 巴明廷 | 郑州师范学院 |
| 6 | 孟红玲 | 郑州师范学院 |
| 6 | 张开广 | 郑州师范学院 |
| 5 | 王家耀 | 河南大学 |
| 5 | 韩直 | 重庆交通科研设计院 |
| 5 | 孙艳敏 | 郑州师范学院 |
| 5 | 车辉 | 合肥工业大学 |

从单个作者的发文量来看，节点较大的作者为王少飞、巴明廷和孟红玲等人；从整体上看，发文作者的分布较分散，虽有一定的网状结构，但结构较为单一。以两位节点较大，且均有一定网状结构的巴明廷和陈伟为例，结合图3和表1，可以看出以陈伟为核心展开的网状结构最大，说明该研究者与他人的合作度较高。其中，李帆、黄振帆和廖维鹏等学者都在陈伟的网状结构图中，说明他们都与陈伟有过较密切的研究交流，且相互之间均有较深的连线，说明相互合作较多。但郑州师范大学的巴明廷学者与其合作较少，且从图3中虽可看出3个较大的网状合作结构，但未形成明显的聚类，且相互间皆无合作，这可能是因为受到区域与机构的影响。从总体上看，国内对智慧交通研究的学者队伍仍需壮大，且学者们需要加强跨区域、跨机构合作。

### 3.4 发文机构分析

通过对所筛选的文献以机构为节点进行分析，制作如图4所示的发文机构合作网络共现图谱。从类型上看，研究机构类型主要包括高校和科研院所。主要的研究机构包括重庆交通科研设计院、郑州师范大学、中国交通部科学研究院以及同济大学交通运输工程学院。从区域分布来看，研究机构分布于深圳、陕西、郑州、武汉、江苏等地，说明关于智慧交通的研究分布于全国多地，这一结果是可喜的。

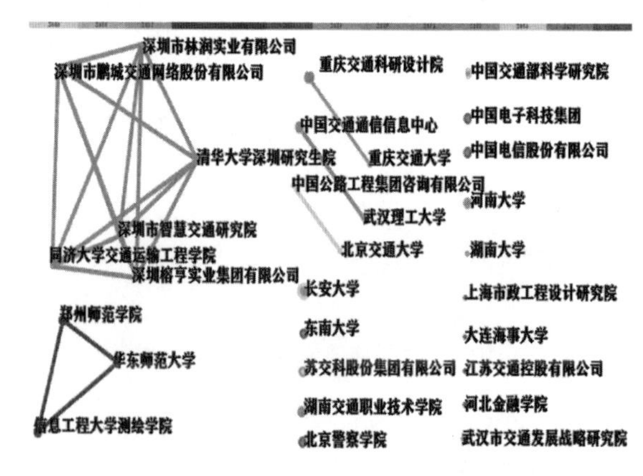


图4 机构合作网络共现图谱

### 3.5 被引文献分析

国内期刊的智慧交通研究文献中被引次数最多的文献是《我国智慧交通发展的现状分析与建议》，为154次；其余被引较高的文献有：

《智慧城市研究与规划实践述评》《物联网技术在智慧城市建设中的应用》《智慧交通的体系架构与发展思考》《智慧交通发展趋势、目标及框架构建》，分别为131次、94次、72次、71次。其中《我国智慧交通发展的现状分析与建议》一文从发展背景、概念理念、特征特点、建设目标四个方面向我们详细地阐述智慧交通的内容，并从顶层设计、规范制定、关键技术和规范建设四个角度给出建议，为其发展提供扎实的理论指导[5]。以上5篇文献多为综述类文章，以框架构建为切入点，多提出使用物联网、移动计算、云计算、智能识别等技术来构建智慧交通系统。

### 3.6 文献主题分析

如图5所示，从文献主题类型分布看，主题为“智慧交通”和“智慧城市”的文献占比最高，分别占28.10%和10.03%，其次是智慧城市建设、大数据、物联网、智能交通、智慧交通系统、交通运输、人工智能和智能网联汽车。智慧城市占比仅次于智慧交通，是因为智慧交通是智慧城市方向的主要部分，城市交通一直都是城市科学研究的重要领域，原交通部在“十二五”规划中明确指出，智慧交通是交通规划的重要一环。因此，智慧交通不仅是目前的研究热点，亦是未来交通规划领域研究的热点话题。

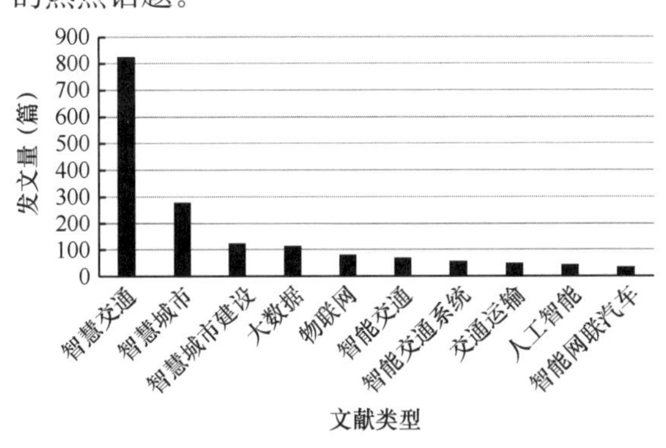


图5 文献主题类型分布

## 4 研究热点与趋势分析

### 4.1 关键词共现分析

通过对所筛选的文本以关键词为节点进行分析，得到关键词聚类图谱，但可视化初期图谱杂乱，故利用CiteSpace中的“PathFinder”进行剪枝寻径，在简化图谱的同时突出关键结构特征。图谱中共出现18个聚类，模板化$Q=0.9657$，平均轮廓值$S=0.9468$，接近1，表明聚类合理且有效。本文选取前10个具有代表性的聚类，关键词聚类图可对研究内容进行高度概括，表2的高频关键词则可用以明确该领域的热点问题，其中心度代表研究热度。

前10高频关键词统计　　表2

| 序号 | 关键词 | 频次 | 中心度 | 出现年份 |
|---|---|---|---|---|
| 1 | 智慧交通 | 1589 | 0.30 | 2010 |
| 2 | 智慧城市 | 432 | 0.21 | 2010 |
| 3 | 智能交通 | 199 | 0.28 | 2009 |
| 4 | 大数据 | 192 | 0.07 | 2013 |
| 5 | 物联网 | 180 | 0.15 | 2010 |
| 6 | 智慧城市建设 | 155 | 0.20 | 2010 |
| 7 | 人工智能 | 92 | 0.06 | 2016 |
| 8 | 云计算 | 89 | 0.10 | 2011 |
| 9 | 智能网联汽车 | 77 | 0.03 | 2016 |
| 10 | 智慧交通系统 | 75 | 0.09 | 2011 |

从表2可以看出国内学者在智慧交通研究领域的关注热点主要有：智慧交通、智慧城市、智能交通、大数据、物联网、智慧城市建设、人工智能、云计算、智能网联汽车和智慧交通系统。由此可见，研究主要集中于智慧交通的构建方式，使用大数据、物联网、云计算和人工智能等先进技术，可使人、车、路三者更协调，保证公共交通服务更人性化，极大降低交通事故率[3]。智能网联汽车是指车辆与互联网互相联合，以此实现车与人、后台等智能

信息的交换共享，并最终完成无人驾驶的新型汽车[6]。其作为高频关键词在研究领域出现，说明我国对智慧交通的研究已达到了新阶段。

### 4.2 突现词分析

突现词是指在众多关键词内，某个发生了快速频次增长的词。可借助突现词来揭示主题的未来研究趋势和前沿领域。因此，本文以2009～2021年的文献为数据源，以关键词为节点类型，利用CiteSpace中的“Burstness”对文献进行突现词分析，从而绘制关键词突现图，如图6所示。

| 关键词 | 年份 | 突出强度 | 开始 | 结束 | 2009~2021 |
|---|---|---|---|---|---|
| 智慧交通系统 | 2009 | 4.56 | **2009** | 2013 | |
| 智慧城市建设 | 2009 | 23.04 | **2011** | 2015 | |
| 银江股份 | 2009 | 4.67 | **2010** | 2014 | |
| 物联网 | 2009 | 5.74 | **2011** | 2013 | |
| 智慧城市 | 2009 | 5.48 | **2012** | 2015 | |
| 交通信息服务 | 2009 | 4.31 | **2012** | 2018 | |
| 公交都市 | 2009 | 4.01 | **2012** | 2017 | |
| 电子政务 | 2009 | 4.28 | **2013** | 2014 | |
| 交通运输现代化 | 2009 | 5.29 | **2014** | 2015 | |
| 杨传堂 | 2009 | 5.03 | **2014** | 2016 | |
| 交通运输工作 | 2009 | 4.72 | **2014** | 2017 | |
| 平安交通 | 2009 | 4.53 | **2014** | 2016 | |
| 智慧旅游 | 2009 | 3.58 | **2014** | 2017 | |
| 研讨会 | 2009 | 4.45 | **2015** | 2016 | |
| 出行服务 | 2009 | 5.02 | **2016** | 2018 | |
| 互联网+ | 2009 | 4.5 | **2016** | 2018 | |
| 新能源客车 | 2009 | 4.13 | **2016** | 2017 | |
| 交通大数据 | 2009 | 4.63 | **2017** | 2018 | |
| 博览会 | 2009 | 4.06 | **2017** | 2019 | |
| 大数据 | 2009 | 4.67 | **2018** | 2019 | |
| 5G | 2009 | 6.57 | **2019** | 2021 | |
| 5G网络 | 2009 | 4.43 | **2019** | 2021 | |

图6 关键词突现图

从图6中可知，在2009～2015年，共出现14个突现词，分别是智慧交通系统、智慧城市建设、银江股份、物联网、智慧城市、交通信息服务、公交都市、电子政务、交通运输现代化、杨传堂、交通运输工作、平安交通、智慧旅游和研讨会。在该阶段，智慧交通的研究主要是从系统构建和理论研究出发。大量智慧城市改造工程的开展极大促进了智慧交通研究的发展，自2008年IBM提出智慧城市理念以来，其发展建设成为全球城市发展的热点。自2012年起，我国先后开展了三批智慧城市试点工程，已超过500个城市参与到智慧城市探索与建设当中，发布了大量智慧城市发展相关的政策文件[7]。

在2016～2021年，我国智慧交通的研究受到“十三五”综合交通运输规划的影响，开始向配套设施、绿色交通及运输方式等薄弱环节发展[8]。出现的突现词有出行服务、互联网+、新能源客车、交通大数据、博览会、大数据、5G和5G网络。出行服务作为评价交通运输质量的一项重要指标，我国的交通运输体系在“十二五”时期虽获得了较大的发展，但对于配套的基础设施建设还存在相对滞后的情况，其作为突现词在智慧交通领域出现，直接反映了对于交通建设不仅要追求速度，更要保证质量，时刻谨记以人为本这一思想。新能源客车作为绿色能源的代表，其作为突现词出现，侧面反映了智慧交通向绿色交通发展的趋势。

## 5 结语

本文利用CiteSpace对2009～2021年的硕博论文和期刊文献在智慧交通领域进行分析，得出以下结论：

① 从发文量上看，在2011～2021这十年时间内，由于国家政策的引导及大量智慧城市试点工程的建设，其受到学者们的广泛关注，为其研究的爆发阶段。且结合年度发文量的定性分析，智慧交通定量研究势必成为道路工程领域的一个新热点。

② 从发文作者上看，作者分布呈现小集中、大分散现象，虽有3个较大的网状合作结构，但相互间皆无合作，亦未形成明显聚类。

此外，国内智慧交通研究的学者队伍仍需壮大，且学者们需要加强跨区域、跨机构合作。

③ 从发文机构上看，研究智慧交通的机构主要有高校和科研院所。在地域分布上，机构分布于全国多处。在合作程度上，主体机构的分布较分散，以地区合作为主，鲜有跨区域合作。

④ 从被引文献上看，多为综述类文章，以框架构建为切入点，提出使用物联网、移动计算、云计算、智能识别等技术来构建智慧交通系统。因此，作为传统的交通土建研究领域，其和互联网相结合的新型交叉学科是众多研究人员关注的方向。

⑤ 在智慧交通的研究进程中，热点先后围绕着智慧交通、智慧城市、智能交通、大数据、物联网、智慧城市建设、人工智能、云计算、智能网联汽车和智慧交通系统展开，反映了中国研究人员紧跟实际需求开展研究的现象。在初始阶段，智慧交通的研究主要从系统构建和理论研究出发，研究人员们依托大量的智慧城市试点工程，进行智能车辆、车牌识别、规划导航等研究。在热点稳定发展期，人民生活水平不断提高和环保意识不断增强，开始向出行服务等配套设施和新能源汽车发展。

⑥ 后续研究智慧交通应着眼于配套设施、绿色交通及运输方式等薄弱环节的发展。

## 参考文献

[1] 汤雨琴，颜妍，王琴．基于智慧理念的城市绿道系统构建研究[J]．公路，2021，66(10)：216-222.

[2] 伍朝辉，刘振正，石可，等．交通场景数字孪生构建与虚实融合应用研究[J]．系统仿真学报，2021，33(2)：295-305.

[3] 苑宇坤，张宇，魏坦勇，等．智慧交通关键技术及应用综述[J]．电子技术应用，2015，41(8)：9-12，16.

[4] 陈悦，陈超美，刘则渊，等．CiteSpace 知识图谱的方法论功能[J]．科学学研究，2015，33(2)：242-253.

[5] 蔡翠．我国智慧交通发展的现状分析与建议[J]．公路交通科技(应用技术版)，2013，9(6)：224-227.

[6] 张博，庞基敏，章文嵩，等．互联网大数据技术在智慧交通发展中的应用[J]．科技导报，2020，38(9)：47-54.

[7] 肖倩冰，陈林，裴丹．智慧城市之共享经济与环境治理——以共享单车低碳出行为例[J]．中国软科学，2021(9)：172-181.

[8] 邵春福．我国城市交通发展中的关键问题及对策建议[J]．北京交通大学学报，2016，40(4)：32-36.

# 智慧城市与 CIM

Smart City & CIM

# 北斗在智慧城市建设中的典型应用

姜　慧　李云帆

（中铁第五勘察设计院集团有限公司，北斗导航装备与时空信息技术铁路行业工程研究中心，北京　102600）

**【摘　要】** 随着城市更新发展与新一代信息技术的不断应用，“智慧城市”成为城市数字化发展的核心方向。通过开展北斗赋能智慧城市建设研究，聚焦北斗智慧城市时空信息云平台建设以及北斗在智慧工地、智慧交通、智慧社区等方面的融合应用，探索形成基于北斗的智慧城市时空信息体系，为未来城市数字化发展提供“北斗方案”。

**【关键词】** 智慧城市；北斗卫星导航系统；智慧工地；智慧交通；智慧社区

近年来，以北斗、BIM、云计算、大数据、人工智能等为典型代表的新一代信息技术在提升城市建设效率、质量，改善城市健康状况，提升城市服务水平等方面应用广泛[1]。“智慧城市”“数字城市”“城市信息模型（CIM）”等概念层出不穷，基于全面综合的立体感知、泛在的互联网络和智能融合的模型分析应用能力，为城市规划、设计、建设、管理、运维等全生命周期智慧化提供关键支撑。随着北斗三号全球卫星导航系统全球组网，北斗与新一代信息技术的融合应用，为城市数字化发展提供了精准时空信息服务，为未来城市发展提供了更多想象空间[2]。

## 1　智慧城市及北斗发展简述

### 1.1　智慧城市

“智慧城市”起源于IBM公司“智慧地球”理念，主要是指充分利用新一代信息技术与现代化通信手段，实现城市规划、设计、建设与运营等各阶段信息的全面感测、分析与决策，并对城市民生、能源、交通、公共安全、工商业等全领域需求提供数据支撑与智能处置响应[3]。智慧城市建设的目的就是为了更好地满足人们对城市生活的数字化、智能化需求，强调人与技术的良性互动。以城市信息基础设施建设为基础，进一步利用多传感器融合、大数据分析、人工智能等技术实现城市运行态势的全面、自动、实时感知，发挥城市数据智能联动效益，解决传统城市信息孤岛、反应迟滞等问题[4]。

早在21世纪初期，美国、英国、德国、荷兰、日本、新加坡等便率先开展了智慧城市相关项目建设应用实践。美国迪比克市政府与IBM公司深度合作，利用物联网技术实现了城市基础数据资产化；英国伦敦通过加强基础设施建设，实时掌握交通信息数据，实现了公共交通网络智能化运营；荷兰阿姆斯特丹市作为欧洲智慧城市建设的先驱，开展了城市智慧节能应用。国内2008年开始了智慧城市探索实践，目前已有75%以上的城市推动了智慧城市建设。深圳开展了智慧社区体系建设，提升了社区数字化综合治理能力；贵阳打造了“智慧贵阳”项目，搭建了城市智慧产业大数据平台；衢州打造了基于北斗与新一代信息技术融合应用的智慧交通试点示范。

### 1.2 北斗卫星导航系统

北斗卫星导航系统是我国自主研制的全球卫星导航系统，也是继美国GPS、俄罗斯GLONASS之后的第三个成熟的全球卫星导航系统。北斗卫星定位、导航和授时（Positioning、Navigation和Timing的首字母，简称“PNT”）体系是北斗卫星导航系统工程顺利实施的核心技术，是突破国外技术封锁、实现全面自主国产技术替代的关键。作为国家空间信息基础设施体系，综合PNT能够提供高精度、全天时、全天候陆海空天一体化的时空信息服务[5]。未来中国拟加快推进以北斗系统为核心的国家综合PNT体系建设，突破现有卫星导航系统信号弱、穿透能力差、易被欺骗、易被干扰等技术瓶颈，争取在2030年前后，构建基准统一、覆盖无缝、安全可信、高效便捷的国家综合PNT体系，提供时空基准统一且具有抗干扰、防欺骗、稳健、可用、连续、可靠的全空间PNT服务。

自国产自主可控北斗三号全球卫星导航系统正式开通以来，基于北斗定位、导航与授时的综合PNT体系在交通运输、农林渔业、水文监测、气象测报、通信授时、电力调度、救灾减灾、公共安全等领域得到广泛应用[6]。截至2021年底，我国具有北斗定位功能的终端产品社会总保有量已超过10亿台（套）；超过790万辆道路营运车辆安装使用了北斗系统；超过10万台（套）农机部署了基于北斗的自动驾驶系统。在大众应用方面，2021年国内智能手机出货量中支持北斗的已达3.24亿部，占国内智能手机总出货量的94.5%。

## 2 北斗赋能智慧城市建设

人类社会生产生活中产生的85%以上的数据都与时间和空间信息有关，数字经济发展背景下，精准时空信息基座已成为国家经济发展、社会民生福祉、大众生活服务的重要保障。以北斗为核心的综合PNT体系是国家信息基础设施建设的基石，通过多种传感设施集成与多源信息融合，为智慧城市建设提供时空基准[7]。通过建设城市北斗地基增强系统，打造北斗智慧城市时空信息云平台、北斗时空大数据中心等，构建基于北斗的智慧城市时空信息体系，为城市建设、公共交通、社区服务等精准赋能。

### 2.1 北斗智慧城市时空信息云平台

面向城市建设各细分领域，以业务数字化为前提，数据入湖为基础，构建集约化的城市大数据中心和智慧城市北斗时空信息云平台，创造“1”个云计算中心支撑“N”个行业领域、“1”个行业领域完成“N”个试点应用的“1+N”融合创新模式，实现传统城市管理模式的优化升级。构建以北斗为核心的智慧城市时空信息云平台，依托精准时空信息大数据中心，汇聚城市发展基础地理数据和城市基础设施全要素、全产业链、全生命周期数据，实现各行业领域数据间的互联互通和协同管理，为城市数字化、智能化提供精准位置、二维或三维电子地图及时空大数据挖掘服务，为城市建设勘察、设计、施工、运维、决策提供算力、算据和算法支撑。北斗智慧城市时空信息云平台总体架构如图1所示。

图 1 北斗智慧城市时空信息云平台总体架构

## 2.2 智慧工地

基于北斗与新一代信息技术融合，通过部署北斗高精度定位无人机、手持终端、车载终端、高精度定位作业引导、北斗基准站等基础设施体系，融合高清摄像头、雨量计等多源传感设施，实现面向“人机料法环控”全流程的智能劳务管理、设备管理、物料管理、进度管理、监测管理和调度管理。为施工现场管控提供精准定位、应急通信、数据交互、作业协同、安全保障等，实现施工现场的智能化、数据化、可视化，更好地促进各方面工作联合管理，保障现场施工安全，有效降低运营管理成本[8]。北斗智慧工地示意图如图 2 所示。

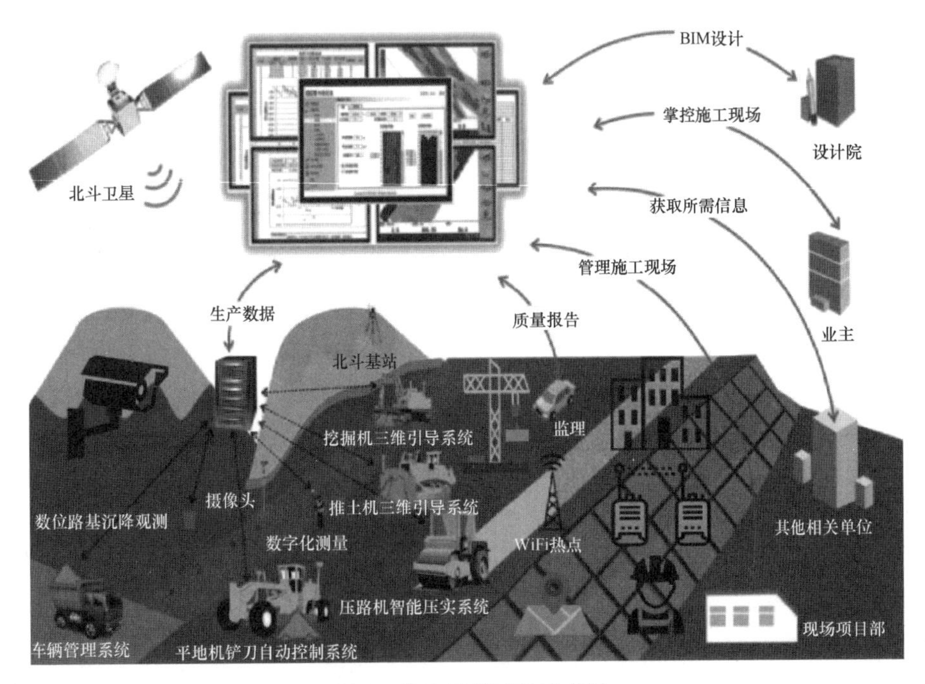


图 2 北斗智慧工地示意图

（1）人员定位管控。利用北斗安全帽、定位工卡、手持终端、高精度接收机、短报文手持机、智能手表、地基增强系统等，配合现场视频采集、数据获取、态势感知等数据，实现项目施工现场人员的高精度定位管控[9]。为现场人员健康监测、应急通信、项目组织管理、远程调度、作业监控等提供数据支撑，为行业监管部门、相关建筑企业以及现场施工人员等提供不同维度的数字化服务。

（2）工程机械作业。通过部署北斗车载高精度定位主机、工程机械作业引导系统等，配合机械作业智慧施工管理系统，实时标注各设备地图点位，实现施工点位的精准定位导航，避免和减少传统施工现场人工放样、打桩、补桩等流程。通过实时查看设备数据，统计工程进度、劳务情况、问题隐患、环境监测、物料使用情况、智能设备统计等，大幅提高工地机械作业智能化水平。

（3）地质灾害监测。通过建设北斗地质灾害位移监测终端、北斗基准站以及裂缝计、水位计、雨量计等各类传感器，利用高精度解算平台实现地基增强差分数据的统一解算，并与地质灾害监测与预警平台对接，实现对施工现场及周边区域地质灾害隐患点全天候、全天时监测，对隐患点位出现滑坡、位移等险情提前预警，及时处置。

## 2.3 智慧交通

通过综合运用北斗与新一代信息技术，形成泛在互联的智能感知能力，搭建涵盖北斗卫星通信在内的高效融合通信网，建设智慧交通综合管理平台、智慧交通大数据服务中心，为智慧交通上层服务与应用提供数据基座[10]。打造智能管控、智能服务、智能决策以及智能驾驶在内的北斗智慧交通体系，其总体框架如图3所示。

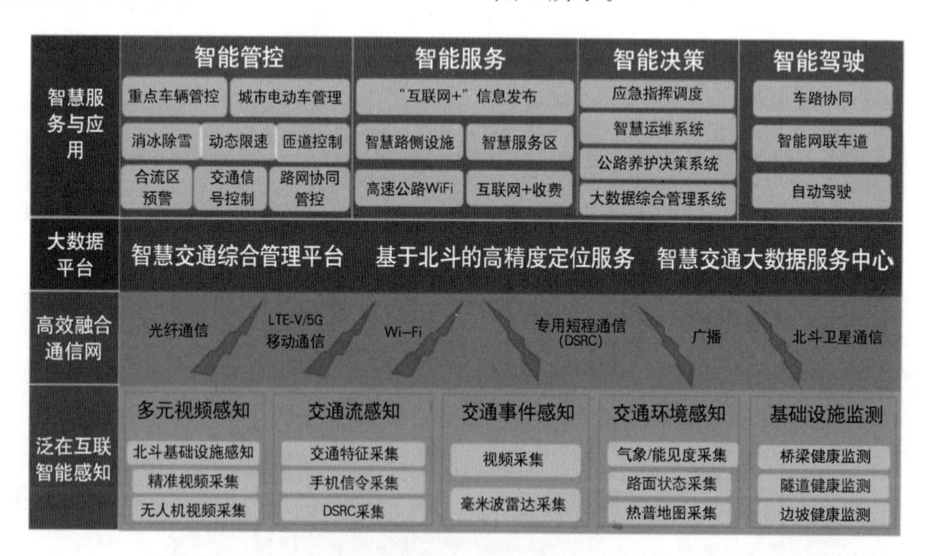


图3 北斗智慧交通框架图

（1）北斗基础设施建设。面向城市多级公路、事故多发路段及重点监控路口等，部署基于北斗的智慧交通基础设施，开展装配式、多功能综合杆集约建设。集成安装北斗基准站、5G微基站、高清监控设备、北斗无人机自动机场与太阳能板、LED路灯、显示屏、环境监测仪器以及边缘计算盒等设备，实现“多杆合一”和“多感合一”。

（2）城市电动车管理。建设北斗地基增强系统、道路智能感知终端、RFID基站、短报文通信终端等综合智慧交通基础设施。通过“北斗网格码＋高精度位置服务＋车道级高精度电子地图”的综合解决方案，对城市电动车位置数据、车辆基础属性数据、交通空间信息数据等进行实时采集、传输与分析处理。实现对城市电动车超速、逆行、占道行驶、闯红灯、违法停车等行为的全流程监测。

（3）桥隧安全监测。利用北斗监测站、振动传感器、固定测斜仪、应变计等多监测设备，开展桥梁、隧道及边坡的运行安全隐患排查。综合利用北斗高精度定位及物联网传感器监测技术，开展重点路段北斗多源传感器布设及安全监测预警，实时感知桥梁、隧道和边坡的结构健康状态和环境健康状态，构建基础设施运行结构安全及环境监测体系[11]。北斗桥梁安全监测示意图如图 4 所示。

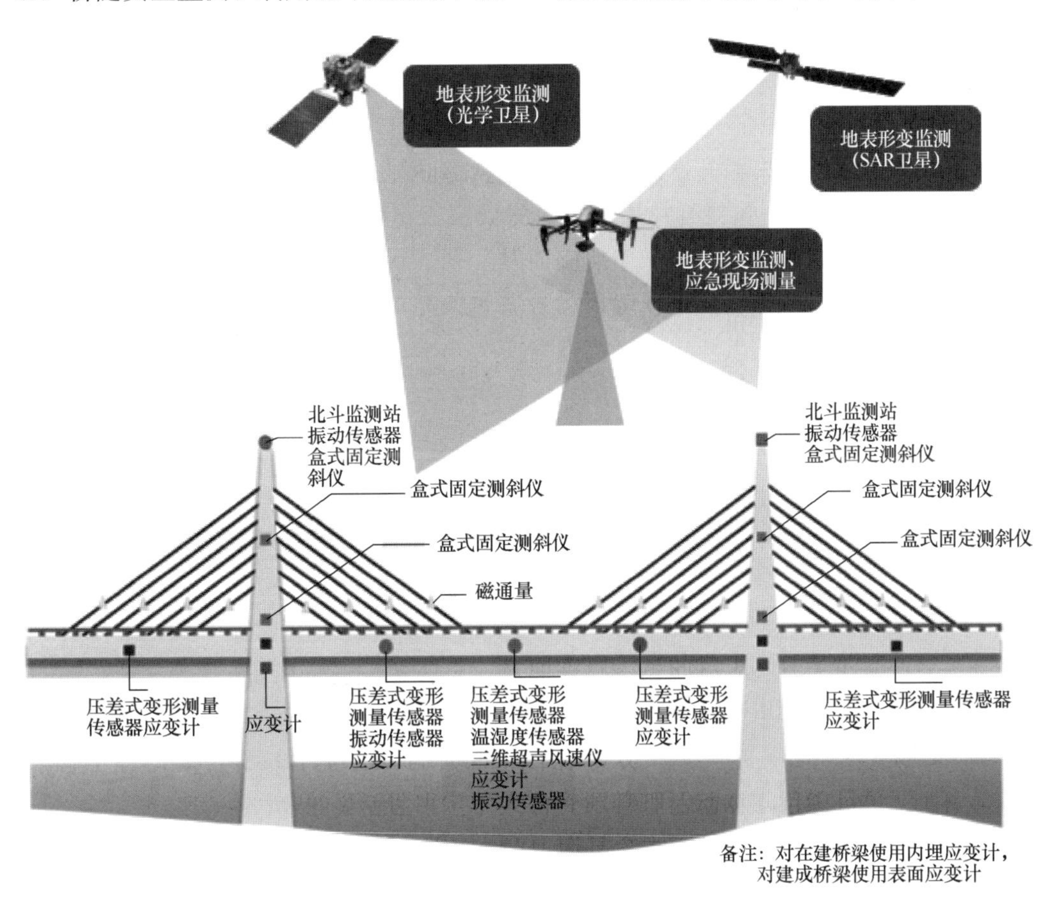


图 4　北斗桥梁安全监测示意图

### 2.4　智慧社区

智慧社区作为智慧城市的基本组成部分，涉及园区、楼宇、能源、教育、养老、家居、应急等多领域的智能化管控[12]。利用北斗 PNT 技术与物联网技术等实现社区范围内的人员、地图、物资互联互通，打造高度集成、精准时空和人工智能的未来社区新形态，为社区居民提供安全、舒适、高效、便利的生活环境，应用空间广泛。

（1）智慧物流管理。利用北斗高精度车载终端、人员定位终端等，搭建北斗精准物流智慧管理系统，对接社区综合运营及监控系统，建立人、车、物、企业等全要素数字档案信息。通过车载北斗终端，实现对车辆痕迹、异常报警、电子围栏等管理；利用北斗高精度定位与智能仓储设备集成，实现仓储入库、出库、库内分拣、盘点等智能化管理。

(2) 人员车辆进入管理。利用北斗高精度定位终端、北斗人员定位卡、高精度手持机等实现社区人员进入定位管理，实时跟踪掌握人员轨迹信息[13]。利用磁吸式北斗高精度车载终端等，结合区域高精度地图、北斗差分软件等，提供社区范围内自定义电子围栏、特定区域管控、轨迹回放、位置实时更新等服务，实现社区车辆定位管理，及超速、闯入、倾倒等异常报警。

(3) 应急救援通信。基于北斗短报文、高精度位置服务等，根据社区各类人员尤其是老弱病残孕等特殊群体的安全监控及应急通信需求，利用相关北斗短报文手持机等设备，部署北斗智慧社区应急救援管理平台，实现社区人员高精度定位、信息传输及应急通信保障，紧急情况下可实现一键呼救，并实时在社区智慧中心后台展示位置等基础信息。

## 3 结束语

本文通过简要分析智慧城市与北斗发展历程，重点研究了北斗智慧城市时空信息云平台总体架构以及“1+N”的城市精准时空信息应用模式，并主要阐述了北斗在智慧工地、智慧交通以及智慧社区等方向的典型应用。随着北斗技术的不断发展与应用场景的不断深化，面向智慧城市发展特色需求，基于北斗卫星导航系统与新一代信息技术融合的整体解决方案在未来智慧城市应用中将具有无限的想象空间。

## 参考文献

[1] 侯子波．促进北斗技术在城市管理的应用[J]. 北京观察，2020(9)：47.

[2] 周田，张辉，张翔．北斗卫星导航系统在智慧城市建设中的应用[J]. 全球定位系统，2015，40(1)：82-85.

[3] 袁远明．智慧城市信息系统关键技术研究[D]. 武汉：武汉大学，2012.

[4] 万芳芳．新型智慧城市顶层设计架构及设计要点[J]. 通信与信息技术，2022(3)：44-47.

[5] 杨元喜．北斗卫星导航系统的进展、贡献与挑战[J]. 测绘学报，2010，39(1)：1-6.

[6] 刘昕怡．空间技术支持下的智慧城市发展研究[J]. 智能建筑与智慧城市，2022(7)：152-154.

[7] 杨元喜，汤静．智慧城市与北斗卫星导航系统[J]. 卫星应用，2014(2)：7-10.

[8] 丁煜朔．北斗卫星导航系统在智慧城市中的应用[J]. 中国新技术新产品，2015(10)：22-23.

[9] 赵晓林．空间信息技术在智慧工地平台建设的集成应用[J]. 信息通信，2020(4)：271-272.

[10] 徐志刚．北斗卫星导航系统在智能交通系统中的应用[C]//第三届中国卫星导航学术年会电子文集——S01 北斗/GNSS 导航应用．2012：30-33.

[11] 范一大，张宝军．中国北斗卫星导航系统减灾应用概述与展望[J]. 中国航天，2010(2)：7-9.

[12] 杨力．北斗导航在精准位置服务中的应用[J]. 卫星应用，2018(10)：40-43.

[13] 崔巍然．基于遥感技术的智慧城市基础数据研究[J]. 智能建筑与智慧城市，2020(7)：21-22.

# 基于计算机视觉的土方机械施工过程碳排放量化方法研究

王　洁　傅　晏　叶建萍

（重庆大学管理科学与房地产学院，重庆　400045）

**【摘　要】** 建筑施工阶段在短时间内产生相对大量的碳排放揭示了减少这种排放源的重要性。为自动化地获取施工现场数据，丰富施工阶段碳排放量化方法，采用计算机视觉算法自动分析，同时量化土方机械施工活动状态。首先，创建数据集，将挖掘机施工动作分解为挖土、转运、卸土和回转四种状态，采用Labelme对挖掘机各类动作进行标注；其次，利用YOLOv5算法训练、调整模型，识别挖掘机每类动作的工作时间；最后，将挖掘机各类施工动作时间与碳排放计算模型结合，计算挖掘机每个动作的碳排放量和每个循环的碳排放量。本文提出的方法在国土整治项目中得到验证，该挖掘机平均每个循环周期为26.6s，挖掘机在进行挖土动作时的持续时间最不稳定。但整体而言，模型检测的结果较为准确。该方法帮助项目管理者更加了解施工现场挖掘机工作状态，以便提高挖掘机工作效率以及制定相应的减碳措施。

**【关键词】** 碳排放；计算机视觉；土方机械；计算模型

由于气候变化的影响，减少碳排放已经成为一个日益重要的社会因素。“十四五”期间，我国提出力争在2030年实现碳达峰和2060年实现碳中和目标，“绿色发展＋生态优先”成为引领我国经济发展的大方向[1]。然而，大量建筑项目的碳排放量使得建筑业成为各大行业中的第三大排放源。尽管建筑施工阶段的温室气体排放相对于项目全生命周期碳排放而言较小，但其在建筑业总温室气体排放强度和总量方面的重要性已被许多研究强调[2~4]。首先，材料生产阶段和建筑运营维护阶段是建筑全生命周期碳排放量最大的主体，大部分研究也主要聚焦于这两个阶段，但其可变性小，碳排放产生的时间长达几十年[5]。而建筑施工阶段的碳排放时间相对集中，主要是施工设备的直接排放，由于现场施工环境复杂，不确定因素较多，施工设备碳排放难以控制[6]。如果能够通过技术手段规范施工现场设备操作，将能极大地提高生产率以及降低施工碳排放[7]。此外，施工阶段碳排放是承包商所关心的。2005年欧盟碳排放交易机制启动，碳市场的出现催生了“碳资产”。对我国企业而言，在没有强制减排和强制要求参与碳排放交易权的外部环境下，获取碳资产的方式是企业主动提高内部碳生产率，自发地进行碳减排，从而获得碳资产，然后把获取的碳资产进行销售交易，获得收益。

施工阶段碳排放的重要性不言而喻，但对

于施工碳排放的监控和测量仍然存在许多挑战，包括：①施工现场数据收集十分复杂；②建筑施工技术的独特性和不确定性；③施工机械工作循环与燃料使用量之间缺乏确定的关系[7]。由于这些原因导致大部分研究人员忽视建筑施工阶段的碳排放，而集中于设计阶段就确定施工阶段的碳排放量[2]。

为了解决以上问题，本文提出了一种监测建筑施工设备碳排放量的新方法。通过高速摄像机录像，采集施工机械（如挖掘机）的施工过程信息，利用 YOLOv5 算法分析挖掘机的工作状态，并生成施工动作的时间序列[8]。基于所识别的施工动作时间和碳排放计算模型，计算每一施工动作的碳排放量和每一循环的碳排放量。

## 1 土方机械施工过程研究

为高效、自动化采集土方机械的施工过程工作信息，引入计算机视觉技术替代传统人工观察记录的方式，检测识别施工现场监控视频中土方机械的活动状态，并进行记录，为土方机械施工过程信息的管理提供数据支撑[9]。

### 1.1 YOLOv5 目标检测算法原理

YOLO 系列算法是目标检测领域中单阶段目标检测算法的经典代表，全名为“You Only Look Once”，意为“只需要看一眼图片就能完成目标检测”。YOLO 算法基于深度神经网络进行对象的识别和定位，运行速度快，并且随着版本的不断迭代，其模型检测的性能和精度也在不断提高[10]。YOLOv5 按照网络深度和网络宽度的大小，可以分为 YOLOv5s、YOLOv5m、YOLOv5l、YOLOv5x。结合检测土方机械活动状态的难度和推理速度以及训练模型的难易程度等实际需求综合分析，选择以 YOLOv5m 网络结构作为目标检测框架。

### 1.2 数据分析与处理

#### 1.2.1 数据分析

土方机械施工过程中，挖掘机是现场最常见、使用最多的土方机械，整个土方作业的生产效率往往与挖掘机的生产效率密切相关。选择挖掘机为施工设备代表作为目标检测对象，探索挖掘机施工过程活动状态数据的生成。

挖掘机在进行土方施工作业时，最本质的特征是土方的挖运，即通过挖掘机将土方从一处挖运至指定地点。通常一个基本的土方挖运作业过程，包含以下 4 个动作类别：挖土（Digging）、转运（Hauling）、卸土（Dumping）、回转（Swinging）[11]。挖掘机依次以该动作类别顺序连续进行土方挖运作业，由于各类别动作连续进行，且发生紧密，容易造成部分动作界定不清等问题，因此需要在各动作类别之间设置动作停止点，以区分不同动作类别。

（1）挖土（Digging）：指的是挖掘机斗齿自接触土壤表面时开始，向下切削、装铲土壤，自挖掘机铲斗离开土壤表面为止的过程。

（2）转运（Hauling）：指的是挖掘机铲斗自装载土壤，铲斗离开土壤表面后，负荷并旋转机身，将土壤运输至指定位置处为止的过程。

（3）卸土（Dumping）：指的是挖掘机铲斗到达指定位置处开始，通过连杆将铲斗中的土壤倾倒至指定位置处，并倾倒干净为止的过程。

（4）回转（Swinging）：指的是挖掘机铲斗倾倒完毕后，铲斗空载，并将机身回转至工作处，以铲斗斗齿接触土壤表面为止的过程。

#### 1.2.2 数据处理

在深度学习任务中，网络模型的检测性能往往与训练数据有关，训练集样本数量越多，模型训练的效果也越好。然而，目前并没有公开的针对挖掘机 4 种动作类别的数据库，因此所有的样本数据集均来源于施工现场实地拍摄和网络上的挖掘机工作视频。在获取图像数据以后，需要对样本集中的每一张图像进行人工标注，本文使用 Labelme 工具进行标注，不同类别的动作使用不同颜色的矩形框标注，如图 1 所示。图像数据经标注后会生成 JSON 文件，其记录矩形框的标签信息包含类别和位置，即 Label：($c$，$x_1$，$y_1$，$x_2$，$y_2$)。其中 $c$ 表示 4 种动作类别的其中一种，而 ($x_1$，$y_1$，$x_2$，$y_2$) 表示为矩形框的具体位置，分别为矩形框左上角的坐标 ($x_1$，$y_1$)，以及右下角坐标 ($x_2$，$y_2$)。在使用 YOLOv5 算法进行数据训练时，需要将其转换成 YOLOv5 所使用的目标框表示格式，即 Label：($c$，$x_c$，$y_c$，$w$，$h$)，其中 $c$ 依旧表示 4 种动作类别的其中一种，而 ($x_c$，$y_c$) 表示为矩形框的中心点坐标，($w$，$h$) 表示为矩形框的宽和高，同时需要根据图片实际宽高进行归一化处理。经过对样本数据进行一系列处理后，即可开始进行基于 YOLOv5 的检测模型训练。

图 1　使用 Labelme 工具对图像数据进行标注

### 1.3　模型训练效果分析

#### 1.3.1　模型训练效果评价

模型训练完成后会生成混淆矩阵图，图中数字为真正样本的 $TP$ 值，即表示挖掘机图片被检测为挖掘机的比例，如图 2 所示。

由该混淆矩阵图可以看出，挖掘机挖土 (Digging) 动作类别的 $TP$ 值为 0.93，即挖掘机挖土被检测为挖土的概率为 96%；而挖掘机负荷转运 (Hauling) 动作类别的 $TP$ 值为 0.91，即挖掘机转运被检测为转运的概率为

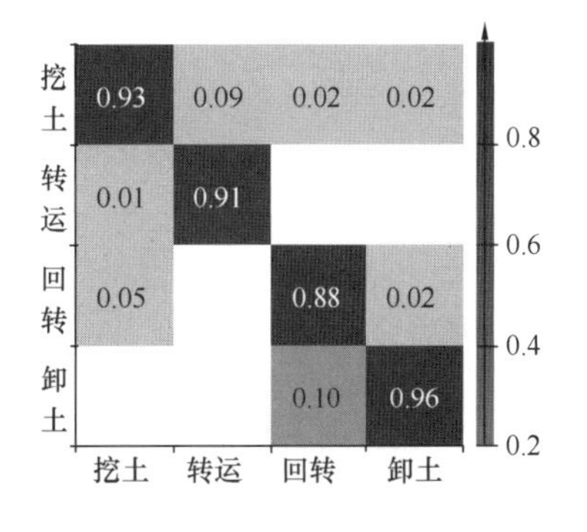


图 2　混淆矩阵图

91%；挖掘机卸土 (Dumping) 动作类别的 $TP$ 值为 0.96，即挖掘机卸土被检测为卸土的

概率为 96%；挖掘机空斗回转（Swinging）动作类别的 $TP$ 值为 0.88，即挖掘机回转被检测为回转的概率为 88%；整体而言，模型的检测效果较好，能够较为准确地检测出图片中挖掘机的活动状态。

此外，由该混淆矩阵图可以计算多项评价指标，分别可以计算出精确率 $P$（Precision）和召回率 $R$（Recall），并由 $P$ 和 $R$ 值，画出 $P$-$R$ 曲线图。根据 $P$-$R$ 曲线，即可算出每种挖掘机活动状态类别的 $AP$ 值（Average Precision），也就是曲线与横纵坐标之间的封闭区域的面积。根据各个类别的 $AP$ 值，即可计算平均精度值 $mAP$（Mean Average Precision）。其中，$mAP$@0.5、$mAP$@0.5∶0.95 的计算过程分别如公式（1）和公式（2）所示。$mAP$@0.5∶0.95 指的是 IOU 阈值从 0.5 到 0.95，共 10 个值所对应 $mAP$ 的平均值。

$$mAP@0.5=\frac{AP_{\text{Digging}}+\cdots+AP_{\text{Swinging}}}{4}=0.944 \tag{1}$$

$$mAP@0.5:0.95=\frac{mAP_{0.50}+mAP_{0.55}+\cdots+mAP_{0.95}}{10}=0.908 \tag{2}$$

挖掘机各动作类别的指标结果如图 3 所示。从图中可以看出挖掘机卸土（Dumping）动作类别的 $P$ 值最低，说明该动作的识别准确度最低，这是因为挖掘机卸土时挖掘机动臂的姿势与挖掘机挖土时动臂的姿势较像，对于检测模型而言，增加了识别的难度。但总体而言，模型检测出 4 种动作类别的各类指标评价值都在 80% 以上。因此，从训练结果评价指标上来看，本次模型训练得比较成功，可以用于土方机械施工过程监控视频的挖掘机动作检测。

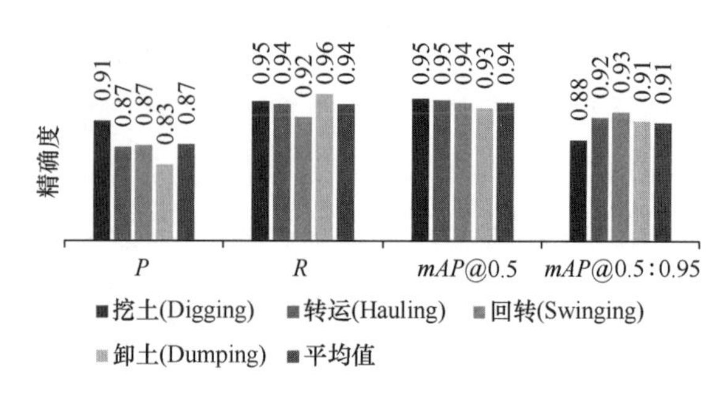


图 3　评价指标结果统计图

### 1.3.2　模型检测结果

模型训练成功后，能够较好地对挖掘机的 4 种活动类别进行识别，然而采集到活动类别的信息并不足以帮助管理者做好进度管控、成本管控等工作。因此，需要进一步测算出挖掘机的工作时间及完成的工程量。由于挖掘机的挖掘—装载作业是一个循环工作，因此可以将挖掘机的工作时间及工程量的测算转化成测算每一个循环工作的周期时间，以及每一个循环周期对应的工程量，即挖掘机的斗容量。因此，在检测模型的基础上增加一些改进，即可以测算出挖掘机循环工作的周期时间，计算方法如图 4 所示。

模型在检测视频时，会自动将视频裁剪为每一帧图片，再把图片送入网络结构中进行识别。因此，只需要在模型完成识别任务后，对该活动类别进行标注，记为 $L(i)$。当下一帧图片完成识别任务后，同样也进行上述操作，记为 $L(i+1)$。随后，比较两个连续帧的标签。如果标签相同，则意味着该动作仍在继续进行着，该动作的持续时间便增加了 1 帧。如果标签不同，则意味着已经开始了下一个动作，下一个动作的持续时间将增加 1 帧。按照上述的判别流程，便可以分别计算每个动作类别的持续时间。最后，一个循环周期的总时间则为相邻两个挖掘动作类别的开始时间之差。

通过上述方式，可以将视频中挖掘机各动作类别的持续时间、循环周期自动记录下来。

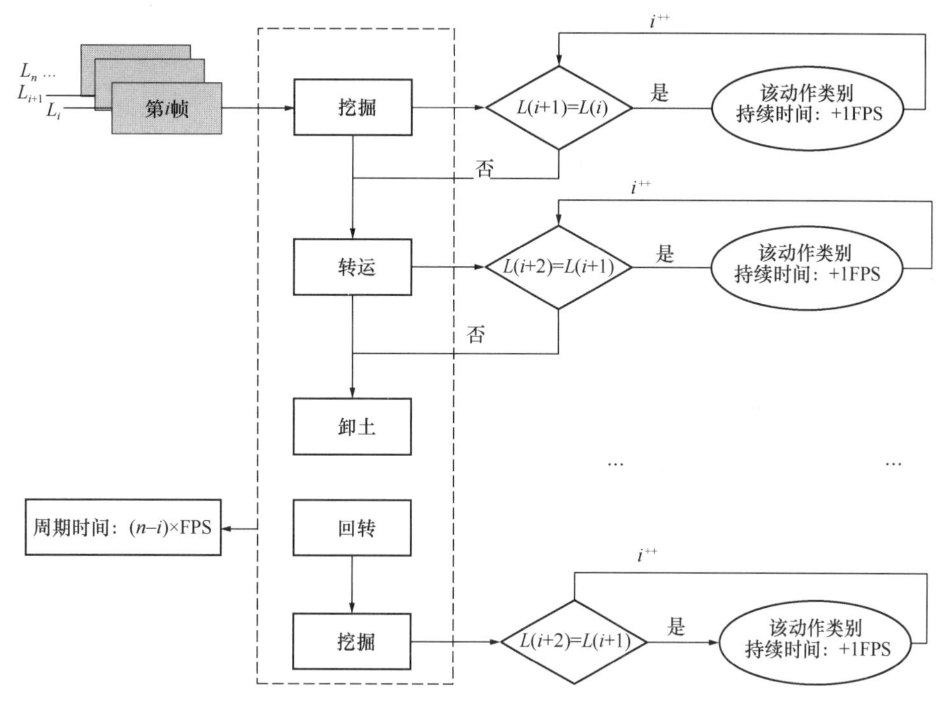


图 4　循环工作时间计算方法示意图

## 2　土方机械施工过程碳排放量化模型

根据对挖掘机的动作分析，挖掘机工作期间的碳排放总量（$E_T$）可以根据以下公式计算：

$$E_T = \sum^{i} e_i \times \Delta t_i \times EF \tag{3}$$

其中，$i$ 表示挖掘机各种动作，如挖土、转运、卸土、回转；$e$ 表示挖掘机不同动作的燃油消耗率（g/s）；$\Delta t_i$ 表示每个动作的持续时间（s）；$EF$ 表示柴油碳排放因子（3.1863kg$CO_2$/kg）。

挖掘机不同施工动作下的燃油消耗量数据取自 Lewis 博士论文数据（118～119 页）[12]。挖掘机在回转、挖土、转运和卸土等施工动作下的燃油消耗率详见表 1。

三台挖掘机不同施工动作下的燃油消耗率　表 1

| 动作类型 | 燃油消耗率（g/s） | | | |
|---|---|---|---|---|
| | 挖掘机 1 | 挖掘机 2 | 挖掘机 3 | 平均值 |
| 回转 | 0.9 | 0.8 | 1 | 0.9 |
| 挖土 | 3.8 | 3.2 | 7.0 | 4.6 |
| 转运 | 4.6 | 3.5 | 2.0 | 3.4 |
| 卸土 | 4.6 | 3.5 | 4.0 | 4.0 |

## 3　案例研究

### 3.1　案例背景介绍

该项目为重庆市某山水林田湖草综合整治项目，在土地平整工程中，需要对农田进行改造，使得农田满足机械耕作条件，提高耕作效率。经土方测算，所有改造区域的土方开挖量共计 26940.08m$^3$，土质为三类普通土。土方开挖的工期为 30d，土方开挖平均日出土量 900m$^3$。

### 3.2　土方机械施工过程信息采集

在农田改造过程中，项目的现场管理者主

要通过现场巡检、不定时抽检、查看监控视频等方式对项目现场的工作情况进行监督。虽然施工现场监控视频可以全过程记录土方机械的工作情况，然而需要以人工的方式对其进行查看监督，辅助效果弱。通过引入计算机视觉技术，代替人工监督土方机械施工过程监控视频中土方机械的活动状态，采集土方机械的工作信息，辅助现场管理者做好土方机械管理，对土方施工活动进行进度、成本管控[13]。

### 3.2.1 数据集的创建

由于目前网络上并没有公开的关于挖掘机4种动作类别的数据库，因此需要通过收集网络及实际项目中尽可能多的挖掘机活动图片自制训练数据集。经收集整理一共获得2124张图像，来源于3个施工场景、4台不同挖掘机设备以及多个拍摄角度，数据整理情况详见表2。将收集到的图片使用Labelme标注工具进行人工标注，再将其转换为YOLOv5训练集格式。将原图及标注图片分别保存至Images和Labels文件夹中，每个文件夹中数据集按照8∶2的比例划分训练集和测试集，分别保存至Train和Test文件夹中，YOLOv5项目目录如图5所示。

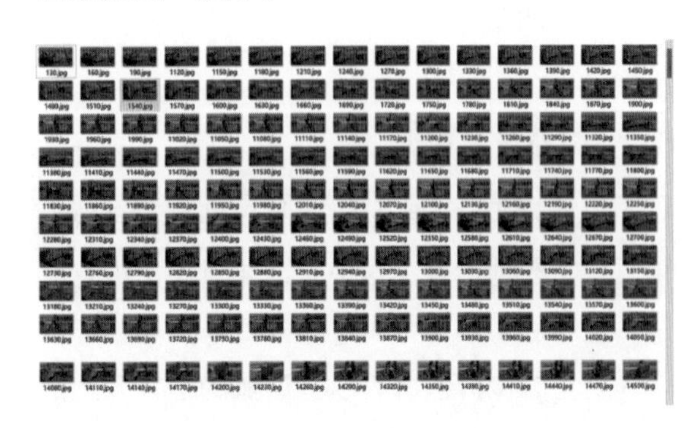

图5 挖掘机活动状态数据集

**样本数据集分类、整理情况（单位：张） 表2**

| 挖土 | 转运 | 卸土 | 回转 | 总计 |
|---|---|---|---|---|
| 184 | 45 | 23 | 54 | 306 |
| 387 | 242 | 196 | 169 | 994 |
| 220 | 213 | 206 | 185 | 824 |
| | | | | 2124 |

### 3.2.2 基于YOLOv5的挖掘机目标检测实验

数据集创建后，便可以将模型及数据集上传至云服务器开始训练。调用训练算法train.py，通过调整训练参数，如Batch值、Epoch值等，以生成效果最好的模型。

### 3.2.3 结果分析

该模型训练时长共2.053h，生成结果如图6所示，模型能够较好地识别出挖掘机的活动类别，然而对于卸土的动作类别，识别准确度较低，可能是受到角度等因素的影响[14]。

挖掘 (Digging)　转运 (Hauling)

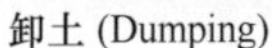

卸土 (Dumping)　回转 (Swinging)

图6 模型检测结果

模型训练完成后，任意选择一段土方机械施工过程监控视频输入模型进行检测，输出结果详见表3。该挖掘机一共循环工作15次，平均每个循环工作周期为26.6s。由数据分析可知，挖掘机在进行挖土这个动作时的持续时间最不稳定，从5.5s到14.5s不等。经人工查看监控视频可知，挖掘机司机在挖土时若遇到松散土壤，在部分循环周期内会多挖几次，因而挖土动作的碳排放量也相对较高。因此，相对于整体而言，模型检测的结果较为准确。

挖掘机各类别动作时间及其燃油消耗量统计 表3

| 循环工作次数 | 挖土 (s) | 挖土 (g/s) | 转运 (s) | 转运 (g/s) | 卸土 (s) | 卸土 (g/s) | 回转 (s) | 回转 (g/s) | 单个循环燃油消耗总量 (g) |
|---|---|---|---|---|---|---|---|---|---|
| 1 | 5.5 | 4.6 | 5.5 | 3.4 | 4.0 | 4.0 | 6.0 | 0.9 | 65.4 |
| 2 | 8.5 | 4.6 | 4.5 | 3.4 | 5.5 | 4.0 | 6.5 | 0.9 | 82.3 |
| 3 | 9.5 | 4.6 | 8.0 | 3.4 | 3.5 | 4.0 | 5.5 | 0.9 | 89.9 |
| 4 | 10.5 | 4.6 | 5.0 | 3.4 | 3.5 | 4.0 | 5.5 | 0.9 | 84.3 |
| 5 | 8.5 | 4.6 | 5.0 | 3.4 | 4.0 | 4.0 | 10.0 | 0.9 | 81.1 |
| 6 | 14.5 | 4.6 | 7.0 | 3.4 | 3.0 | 4.0 | 3.5 | 0.9 | 105.7 |
| 7 | 8.5 | 4.6 | 7.0 | 3.4 | 3.0 | 4.0 | 5.5 | 0.9 | 79.9 |
| 8 | 8.0 | 4.6 | 5.5 | 3.4 | 4.5 | 4.0 | 7.0 | 0.9 | 79.8 |
| 9 | 10.0 | 4.6 | 7.5 | 3.4 | 3.0 | 4.0 | 6.0 | 0.9 | 88.9 |
| 10 | 7.5 | 4.6 | 7.5 | 3.4 | 3.5 | 4.0 | 7.5 | 0.9 | 80.8 |
| 11 | 7.5 | 4.6 | 7.5 | 3.4 | 5.5 | 4.0 | 5.0 | 0.9 | 86.5 |
| 12 | 13.5 | 4.6 | 15.0 | 3.4 | 4.5 | 4.0 | 5.5 | 0.9 | 136.1 |
| 13 | 6.5 | 4.6 | 6.0 | 3.4 | 5.5 | 4.0 | 5.5 | 0.9 | 77.3 |
| 14 | 8.5 | 4.6 | 5.5 | 3.4 | 6.0 | 4.0 | 6.0 | 0.9 | 87.2 |
| 15 | 15.0 | 4.6 | 7.0 | 3.4 | 5.5 | 4.0 | 5.0 | 0.9 | 119.3 |

## 4 结论

关于建设项目活动对环境的影响，已经有许多研究工作。然而大多数与施工作业相关的碳排放研究都集中在建筑材料的选择和优化上，施工过程中的碳排放经常被忽略，这意味着改善施工作业期间的碳排放管理十分迫切。因此，本文利用YOLOv5算法自动分析，同时量化土方机械施工活动状态，丰富了施工阶段机械碳排放量化方法。此外，对于土方机械施工过程状态的识别、分析能够帮助项目管理者更加细致地了解施工现场挖掘机的工作状态，以便提高挖掘机工作效率以及制定相应的减碳措施。然而，本文也存在一定的局限性。研究的范围仅限于将挖掘机施工动作分解，计算这些动作的工作持续时间，有必要进一步将挖掘机怠速时间考虑进去，分析怠速时间和非怠速时间碳排放量的差异。

## 参考文献


[1] 温全．绿色建筑中BIM全流程应用价值系统研究[D]．大连：大连理工大学，2021.

[2] Joseph V R, Mustaffa N K. Carbon Emissions Management in Construction Operations: A Systematic Review [J]. Engineering, Construction and Architectural Management, 2021.

[3] Shiftehfar R, Golparvar-Fard M, et al. The Application of Visualization for Construction Emission Monitoring [J]. Construction Research Congress, 2010.

[4] 郭亚林，郭春．铁路隧道施工期碳排放计算模型研究[J]．交通节能与环保，2021，17(6)：5.

[5] Szamocki N, Kim M K, Ahn CR, et al. Reducing Greenhouse Gas Emission of Construction Equipment at Construction Sites: Field Study Approach [J]. Journal of Construction Engineering and Management, 2019, 145(9): 05019012.

[6] Lewis P, et al. Assessing Effects of Operational Efficiency on Pollutant Emissions of Nonroad

Diesel Construction Equipment[J]. Transportation Research Record Journal of the Transportation Research Board，2011，2233(1)：11-18.

[7] Heydarian A，M Memarzadeh，M Golparvar-Fard. Automated Benchmarking and Monitoring of Earthmoving Operation' s Carbon Footprint Using Video Cameras and a Greenhouse Gas Estimation Model[J]. 2012.

[8] Golparvar Fard M，A Heydarian，J C Niebles. Vision-based Action Recognition of Earthmoving Equipment Using Spatio-temporal Features and Support Vector Machine Classifiers[J]. Advanced Engineering Informatics，2013，27(4)：652-663.

[9] Martinez P，Al Hussein M，Ahmad D R. A Scientometric Analysis and Critical Review of Computer Vision Applications for Construction[J]. Automation in Construction，2019(107)：102947.

[10] 郭磊，王邱龙，薛伟，等．基于改进 YOLOv5 的小目标检测算法[J]．电子科技大学学报，2022，51(2)：251-258.

[11] 国家市场监督管理总局．土方机械 液压挖掘机 燃油消耗量 试验方法 GB/T 36695—2018[S]. 北京：中国标准出版社，2018.

[12] Lewis M P. Estimating Fuel Use and Emission Rates of Nonroad Diesel Construction Equipment Performing Representative Duty Cycles[D]. North Carolina State University：Ann Arbor，2009.

[13] Kim H，et al. Vision-based Nonintrusive Context Documentation for Earthmoving Productivity Simulation[J]. Automation in Construction，2019，102(6)：135-147.

[14] Chen C，Zhu Z，Hammad A. Automated Excavators Activity Recognition and Productivity Analysis from Construction Site Surveillance Videos[J]. Automation in Construction，2020，110(4)：103045.

# 基于 PaaS 和 BI 的施工方案在线管理探索与实践

金　浩[1,2]　戴亦军[1]　邱　琼[1]　谭芝文[1]　庞鹏程[1]

（1. 中建隧道建设有限公司，重庆　401345；
2. 重庆大学管理科学与房地产学院，重庆　400030）

**【摘　要】** 工程项目施工技术方案是项目管理的重要技术性文件，决定项目进度、质量、安全和成本目标实现。但目前工程项目施工技术方案（简称“施工方案”）管理大多依赖传统的报表式、手工式管理，存在管理效率不高、数据不准、风险难识别等问题。因此，探索大数据技术与工程项目施工方案管理业务融合，提升方案管理数字化水平，从而提升项目施工方案管理效能，对强化施工方案管理、提升工程质量和安全具有现实意义，也十分必要。为解决上述问题，本文依托大数据、云计算的技术理念和思维，基于探索式分析，考虑将 PaaS 架构和 BI 技术结合，自主设计开发了施工企业方案在线管理平台，并在某施工总承包单位所属全部项目中对平台进行了初步应用，展现了良好的应用效果与前景。

**【关键词】** 方案管理；低代码开发；PaaS 架构；BI；数字化

2020 年 8 月，《住房和城乡建设部等部门关于加快新型建筑工业化发展的若干意见》（建标规〔2020〕8 号），明确要加快信息技术融合发展，应用大数据技术，推动大数据技术在工程项目管理各环节中的应用。而大数据的应用，需要重点解决两个问题：数据的时效性和数据的易读性，即运用数据分析，及时发现问题，作出科学合理的业务决策。经检索现有文献发现，张婕等研究了面向 PaaS 的实例级应用动态更新技术[2]；胡民等研究了施工组织设计（方案）编制审查和动态管理要点[5]；童瑞明等研究了基于 BI 的工序质量分析[6]；而面向 PaaS 和 BI 结合的施工方案在线化管理目前鲜有人研究。本文结合施工企业方案管理实际，引入大数据和云计算的理念，采用 PaaS 和 BI 平台开发技术，研究开发了一种方案在线管理平台，主要研究内容和取得的成果如下：

（1）调研了传统施工企业施工方案管理现状，梳理施工方案各阶段状态、内容、关键信息，形成方案标准化管理指标体系和管理分析模型。

（2）梳理了施工方案数字化管理需求，自主开发并测试了施工方案在线管理平台，实现方案管理全过程信息在线填报、动态维护，并建立方案编审、执行预警机制。

（3）在某施工企业内对所开发平台进行推广应用，协助企业建立全公司方案的动态数据库。应用表明，本文所开发的施工方案管理平台实现了既定需求目标，各项功能运行良好。

# 1 施工方案管理现状与问题

施工方案是技术管理的核心，它以分部或分项工程为对象，在工程施工前编制的用以指导分部分项工程施工的技术、经济的综合性文件，同时是施工组织设计的支撑性文件。

## 1.1 施工方案管理现状

### 1.1.1 方案分级分类管理

某单位根据施工方案重要程度和技术难度，将施工方案划分为以下五类：A1类施工方案（局级方案）、A2类施工方案（公司级方案）、B类施工方案（公司级方案）、C类施工方案（分公司级方案）、D类施工方案（项目级方案）。

### 1.1.2 方案台账与报表管理

（1）方案编制计划台账

项目班子组建进场后，项目总工程师组织相关部门对施工方案分级、分类进行识别，编制“项目主要施工方案编制计划表”，列入施工组织设计中，并根据项目实施情况进行动态调整。

（2）方案动态管理台账

公司、分公司和项目部根据各级施工组织设计、施工方案审批职责，分别建立施工组织设计、施工方案动态管理台账（表1），台账采用在线云文档方式建立和维护，动态管理。

施工方案动态管理台账 表1

| 序号 | 公司名称 | 项目名称 | 施组/方案名称 | 类别 | 编制时间 | 论证时间 | 审批时间 | 交底时间 | 实施时间 | 验收时间 |
|---|---|---|---|---|---|---|---|---|---|---|
| | | | | | | | | | | |

## 1.2 施工方案管理指标

经过调查梳理，方案管理主要有方案计划、编制、会审、论证、审核审批、交底、实施、复核8个阶段，涉及35项指标。

### 1.2.1 方案基本信息

方案基本信息指标有：单位名称、工程名称、方案名称、方案状态、方案类别、方案专业、计划审批完成时间、计划执行时间。其中方案状态主要有：未编制、未施、在施、完工4种；方案类别主要有A1、A2、B、C、D共5种；方案专业主要有桥梁、路基、地下工程、临时工程、冬期施工、拆除、爆破、管网、房建、管廊、起重吊装及其机械设备安拆12大类50余种。

### 1.2.2 方案编制会审

施工方案由项目技术负责人组织有关工程技术人员编制。方案编制会审主要管理指标有：方案编制文本、编制人、编制时间、项目会审主持人、项目会审时间。

### 1.2.3 方案专家论证

方案论证主要管理指标有：是否需要内部论证、内部论证时间、外部论证时间、外部论证结论、修改完善时间、专家论证表。

### 1.2.4 方案审核审批

方案审核审批主要指标有：项目审核人、项目审批人、项目完成审批时间、分公司完成审批时间、公司完成审批时间、方案审核审批表。

### 1.2.5 方案交底实施

方案交底实施主要指标有：交底人、交底

时间、被交底人、危大风险源识别、现场实施负责人、施工开始时间、施工完成时间、验收（复核）内容、验收人、验收时间、验收意见。其中危大风险源包括高处坠落、触电、物体打击、坍塌、火灾、爆炸、起重伤害、机械伤害等26类。

### 1.3 传统方案管理存在的问题

#### 1.3.1 管理信息不畅通

基于传统的方案管理模式，所有的报表与技术资料都在具体业务人员手里，当公司需要掌握项目一线方案编制、论证、审批、交底、实施、检查情况时，不得不依赖大量的填报信息和电话沟通，发送文件通过QQ等公用性平台进行，文件传递、沟通统计工作繁琐，管理信息不畅。

#### 1.3.2 工作履职监管难

一是总工履职监管难，部分项目总工没有把主要精力放在方案管理上，对项目实际需要编制多少方案、已经有多少方案、即将实施多少方案等情况了解不清晰，存在较大管理漏洞和风险。二是方案交底把控不严，过程检查和监管不到位，公司难以掌握一手交底资料，对潜在的风险难以识别发现。

#### 1.3.3 信息化水平不高

一方面方案管理数据量庞大，且为多源异构数据，数据标准化程度低；另一方面大数据平台开发与应用门槛高、成本高、实施难，导致依靠手工填报方式的方案管理依旧普遍存在。从而直接造成项目方案过程管理资料难溯源，管理机构不能及时准确掌握项目方案全过程信息等问题。

## 2 方案在线管理平台设计与开发

### 2.1 方案在线管理概念

即方案管理与信息化应用相结合的管理过程，在将方案各阶段状态、内容、关键信息标准化的基础上，实现数据线上填报、记录自动汇总、台账自动生成，进而实现数据线上留底、分析利用，达到在线管理、在线检查的目的。核心是建立信息分析评价数据模型，高效汇总分析和提炼管理价值信息。从而提升执行管控能力、预警预控能力、资源共享能力。

### 2.2 关键技术

（1）PaaS（Platform as a Service，平台即服务）：一种云计算模型，也是云计算三个服务模式之一。它的核心在于基于云服务，提供工作流和设计工具以及多种API，帮助用户和开发人员以较低的代码量和较快的速度创建应用平台。

（2）BI（Business Intelligence，商业智能）：一种大数据分析理念，它作为企业级应用，将企业的数据有效整合、建模，通过数据仓库、ETL、OLAP、权限控制等功能模块，实现自动化报表和可视化分析，从而支撑风险预警与管理决策。

（3）LCD（Low Code Development，低代码开发）：一种快速生成应用程序的开发模式，通过可视化进行应用程序开发（可视编程语言），使具有不同经验水平的开发人员可以通过图形化的用户界面，使用组件和模型驱动来创建程序。

### 2.3 功能需求分析与设计

#### 2.3.1 功能需求分析

搭建一个公司级方案管理业务数据可视化分析与展示平台，提供集数据采集、数据处理、数据分析、数据可视化于一体的完整解决方案。总体有五个方面功能模块：

（1）基础信息采集：通过在线填报表单，实现业务数据采集，采集方案全过程管理的8

大项 35 小项数据指标。

(2) 台账自动汇总：台账数据自由地进行多维排序、条件筛选，并将一定基础的数据分析功能交给用户自定义。

(3) 报表自动生成：在短时间内处理大量、非结构化的数据，从中获得各类报表，并实时影响决策，支持报表搜索、关注、筛选、打印。

(4) 看板动态展示：提供直观的数据指标分析，实现拖拽式交互，让业务人员可以直接参与业务数据分析过程。

(5) 看板数据穿透：支持大屏触屏互动，实现指标看板穿透查看统计报表和台账，并支持台账穿透查看记录详细数据。

#### 2.3.2 总体实现思路

总体采用低代码开发形式，设计一个方案管理应用，建立一套数据分析模型，形成方案管理全过程数据分析体系和平台。一个方案一张底表，过程动态维护，系统数据自动集成。用户通过浏览器登录企业内部 OA 办公系统，进入方案管理应用模块，进行数据录入、统计分析台账报表和预警信息查看等操作。

#### 2.3.3 平台架构设计

将方案管理平台分为 7 个模块：基础数据模块、表单数据采集模块、数据库信息处理模块、统计报表模块、业务门户配置模块、权限设置模块、运维监控模块，各个模块有若干分支（图 1）。

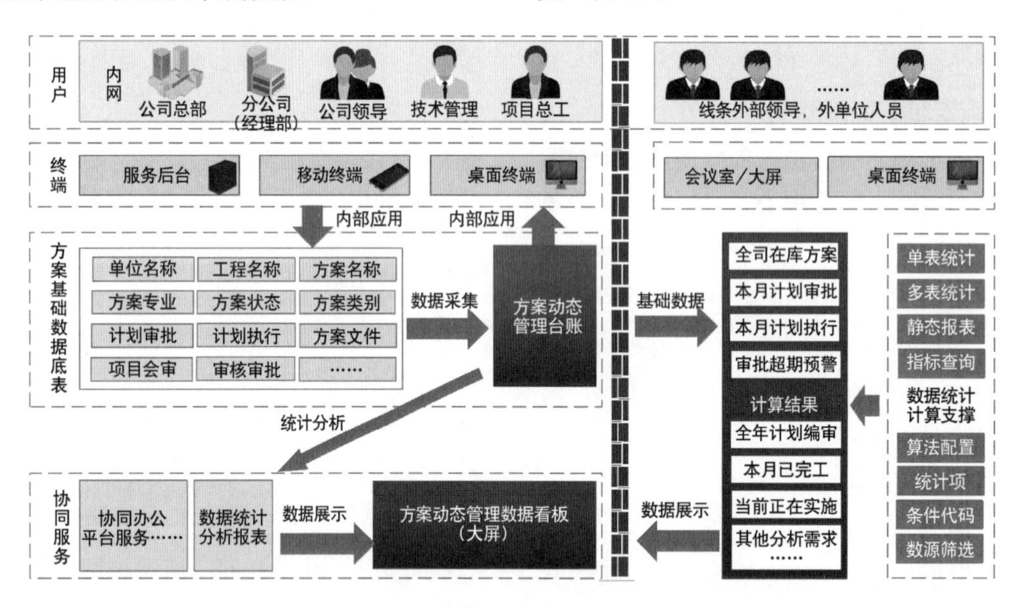


图 1 方案在线管理平台架构图

### 2.4 平台开发

方案在线管理平台开发涉及前端和后端开发，包括自定义控件、按钮、门户空间、表单设计器拓展配置、Vue 组件库调用、数据缓存与数据增删改查等模块，由于平台开发内容广泛，可单独作为一篇论文解析，本文仅对重点开发过程进行阐述，具体不作过多阐述。

#### 2.4.1 开发框架与环境

前端主要采用两种开发技术框架，Vue 开发和 HTML，后端采用 Java。开发环境：Windows10，Node.jsv6.x；基于 Vue.js2.x + 版本开发。数据库环境：MySQL Community Server (5.7)。

#### 2.4.2 Vue 开发（基于 JavaScript）

开发前需正确配置 Node.jsv6.x 或以上版

本。基于 Vue.js2.x+ 版本的开发，需用到 Vue 组件和单文件组件。使用 Webpack、Rollup 或 Gulp 的工作流，按需加载页面用到的组件。全局组件调用代码：

```
import Cap4Business from´cap4-business´//引入组件库
import../node_modules/Cap4Business/lib/index.css´//引入样式库
Vue.use (Cap4Business)
```

单个组件解构方式调用代码：

```
import { Cap4Button } from´cap4-business´
export default {
  components: {
    Cap4Button
  }
}
```

单个组件单引用方式调用代码：

```
import Cap4StatisticsPcTable from´cap4-business/lib/cap4-statistics-pc-table´;
import ´cap4-business/lib/cap4-statistics-pc-table/css/cap4-statistics-pc-table.css´;
export default {
    components: {Cap4StatisticsPcTable}
}
```

### 2.4.3 自定义控件前端开发

自定义控件生命周期大致分为下载、安装、渲染、更新、销毁等过程。

（1）下载：表单根据接口返回控件定义信息（CustomFieldInfo）下载控件的主 js 资源文件；

（2）安装：资源下载完毕后调用控件定义的安装脚本（Install）处理控件初始化、业务逻辑等；

（3）渲染：当表单渲染到该自定义控件时，自定义控件的渲染方法被调用；

（4）更新：当控件数据发生变化时，自定义控件的更新方法被调用；

（5）销毁：当控件被表单主动销毁时，自定义控件的销毁方法被调用，过程关系详见图 2。

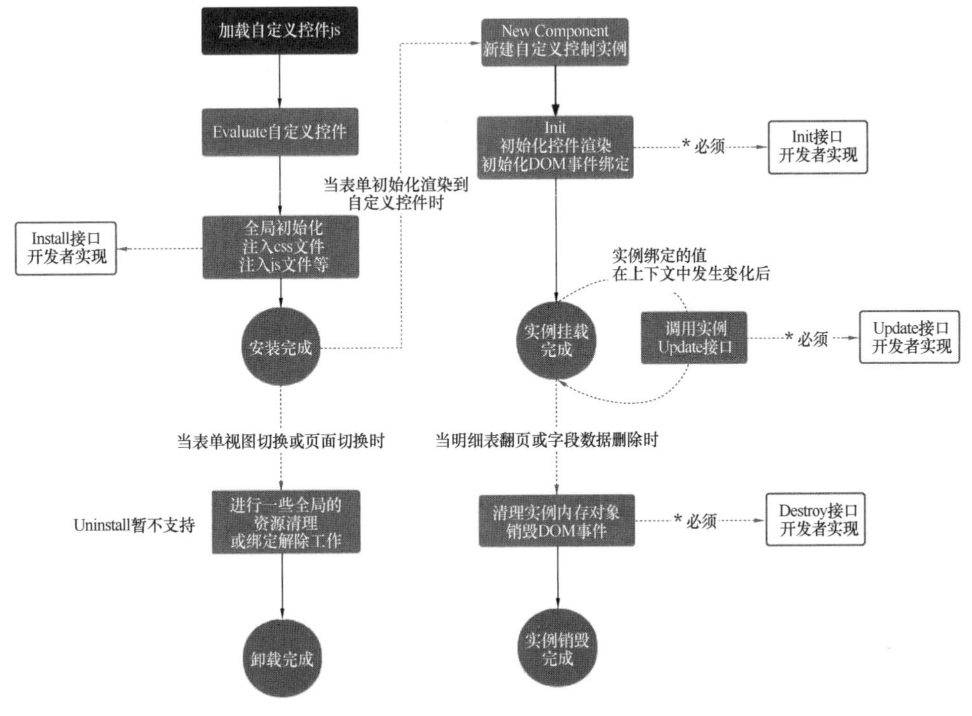


图 2 自定义控件生命周期过程关系图

#### 2.4.4 数据指标统计方法

具体可参见表 2。

**数据指标统计方法** **表 2**

| 数据源 | 指标统计项 | 系统条件算法 | 数据穿透 |
| --- | --- | --- | --- |
| 方案管理基础数据表 | 各单位在施方案分级别统计 | compareEnumValue({方案管理．方案状态}, =,'6979413415380862896::在施::') | 允许穿透 |
| | 本月已编方案 | month({方案动态管理．编制时间}) = month([系统日期]) | 允许穿透 |
| | 本月完工方案 | month({方案管理．施工完成时间}) = month([系统日期]) | 允许穿透 |
| | 当前正在实施方案 | ({方案管理．施工开始时间} <= [系统日期]) and ({方案管理．施工完成时间} = null) | 允许穿透 |
| | 全年已编制方案 | year({方案管理．编制时间}) = year([系统日期]) | 允许穿透 |
| | 全年计划编审方案 | year({方案管理．计划审批完成时间}) = year([系统日期]) | 允许穿透 |
| | 危大风险源分析方案审批预警 | {方案管理．危大风险源识别} <> null<br>( year({方案管理．计划审批完成时间}) = year([系统日期]) )<br>and ( differDate({方案管理．计划审批完成时间}, [系统日期]) < 7 )<br>and ( {方案管理．公司完成审批时间} = null )<br>and ( compareEnumValue({方案管理．方案类别}, <>,'−3398892522036310372::C::') )<br>and ( compareEnumValue({方案管理．方案类别}, <>,'−5289071011148509293::D::') ) | 允许穿透 |
| | 本月计划审批方案 | month({方案管理．计划审批完成时间}) = month([系统日期])<br>and year({方案管理．计划审批完成时间}) = year([系统日期]) | 允许穿透 |
| | 本月计划执行方案 | month({方案管理．计划执行时间}) = month([系统日期]) | 允许穿透 |

## 3 平台应用

### 3.1 部署与访问

(1) 独立部署至企业中心机房，通过内网访问。或采用混合云架构部署，服务部署在公有云，数据部署在企业内部。平台服务模块支持最小化部署方案，只需要 1 台服务器（1 个 8 核 CPU，32G 运存）；数据引擎处理模块需要 2 个 8 核 CPU，32～64G 运存，4T 存储。推荐配置如表 3 所示。

**服务器参数配置表** **表 3**

| 基本配置 | 高级配置 |
| --- | --- |
| 8 Core×2<br>32GB Memory DDR3/4<br>200Gb 10K SAS for OS<br>4TB 10K SAS for Data | 16 Core×2<br>64GB Memory DDR4<br>2×200Gb 10K SAS for OS<br>8×1.2TB 10K SAS for Data |

(2) 支持 Windows Server、Linux、Unix 等主流操作系统，也支持 Linux 的其他版本，如 CentOS、Ubuntu 等。用户通过浏览器访问，支持 Chrome、Firefox、IE Edge 等多种浏览器内核。

### 3.2 应用概况

该平台已于某公司 47 个项目上线（图 3），收录 1657 项方案，三类共 14 张报表台账自动生成，在线数据库提供全数据自定义筛选查询，实现从方案计划到验收全过程的实时动态管控，取消了两级技术报表，公司、分公司在线取数，各层级减少报表管理人员各 1 人，节约管理成本约 20 万元/年，方案管理效率提升 70%。核心价值有如下四点：

(1) 形成方案计划、编制、论证、审批、交底、实施、复核、验收等阶段标准化数据指标体系，一个方案二维码挂接方案全过程信息。

（2）实现方案全过程信息自动统计、动态掌握，如全司在库方案、全年计划编审、全年已编、下月计划执行方案、本月已完工方案、当前实施方案、方案审批超期预警等数据穿透式查看，大幅提升数据统计效率和准确性。

（3）实现企业方案的共享数据库，实现按照方案专业、名称、类别等关键字检索在库已编方案，下载分享，提升方案知识共享效率。

（4）实现方案编审执行滞后的自动预警，提升了施工总承包企业方案管控能力。

图 3 某公司总部员工通过大屏查看全司方案情况

### 3.3 主要应用功能

#### 3.3.1 基础信息采集与处理

支持手机、PC、批量导入、过程更新调整。数据源支持手录、Excel 或 CSV 文件导入和系统组织数据关联带入。采用导入方式采集数据时，自带数据校正（匹配）功能。具备全字段检索筛选功能，每秒处理记录能达 5000 条，目前测试 5 万条记录，响应速度依旧满足秒级需求，批量导入数据库识别错误率为 0。具备单表/多表统计、静态指标报表、表单业务关联等功能，系统条件函数自定义配置，业务响应速度达到秒级。

#### 3.3.2 看板动态展示

看板功能作为可视化呈现，支持丰富的数据交互方式，包括动态关联、全维度数据统计，具备柱状图、折线图、饼状图、指标卡等多种数据展示，支持看板数据穿透及筛选（图 4～图 6）。使得业务人员和决策者能够自由地进行数据深度探索分析。

## 4 总结与展望

### 4.1 研究结论

本文立足施工一线管理难关痛点，充分利用 PaaS 模式和 BI 技术理念，采用低代码开发形式，形成方案管理全过程数据分析体系和平台。变革传统的方案管理模式，破解了施工方案管理难题，有效推动施工方案管理数字化。

实践积累了从业务需求调研、报表指标抽取、表单数据建模、架构设计、开发实施、平台推广运维等全过程实施经验，探索了一条快速搭建应用平台的模式和路径。该模式对后续建筑施工企业开展业务信息化建设和数字化转型提供了实践思路与经验，具有广阔的拓展与应用前景。

### 4.2 平台不足

（1）灵活性不足，私有云部署，企业外部人员不可访问，必须企业内部账号登录操作。

（2）权限控制不完善，不可按层级、岗位角色分配操作和数据权限，离职人员的权限不能自动取消，需要定期人为进行数据清理。

### 4.3 展望

伴随建筑企业数字化应用场景的不断更新，极速迸发的数字化需求与传统低效的信息化开发模式必然产生矛盾。后续信息化开发模式一定会向更高效、更敏捷的方式转变，信息化的应用更多地向业务人员倾斜，以业务为主导、信息技术为辅助，让应用开发从复杂变简

图 4　方案数据看板一

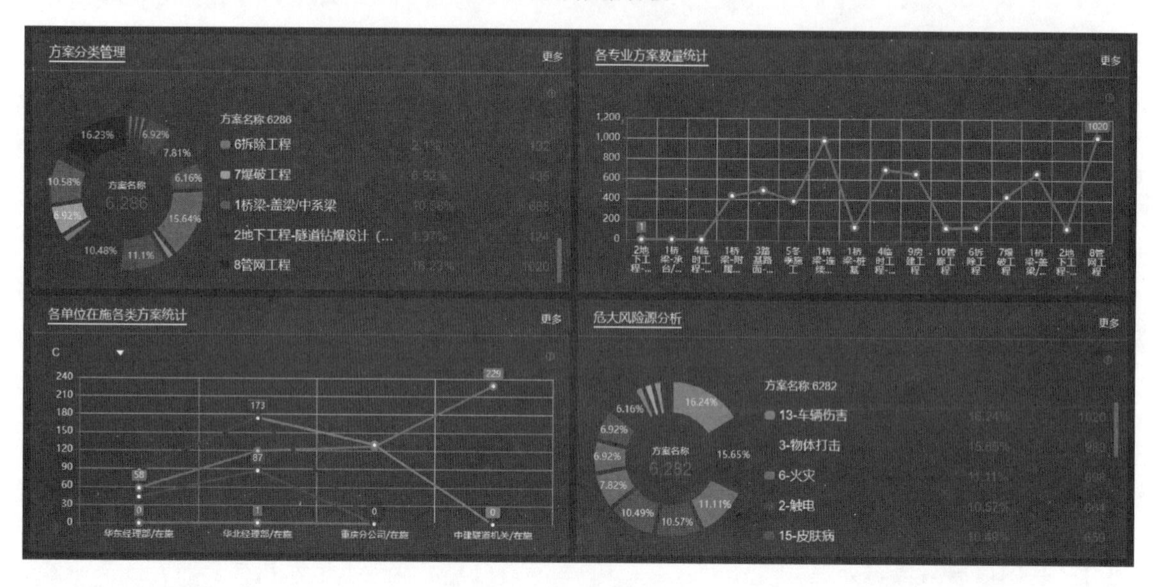


图 5　方案数据看板二

图 6　看板数据穿透

单，使得会业务的人做应用，最大限度地发挥数字效能。建筑业务场景和以 5G、大数据、云计算、物联网为核心的数字新技术的持续深度融合，必将在不远的未来全面实现建筑数字化。

## 参考文献


[1] Cohen, Beth. PaaS: New Opportunities for Cloud Application Development[J]. Computer, 2013, 46(9): 97-100.

[2] 张婕，曹春，余东亮．一种面向 PaaS 的实例级应用动态更新技术[J]. 计算机科学，2015，42(12)：5.

[3] 王伟，常进达，郭栋．一种基于云端软件的 PaaS 平台管理系统设计与实现[J]. 信息网络安全，2018(2)：10.

[4] 徐海勇，黄岩．基于 PaaS 技术的大数据云化平台实践[J]. 电信科学，2018，34(1)：10.

[5] 胡民，邓文来．施工组织设计(方案)编制审查和动态管理要点探讨[J]. 建筑经济，2020(S01)：3.

[6] 童瑞明，米智伟．基于 BI 的工序质量分析[J]. 计算机科学，2012，39(B06)：3.

[7] 尤瑞．基于 BIM 和 Web 技术的隧道监测信息管理系统研究与开发[D]. 重庆：重庆大学，2020.

[8] 顾群，陈国洪．建设工程安全专项施工方案管理和实施[J]. 治淮，2012(8)：2.

[9] 李友明．浅谈工程项目施工技术方案管理问题及强化管理的必要性[J]. 四川建筑，2017，37(4)：4.

[10] 赵代强，钱振地．铁路施工企业科研项目管理信息系统方案设计[J]. 铁道工程学报，2007，24(3)：91-94.

[11] 刘波．中小型建筑企业项目管理信息化的建设及应用实例[D]. 绵阳市：西南科技大学，2019.

# 盾构隧道掘进有害能量识别与预警分析

李永胜　张立茂

（华中科技大学土木工程与水利学院，武汉　430074）

**【摘　要】** 隧道工程作为我国建筑业的重大核心工程，保证其施工的安全具有重要的工程价值和实践意义。为了克服传统盾构隧道掘进预警方法中存在数据维度不一致、评价指标不统一等问题，本文从能量的角度入手，分析了盾构隧道掘进过程中的能量传递路径，明确了盾构隧道掘进过程中有害能量的定义和识别途径，提出了关联规则、能量聚类、预测分析三种有害能量预警方法，将盾构隧道掘进过程中的能量数据与施工危险形式相结合，实现了基于能量数据的盾构隧道掘进危险施工预警。基于以上，本文搭建了面向有害能量识别的盾构隧道掘进安全预警框架，详细介绍了能量数据采集、能量数据分析和能量数据预警基本流程，为盾构隧道掘进的预警研究提供了新的视角和思路。

**【关键词】** 盾构机；隧道施工；有害能量；预警框架

隧道作为一类大型岩土作业工程，在市政建设、轨道交通、矿山挖掘等领域得到了广泛的应用[1]。通过合理的隧道施工，可以有效改善道路状态、提高行车效率、增加建筑空间利用率。截至 2022 年，我国建成的公路隧道、铁路隧道、地铁隧道等多种隧道总长超过 6 万 km，中国已经成为世界上隧道保有量最多、隧道建设规模最大、隧道修建技术发展最快的国家[2,3]。由于隧道建设受地质属性、作业环境等因素影响较大，在隧道施工过程中存在较多未知风险和不可控因素，这也带来了一系列施工安全方面的挑战[4]。

盾构机作为隧道施工的主要作业对象，其作业性能直接影响着隧道施工的安全性[5]。为了保证隧道安全施工作业，目前大量学者开展了盾构机的预警研究，通过对盾构隧道施工参数进行分析，实现盾构隧道掘进的安全作业[6,7]。然而，由于盾构机作为一个复杂的机械系统，与周围隧道环境存在较多交互，有限的施工参数往往无法全面地表征隧道施工的安全状态[8]。同时，目前的盾构隧道掘进安全预警研究中，存在数据维度不一致、评价指标不统一等问题。因此，如何引入一个全面的评价系统，实现盾构隧道掘进全周期、全方位的预警，是一个亟须解决的问题。

在目前的工程设备预警研究中，基于能量的方法受到了广泛的关注，特别是在电动汽车、数控机床等领域有着较多的应用[9,10]。通过构建工程对象的能量流模型，确定对象能量边界，分析设备各部分能量的变化规律，引入数据、物理、知识驱动分析方法，实现故障的预警和隔离。能量数据贯穿设备的各个子部件和整个作业周期，而且能够真实反映设备的状态变化，因此是一种较为全面的安全评价方法。

基于以上分析，本文提出了一种基于能量分析的盾构隧道掘进预警方法。首先，对盾构隧道掘进过程进行了能量流分析，确定了盾构隧道掘进过程中能量系统的主要输入和输出形式，针对具体的故障形式确定了与其相关的有害能量。其次，针对盾构机能量系统提出了关联规则、能量聚类、预测分析三种有害能量预警方法，为基于能量系统的盾构隧道掘进安全预警提供了可靠的应用方案。最后，搭建了面向有害能量识别的盾构隧道掘进安全预警框架，通过能量数据采集、能量数据处理、能量数据预警等步骤揭示了盾构隧道掘进有害能量识别与预警的基本流程。

# 1 盾构隧道掘进有害能量识别

## 1.1 盾构隧道掘进能量分析

盾构机作为一个复杂的能量耦合系统，主要由盾构机本体、刀盘驱动、双室气闸、管片拼装机、排土机构、后配套装置、电气系统和其他辅助设备八部分组成。其中，盾构机本体是盾构机的主体框架部分，盾构机的其余部件均安装于盾构机本体之上，具体可分为前盾、中盾和后盾三部分；刀盘驱动是指盾构机的刀盘和相应的驱动部件，其主要用于隧道岩土的切削；双室气闸是用于保证泥土仓压力与环境压力一致，方便工作人员进入盾构机内部进行检查；管片拼装机用于管片的运输和安装，通过管片实现隧道形状的固定；排土机构主要用于盾构机切削土壤的排出；后配套装置由注浆、注脂、泡沫等多部分机构组成，主要针对不同的岩土环境进行改善，方便盾构挖掘作业；电气系统控制着整个设备的电流分配情况[11,12]。在隧道施工过程中，盾构机各部分相互协同作业，共同完成土壤挖掘、岩土运输、管片装贴等目标。

针对盾构机的主要部件和作业目标，可以确定盾构机的基本能量流形式，具体如图1所示。为了清晰地阐述盾构机基本能量流动规律，本文将盾构机内部能量简化为了电能、机械能和内能三部分，忽略了其他光能、水能等影响不大的部分。电能是盾构机主要的输入部分，机械能和内能是主要的输出部分，其中还有大量的热损失现象。具体来说，机械能主要包含盾构机位姿改变的势能和盾构机运动部件的动能，内能主要包括岩土状态改变所需的能量。

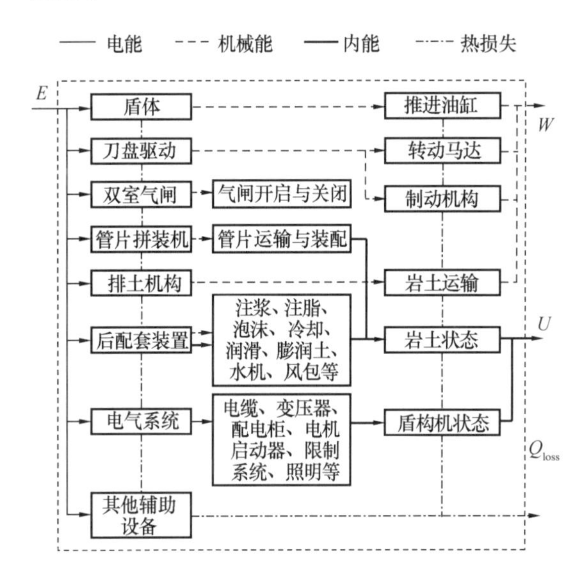


图1 盾构隧道施工的基本能量流

## 1.2 有害能量的识别

从能量的角度分析，盾构隧道掘进的危险形式主要是由于能量失控或能量波动所导致的，因此，如何识别出直接影响施工安全的有害能量尤为重要[13]。不同于传统化工行业对有害能量的定义，在盾构隧道掘进过程中，往往无法对有害能量准确地区分，具体来说，对于某一类能量，在满足正常的作业需求时，认为是安全能量，而当超出作业需求时，则变成了有害能量。即能量的安全和危险是随着施工过程进行动态变化的[14]。

为了实时动态地区分有害能量，需要具体分析不同施工危险形式下的能量来源。在确定了某一施工危险形式的能量之后，再展开基于能量数据的预警研究，从中挖掘出能量数据对施工危险形式的影响规律，具体利用能量数据来指导安全施工。表1中罗列了几种典型的隧道施工危险形式，并阐述了其有害能量来源。结合本文后续所提出的有害能量预警方法，能够有效地针对具体危险形式进行预警。同时，可以对施工危险形式进一步拓展，形成全面的能量安全预警体系。

**典型的隧道施工危险形式与有害能量来源　　表1**

| 隧道施工危险形式 | 能量来源 |
| --- | --- |
| 地表沉降变形[15] | 盾构整机的重力势能和岩土内能（以土压、体积等参数形式表现） |
| 刀具磨损过大[16] | 刀盘转动的机械能和岩土内能（以土压、体积等参数形式表现） |
| 内部热失控[17] | 传动部件的机械能和损耗热能（以温度等参数形式表现） |
| 掘进姿态频动[18] | 推进油缸的机械能与刀盘转动的机械能 |
| 管片、墙体开裂[19] | 岩土内能（以土压、体积等参数形式表现）和损耗热能（以温度等参数形式表现） |
| …… | …… |

## 2 盾构隧道掘进有害能量预警的主要方法

为了有效地避开施工危险，保证施工过程的顺利进行，需要开展盾构隧道掘进有害能量预警。本文通过已知的盾构能量数据，引入关联规则、能量聚类、预测分析等研究方法，得到能量数据与施工危险形式的影响规律，并指导后续施工具体进程。其中关联规则、能量聚类、预测分析等方法有着各自的优势和劣势，在具体工程施工中，需要针对实际条件进行筛选、配合使用。

### 2.1 基于关联规则的方法

关联规则预警方法是目前最常用的一类预警方法，其可以通过分析有害能量预警指标和施工危险形式之间的关联关系，得到各类能量数据对施工危险的敏感程度，并且根据实时采集的能量数据指导盾构隧道掘进安全作业[20]。该方法的主要流程为：首先，采集盾构隧道掘进过程中各类能量数据和危险施工指标数据，开展数据清洗、填补与结构变换等数据预处理操作，构建有害能量预警数据库；然后，引入支持度、置信度等关联规则评价指标，通过数据挖掘、推理机等方法确定各类有害能量的具体危害表现形式，借助工程专家、知识系统对有害能量进行归纳演绎，形成有害能量预警知识库（知识图谱）；最后，对知识库开展工程应用，结合实际作业条件，实现基于工程能量数据的灾害预警，具体流程如图2所示。

基于关联规则的有害能量预警方法可以通过案例迁移、案例演绎等方法对知识库进行不断地拓展，使其获得更广的应用范围，同时关联规则方法本身具有一定的智能性，可以根据采集的能量数据自主进行识别、预警，并指导施工作业。然而，由于数据挖掘、推理机技术不够成熟，关联规则方法对专家还有较大的依赖，存在诸多主观偏好性表达，单纯数据量化层面的关联规则预警还较为薄弱。因此，基于关联规则的预警方法主要适用于专家学者已经界定的有害能量的预警，对于潜在的危害形式和未知的有害能量缺乏敏感性。在构建全面的能量预警框架时，需要与其他方法配合使用。

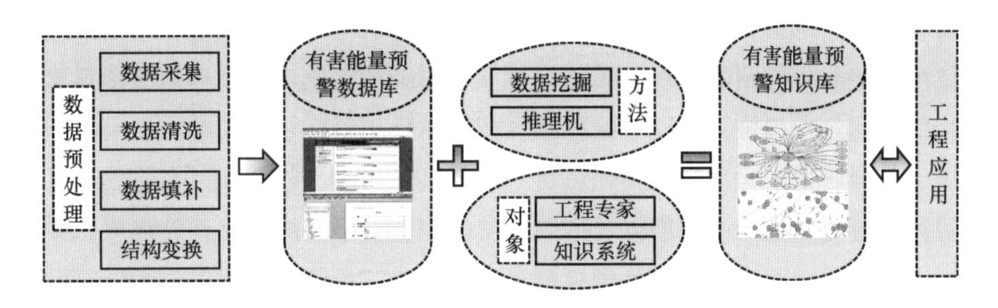


图 2　基于关联规则的有害能量预警流程

## 2.2　基于能量聚类的方法

基于能量聚类的有害能量预警方法是在关联规则的基础上发展而来的，该方法能够有效地挖掘能量数据中存在的潜在危险信息，并通过聚类结果进行可视化表示[21]。其主要流程为：首先，采集不同作业工况、不同施工条件下盾构隧道掘进能量数据，其中需包括安全作业时的能量数据和发生未知故障时的能量数据，形成聚类预警研究数据库；其次，通过机器学习方法对能量数据进行聚类，通过不同的聚类方法，可以得到不同层次的聚类结果；然后，引入模型解释性方法，分析不同聚类中心所代表的施工工况，挖掘能量数据聚类规律，寻找有害能量集合，结合能量数据来源进一步寻找潜在的施工危险形式，最后，针对具体工况，将其与已有聚类结果对比，确定可能存在的危险形式，具体流程如图 3 所示。

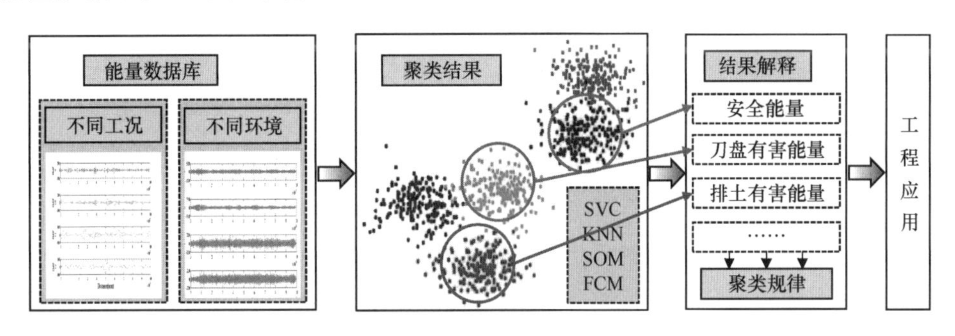


图 3　基于聚类的有害能量预警流程

基于能量聚类的预警方法不再具体关注于能量数据本身是否有害，而是通过聚类将具有相同特征的能量数据汇集到一起，然后再确定不同的能量聚类中心是否对应危险施工形式。因此，能量聚类预警方法可以对各种已知或未知有害能量进行全面分析，有利于挖掘目前未被定义的有害能量形式，并且能得到能量数据在各类施工危险中的具体表现形式。然而，聚类预警方法目前所面临的问题主要在于对聚类中心的分析不够深入，即模型的解释性尚有欠缺，在实际应用过程中，可能会出现“知道某类能量形式会导致危险施工，但是不知道该类能量形式是如何影响施工过程的”这一现象。因此，基于聚类的有害能量预警方法也存在一定的局限性，需要与其他方法结合使用。

## 2.3　基于预测分析的方法

不同于存在定性表达的关联规则和能量聚类方法，基于预测分析的有害能量预警方法是一类精确的定量数据分析方法，该方法在有明确能量来源的施工危险形式中具有较好的应用前景，可以实现较高的预测精度[22]。该方法的主要流程为：首先，针对具体的施工危险形式，确定与之对应的有害能量数据；然后，以能量数据作为输入部分，以施工危险形式的预警参数作为输出部分，引入代理模型方法进行预测训练，得到有害能量数据与预警参数的隐形关联表达模型；最后，将训练好的预测模型用于实际能量数据，此时可以实时得到相应的关键预警参数，有效避免危险工况的发生，具体流程如图 4 所示。

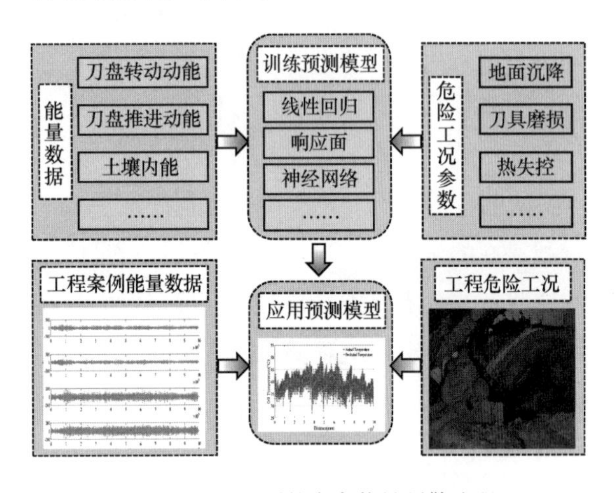


图 4　基于预测的有害能量预警流程

基于预测分析的盾构隧道掘进有害能量预警方法可以实现较高的预警精度，同时具有较好的解释性，能够清晰地阐述危险工况发生的原因和影响因素。但是，由于目前危险工况多变，同时可能存在未知的危险工况形式，此时，预测方法无法准确地找到灾害原因，预警效果也会大打折扣，因此，基于预测的有害能量预警方法存在特定的应用场景。

在实际应用过程中，关联规则、能量聚类与预测分析三类能量预警方法往往是紧密结合、共同使用的。关联规则是能量聚类和预测分析的基础，为预警提供指导性方向；能量聚类是关联规则和预测分析的拓展应用，可以挖掘潜在的有害能量形式并给出解释；预测分析是关联规则和能量聚类的量化表达，可以有效地验证关联规则和能量聚类预警结果的可靠性，并从数据层面给出具体结论。具体来说，通过关联规则构建已有有害能量知识库，得到具体施工危险形式与相应的有害能量的关联关系，通过聚类挖掘未知有害能量的信息，根据不同聚类中心寻找并解释各类未知有害能量的实际施工危害，在此基础上，引入预测方法，将各类有害能量进行量化分析，从数据层面预测可能发生的施工危险形式，结合先进人工智能学习方法，实现有害能量的高精度预警。

## 3　面向有害能量识别的盾构隧道掘进安全预警框架搭建

在介绍完有害能量识别的定义和有害能量预警的方法之后，本节从理论层面搭建了一套面向有害能量识别的盾构隧道掘进安全预警框架，如图 5 所示。该框架从能量数据采集、能量数据分析和能量数据预警三个方面展开，详细介绍了能量数据从获取到应用的全过程，为能量数据在盾构隧道掘进领域的深入拓展提供了一条高效、可靠的新路径。

### 3.1　能量数据的采集

在开展面向有害能量识别的隧道安全预警之前，首先要完成能量数据的采集工作。能量数据采集的对象主要针对盾构机本体、刀盘驱动等盾构机八大组成部分。采集的途径主要包括传感器、射频识别等方法，采集的能量类型主要包括电能、机械能、热能等。由于部分能量无法直接采集获得（例如土壤内能、热能等），在实际采集过程中需要引入一些其他参数和经验公式对能量进行等效处理。

为了清晰地展示能量采集过程，本文展示了一类典型的能量数据采集系统。如图 6 所示，该系统主要分为感控节点层、网络通信层、资源服务层和数据展示层四部分。感控节点层位于系统的最低端，是直接通过数据采集

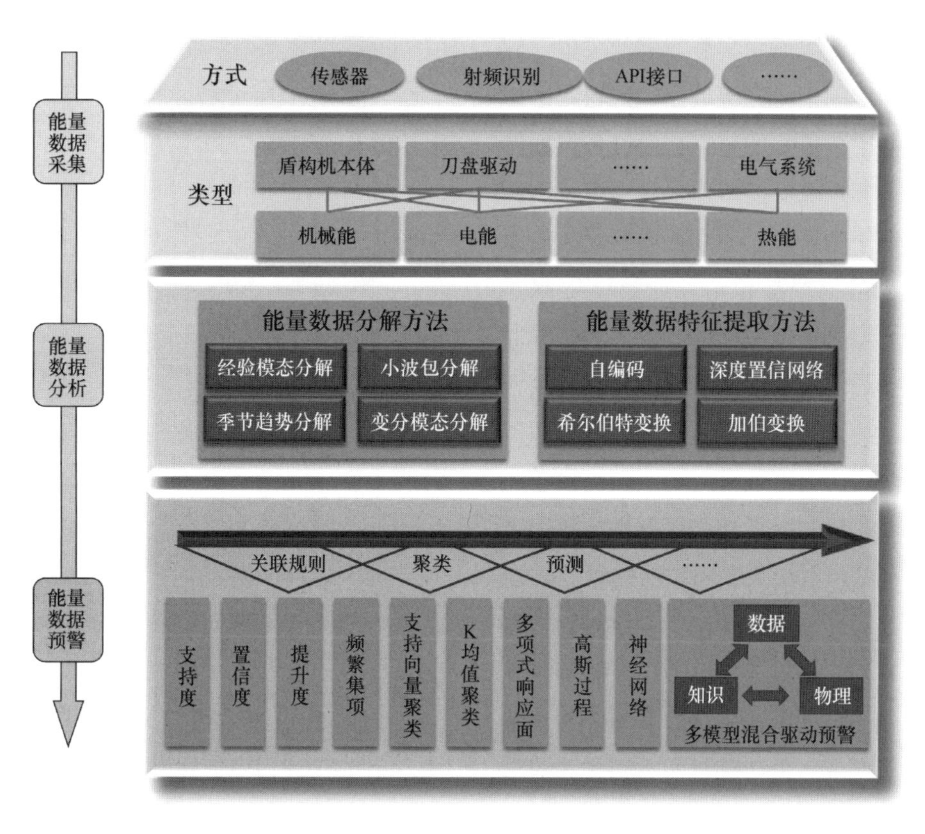


图5　面向有害能量识别的盾构隧道掘进安全预警框架

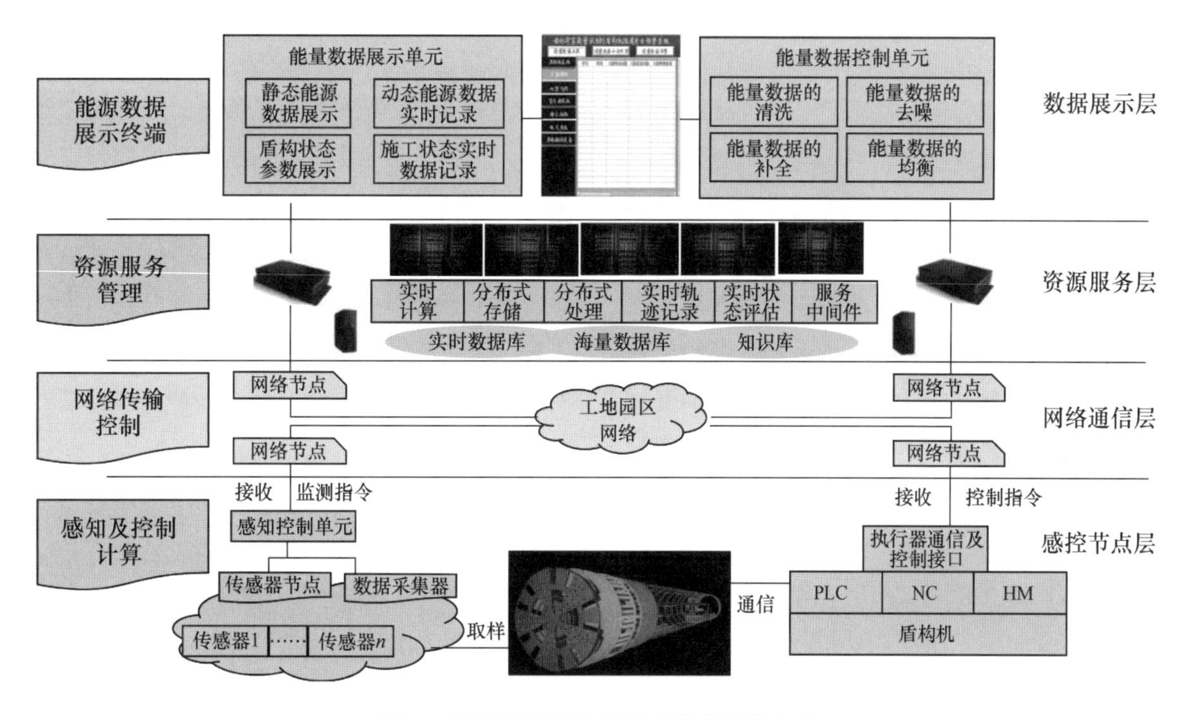


图6　盾构隧道掘进过程能量数据采集流程

设备与盾构机相连接的，通过接受相应的监测、采集指令，完成不同类型数据的采集，同时通过通信和控制接口完成数据的传输；网络通信层主要是用于数据的传输，通过布置的各个网络节点，实现数据的不同途径传输；资源服务层主要用于数据的收集和存储，同时后续的数据处理、数据分析也可以通过该层来完成；数据展示层是能量数据的展示界面，同时可以完成数据的清洗、去噪等工作。通过这一套能量采集系统，可以有效地完成各类数据的实时采集，同时为数据的分析和预警提供了相应的操作平台，是盾构隧道掘进安全预警框架的基础组成部分。

### 3.2 能量数据的分解与特征提取

在完成能量数据的采集之后，需要对能量数据开展分析研究。由于能量数据通常为时域数据，具有规律性不显著、数据量庞大等特点，因此在进行实际应用之前往往需要对能量数据进行分解和特征提取处理。能量数据的分解主要是针对能量数据规律性不显著这一特点，引入不同的分解方法，得到不同维度的能量分解数据，并寻找分解数据与隧道施工危险形式的关系，保证安全预警的精度，目前常用的能量分解方法有经验模态分解、小波包分解等方法。能量数据的特征提取主要是针对能量数据量庞大这一特点，由于盾构机具有较长的作业周期，产生了海量能量数据。如果不进行特征提取，会导致巨大的计算成本和资源浪费，目前常用的能量特征提取方法有自编码、深度置信网络等。

在实际能量数据分析时，数据分解与特征提取往往是配合使用的，通过对分解后的数据特征进行提取，得到隧道预警的关键能量数据。能量数据分析的主要流程如图 7 所示。首先要对能量数据开展预处理，保证数据的真实、有效；然后对能量数据进行分类，分析不同类别能量数据所蕴含的规律，并根据复杂度、关联性等指标判断是否需要进行分解，针对需要分解的能量数据进行规整化处理，并且针对不同的使用需求确定相应的能量分解方法；同时筛选分析分解后的数据是否满足使用条件，之后针对不需要分解的能量数据和已经完成分解的能量数据开展特征提取，并利用特征重构能量数据，保证重构数据能够反映真实施工作业条件。通过对能量数据的处理，降低了能量数据的复杂度和耦合性，可以有效地提升数据使用的效率和可靠性，保证实时、精确地开展安全预警。

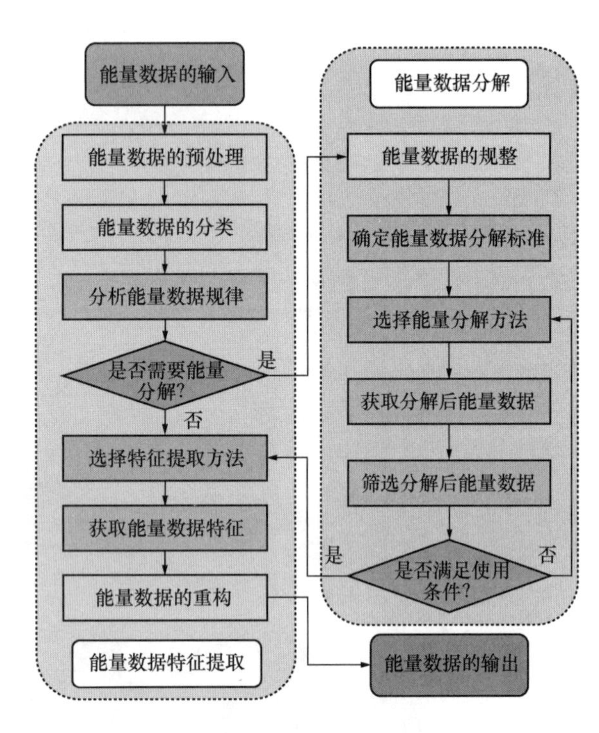


图 7　盾构隧道掘进能量数据分析流程

### 3.3 基于能量数据的危险工况识别与预警

在完成能量数据的采集和分析之后，可以实现基于能量数据的灾难预警。通过引入关联规则、聚类、预测等预警方法，获取各类危险施工工况发生时能量数据的变化规律，方法的具体使用过程在本文的第 2 节已经进行了详细介绍。针对有害能量来源明确的工况，例如地面塌陷、刀具损坏等，可以通过关联规则确定与这类危险工况直接相关的有害能量，并通过预测分析完成灾害的精确预警；针对有害能量来源模糊的工况，例如突发的设备停机、超标的设备噪声等，可以通过能量聚类挖掘潜在的有害能量，并通过预测分析构建直接相关的预警指标。针对具体施工场景，将三类方法搭配使用（图 8），可以完成各种施工工况的预警，并根据预警结果指导施工，及时处理地面沉降、刀具磨损、管片破裂、热失控等各类可能存在的施工危险形式。

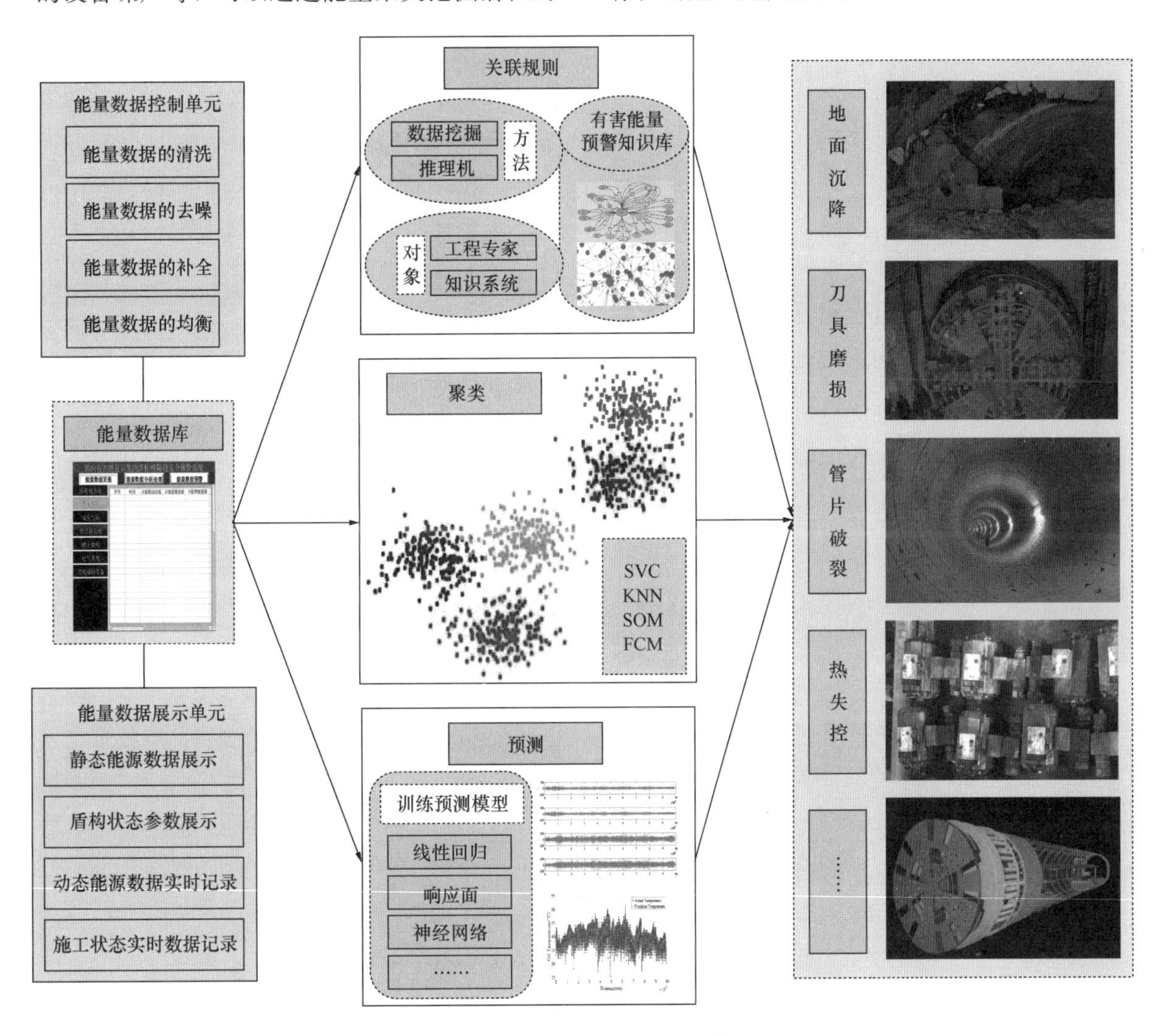

图 8 盾构隧道掘进能量数据预警流程

除了通过对能量数据的关联规则、聚类、预测来实现预警之外，该预警框架还可以进一步拓展，结合更多前沿的人工智能、机器学习、数据处理技术，从能量流和能量边界的角度建立盾构隧道掘进的数据驱动模型、知识驱动模型和物理驱动模型，通过引入多模型混合驱动的方法，来进一步实现盾构隧道掘进过程的综合预警。

## 4 结论

本文将能量预警研究的方法引入盾构隧道掘进领域，分析了盾构机内部各个部件不同能量的传递形式，提出了盾构隧道掘进过程有害能量识别的方法，将能量数据与关联规则、能量聚类、预测分析等方法相结合，实现了基于能量数据的盾构隧道掘进有害能量预警。为了清晰地表达能量数据在隧道施工安全预警中发挥的作用，本文搭建了面向有害能量识别的盾构隧道掘进安全预警框架，具体涵盖了能量数据的采集方法、能量数据的分析方法和能量数据的预警方法，具有较强的理论可行性和实践可靠性，有利于形成一套全方位、全周期的盾构施工能量预警系统。

然而，由于时间和方法的限制，目前的盾构隧道施工能量流分析还比较简陋，同时本框架在预警方法的拓展和能量数据的具体处理方面还存在一定的欠缺。在后续的研究中，我们将进一步拓展隧道施工的能量流形式，引入多种数据-知识-物理模型混合驱动的有害能量预警方法，实现更广阔的应用场景和更高的预警精度。

## 参考文献

[1] Zhou J, Qiu Y G, Zhu S L, et al. Optimization of Support Vector Machine Through the Use of Metaheuristic Algorithms in Forecasting TBM Advance Rate[J]. Engineering Applications of Artificial Intelligence, 2021: 97.

[2] 中国交通隧道工程学术研究综述·2022[J]. 中国公路学报, 2022, 35 (4): 1-40.

[3] 代洪波，季玉国．我国大直径盾构隧道数据统计及综合技术现状与展望[J]. 隧道建设(中英文), 2022, 42 (5): 757-783.

[4] Gong Q M, Wu F, Wang D J, et al. Development and Application of Cutterhead Working Status Monitoring System for Shield TBM Tunnelling [J]. Rock Mechanics and Rock Engineering, 2021: 54 (4): 1731-1753.

[5] Fu X L, Zhang L M. Spatio-temporal Feature Fusion for Real-time Prediction of TBM Operating Parameters: A Deep Learning Approach [J]. Automation in Construction, 2021: 132.

[6] Pan Y, Zhang L M, Wu X G, et al. Structural Health Monitoring and Assessment Using Wavelet Packet Energy Spectrum[J]. Safety Science, 2019(120): 652-665.

[7] 王祥，陈发达，刘凯，等．基于随机森林-支持向量机隧道盾构引起建筑物沉降研究[J]. 土木工程与管理学报, 2021, 38 (1): 86-92, 99.

[8] 李勇军，张泽坤，陈睿，等．基于 Hilbert-Huang 变换的越江地铁盾构掘进稳定性表征方法[J]. 土木工程与管理学报, 2021, 38 (1): 134-138, 156.

[9] Xiao Q G, Li C B, Tang Y, et al. Multi-component Energy Modeling and Optimization for Sustainable Dry Gear Hobbing[J]. Energy, 2019: 187.

[10] Qi D, Li C B, Wang N B, et al. A Novel Approach Investigating the Remaining Useful Life Predication of Retired Power Lithium-Ion Batteries Using Genetic Programming Method[J]. Journal of Electrochemical Energy Conversion and Storage, 2021, 18 (3).

[11] 吴华州，蔡志勇．盾构始发施工技术综述[C]//2021 年全国土木工程施工技术交流会论文集(下册). [出版者不详], 2021: 666-671.

[12] 任洁，高丙欢，刘国威．盾构机分类与构造概述[J]. 现代制造技术与装备, 2018 (9): 151-153.

[13] 肖森，周诚，林兴贵．地铁门吊垂直运输作业危险能量动态隔离研究[J]. 中国安全科学学报, 2015, 25 (12): 68-74.

[14] 郑坤林．地铁深基坑施工有害能量隔离研究[D]. 武汉：华中科技大学, 2020.

[15] Lee H K, Song M K, Lee S S. Prediction of Subsidence during TBM Operation in Mixed-Face Ground Conditions from Realtime Monitoring Data[J]. Applied Sciences-Basel, 2021, 11 (24).

[16] Zhang X H, Xia Y M, Zhang Y C, et al. Experimental Study on Wear Behaviors of TBM Disc Cutter Ring under Drying, Water and Seawater Conditions [J]. Wear, 2017, (392): 109-117.

[17] 曹成兵. 双模盾构通风和冷却系统的改进方法与实践[J]. 中国市政工程, 2020 (5): 16-19, 112.

[18] Xiao H H, Xing B, Wang Y J, et al. Prediction of Shield Machine Attitude Based on Various Artificial Intelligence Technologies[J]. Applied Sciences-Basel, 2021, 11 (21).

[19] 陈宏俊. 基于改进的 TOPSIS 法和灰色关联分析研究盾构管片破损程度[J]. 施工技术(中英文), 2022, 51 (7): 62-68.

[20] Leng S, Lin J R, Hu Z Z, et al. A Hybrid Data Mining Method for Tunnel Engineering Based on Real-Time Monitoring Data From Tunnel Boring Machines[J]. Ieee Access, 2020 (8): 90430-90449.

[21] Fu X L, Feng L Y, Zhang L M. Data-driven Estimation of TBM Performance in Soft Soils Using Density-based Spatial Clustering and Random Forest [J]. Applied Soft Computing, 2022: 120.

[22] Zhang Q L, Yang B Y, Zhu Y W, et al. Prediction Method of TBM Tunneling Parameters Based on Bi-GRU-ATT Model[J]. Advances in Civil Engineering, 2022.

# 钢结构施工过程中基于物联网技术的受力性能分析

李　馨　林治丹

（大连理工大学城市学院建筑工程学院，大连　116699）

【摘　要】现阶段，钢结构建筑物不断涌现，其呈现出跨度大、复杂性高等特点，有效地促进了土木工程行业的健康、可持续发展。但是，钢结构工程在实际施工中，由于缺乏一定的稳固性，经常出现安全事故，严重危及了人们的人身安全和财产安全，为了解决这一问题，现提出一套系统、完善的钢结构施工过程受力性能分析方案。首先，根据物联网相关理论知识，从施工力学的研究方法、临时支撑拆卸过程模拟两个方面入手，完成对钢结构施工过程受力性能的科学分析；其次，从工程背景、屋面桁架吊点优化、钢结构施工过程模拟三个方面入手，对钢结构工程进行实例分析。结果表明：本文所提出的受力性能分析方案，可以实现对钢结构拆卸过程的真实化模拟，以保证建模的高效性，从而起到指导施工的作用，为设计人员提供有效的借鉴和参考。

【关键词】物联网；钢结构；施工过程；支撑拆卸；单元生死技术

最近几年，建筑结构呈现出大跨度、异形化的发展趋势，这对建筑师的设计方案提出了更高的要求，但是，由于部分建筑面临着比较复杂的地质环境，增加了大型工程施工过程受力分析的难度，导致地质结构设计面临越来越高的困难和挑战。而物联网技术的出现和应用可以很好地解决这一问题，这是由于物联网技术是在参照 BIM 技术的前提下，通过使用传感器，可以将各类建筑运营数据进行有效收集，并利用互联网，将数据实时、有效地传输、反馈到本地运营中心处，为后期钢结构受力性能分析提供一定的数据支撑。因此，在物联网技术的应用背景下，如何科学地分析钢结构施工过程中的受力性能是技术人员必须思考和解决的问题。

## 1　钢结构受力性能分析的物联网架构

随着信息化水平提升，目前物联网技术已被广泛应用于建筑行业的各个环节，为了推进建筑行业的技术革新，利用射频识别、红外感应器、激光扫描器等信息传感设备，将互联网与各种物品进行有效连接，以实现对网络信息的高效化交换。结合本文研究的钢结构受力性能，以技术架构为划分角度，可以将物联网技术架构划分为以下三个层次：①感知层。其主要由多种不同类型的传感器和传感器网关组成，如 RFID 标签、摄像头和 GPS 等。感知层与人类皮肤等神经末梢具有一定的相似性，其作为一种常用的物联网识别物体，主要用于对重要信息的高效化采集，以实现对物体的精确化识别[1]。②网络层。其主要由互联网、有线通信网络、无线通信网络三个部分组成，主要用于对感知层所获取的重要信息进行安全传输和处理。③应用层。其作为一种常用的接口，主要用于物联网与用户之间的高效化连接，通过将其他相关行业需求进行有效结合[2~4]，从而提升钢结构受力性能分析的智能化水平。

## 2 钢结构施工过程受力性能分析

### 2.1 施工力学的研究方法

对于钢结构而言，其施工过程会导致结构体系和受力状态发生较大的变化，使得结构体系从不完整状态逐渐变为完整状态。施工过程的分析和研究，离不开施工力学的应用，施工力学作为一种常用的结构力学，其研究对象以结构体系为主[1]，该结构体系会随着时间的不断推移而出现一定程度的变化，本文所用到的工程力学研究方法如下。

#### 2.1.1 施工阶段状态变量叠加法

施工力学所研究的内容通过全面地分析和探讨钢结构在施工过程中的力学性能特点，从而全面地了解和把握钢结构在万有引力作用下所对应的力学状态。当钢结构达到一定的成型状态时，结构自重会发生一定的变化，便于后期各种施工模型的构建和分析。另外，不同的施工模型，所对应的刚度矩阵也存在一定的差异。通过对施工阶段结构内部力学状态变量进行叠加，可以形成相应的叠加累积效应。通过对钢结构实际位移进行科学调整[5]，可以完成对施工阶段状态变量的精确化叠加。本文所选用的工程结构类型主要以超静定结构为主，在综合考虑施工力学效应的基础上，严格按照设定好的施工顺序，对超静定结构进行规范化施工，然后，根据不同结构构件，获得相应的内力分布状态，并表明内力分布状态具有一定的多样性。

#### 2.1.2 分步建模技术

分步建模技术主要是指按照所设定好的施工操作流程，在开展建模工作的同时，对相关模型参数进行精确化计算。新构件在实际建立期间，并不是根据设计位形进行简单设计，而是要在综合考虑结构位移变形的基础上，根据所设定好的模型荷载条件和边界条件[2]，将新模型构建在上一步施工模型上。新构件定位主要包含以下三种情况：①与待装构件节点相比，已装构件节点具有一定的独立性，其位移变化并不会对待装构件位移参数产生一定的影响，为此，技术人员要根据模型位移变形情况，完成对新构件的科学化搭建和应用。②待装构件节点被全部纳入已装构件节点中，因此，在确定待装构件位移变化情况期间，仅仅将新构件设置在已知节点位置中。③以上两种构件节点具有一定的部分关联性，通过利用切线定位原则，可以实现对未知节点位置变化情况的确定[3]。当所有施工模型构建结束后，需要根据荷载条件和边界条件，精确化计算并施加模型参数，同时采用循环分析的方式，确定出最终模型成型状态。

#### 2.1.3 单元生死技术

单元生死技术主要是指通过利用单元的“生”“死”两个功能，以实现对施工过程中构件的安装和拆卸进行真实化模拟。在单元生死技术的应用背景下，为了进一步提高施工模拟操作的规范性，技术人员要在完成对施工模型构建的基础上，将结构构件和临时支撑进行充分结合，并根据最终施工模拟结果，完成对施工步骤构件单元的科学化拟定[4]，确保钢结构的刚度、单元荷载始终处于原始状态，避免出现不正确的应变记录；接着，通过利用单元生死技术，可以将整体钢结构分析模型简化，即处理为钢框架。

### 2.2 临时支撑拆卸过程模拟

与混凝土结构相比，钢结构内部弹性模量相对较大，因此，钢结构在万有引力和外部荷载的作用和影响下，经常会出现较大变形现象。异形钢结构除了内部变形特点比较显著外，其内部受力情况表现出一定的复杂性，所以，在钢结构施工期间，要避免一次成型方法的使用；同时，还要在科学划分多个施工段的基础上，完成对整体结构的规范化安装，避免钢构件出现不同程度的变形现象。另外，还要采用分段拼装法与直接高空散装法相结合的方式[6]，对临时支架安装位置进行科学设置，确保施工过程的完整性和系统性，从而将工程安全事故出现的可能性降到最低。在对临时支撑进行拆卸期间，在提前模拟和处理结构分析软件的基础上，经常利用以下两种方法，对临时支撑拆卸过程进行科学模拟：①支座位移法。在进行实际模拟期间，技术人员首先要重点做好对主体结构分析模型的构建；然后，在科学设置临时支撑点的基础上，完成对位移约束的快速添加，从而形成相应的支座；此外，还要缓慢下降临时支撑点，并利用支座，向下施加一定的力，从而完成对位移荷载过程的真实化模拟；另外，还要根据最终分析结果，完成对所有支座反力的精确化记录。由于临时支撑属于常见的受压结构[7]，因此，需要在改变支座反力的前提下，使支座逐渐承担一定的拉力荷载，进而令整个临时支撑点能够快速卸载完毕；此时，需要对指定的支座进行删除处理，并再次开展迭代计算工作。②等效杆端位移法。在建模过程中，使用一根具有相同轴向线刚度的弹性杆件来等效原本位置的独立支撑结构。模拟临时支撑点的下降同样是通过施加竖直向下的位移，这里的竖向位移施加在等效支撑杆件远离与主体结构相连的 端的支座上。等效支撑杆件采用的单元为只能受压而不能受拉的单元，Ansys 中的 Link180 单元可以实现只受压不受拉。该单元的特点是当单元承受拉力时，单元的轴向应力显示为 0，代表临时支撑已经与主体结构脱离，拆卸完成。

## 3 工程实例分析

### 3.1 工程背景

终点塔屋面桁架外形呈异形，悬挑长度达16m，吊装总重量 150t，就位高度 21.8m，采用整体吊装法进行吊装。实际工程中选用一台 500t 汽车吊和一台 400t 汽车吊同时抬吊，吊装过程设置 4 个绑扎点。经实际放样得出西侧吊装最大半径 11.830m，臂长 26.7m；东侧吊装最大半径 10.935m，臂长 29m。桁架重心靠近东侧，故西侧选用 400t 汽车吊，东侧选用 500t 汽车吊。施工中选用的部分汽车吊的规格型号如表 1 所示。

终点塔结构的吊柱采用圆管钢柱，钢梁采用 H 型钢截面和箱形截面，最大板厚为 40mm，均使用 Q345B 钢材。为了简化分析模型，本文假设桁架节点、梁柱节点等所有钢框架节点均为刚性节点[8,9]，且钢丝绳足够安全。该结构所选用钢构件的截面尺寸和单元类型如表 2 所示。

### 3.2 屋面桁架吊点优化

对于屋面桁架而言，其吊点优化主要包含以下两个方面，即吊点位置优化和吊点数量优化，本文在科学优化模拟吊点位置的基础上，从以下两个环节出发，实现对绑扎点位置的确定以及吊点高度的优化。

汽车吊装设备表　　表1

| 设备名称 | 型号规格 | 数量 | 产地 | 制造年份 | 生产能力 | 施工部位 |
|---|---|---|---|---|---|---|
| 汽车吊 | LTM1500-500t | 1 | 南京 | 2016 | 500t | 终点塔桁架吊装 |
| | 400t | 1 | 徐工 | 2016 | 500t | 终点塔桁架吊装 |
| | 500t | 1 | 徐州 | 2015 | 500t | 终点塔首层至四层平台梁安装 |

钢构件截面信息表　　表2

| 构件类型 | 截面尺寸 | 单元类型 |
|---|---|---|
| 主桁架上下弦 | 400×600×40×40 | Beam188 |
| 次桁架上下弦 | 300×600×20×20 | Beam188 |
| 桁架竖腹杆 | 400×400×40×40 | Beam188 |
| GKZ1 | 圆管 300×250×25 | Beam188 |
| GL1 | H450×200×12×20 | Beam188 |
| GL2 | H500×200×14×20 | Beam188 |
| 钢丝绳吊索 | 6×37 系列 $\phi$56 | Link180 |
| 临时支架立柱 | $\phi$600×15 直缝焊管 | Pipe288 |
| 临时支架横撑及斜撑 | H300×150×6.5×9 | Beam188 |

### 3.2.1 绑扎点位置模拟

通过科学设置绑扎位置，可以实现对结构体系受力状态的科学化控制，如果绑扎点之间距离过近，容易引发结构体系出现不同程度的失衡，反之，如果绑扎点之间的距离过远[10]，将会导致结构体系出现较大的弯曲应力，对整个钢结构产生负面影响。与单根结构梁相比，桁架吊装主要用于对桁架受力状态的科学化管控，以保证整个桁架受力的安全性和可靠性。此外，通过在各个桁架节点位置处设置相应的绑扎点，可以快速评估出桁架绑扎位置分布具有一定的离散性。

### 3.2.2 吊点高度模拟

在确定吊点高度期间，一旦吊点高度确定不合理，除了会对桁架结构力学状态产生不良影响外，还会对起吊设备所对应的受力状态产生直接性的影响。在进行实际吊装期间，当吊点高度不断增加时，绳索内力会呈现出不断下降的趋势，当吊点位置过高，绳索水平分力会降到最低，使得绳索长度不断延长，导致桁架在整个吊装期间容易受风力大小的影响，从而危及整个吊装的安全性和可靠性。为此，技术人员要使用多目标粒子群算法，对吊点高度进行科学优化，同时，还要执行 Matlab 命令调用 Ansys 程序，对参数化文件进行精确化计算以及关键程序的科学优化，从而达到模拟吊点高度的目的。具体优化方法如下[11]：

影响吊点高度的主要因素有桁架吊装系统应变能、桁架合位移和轴向应力，将这三个因素作为输入参数，选择吊点高度作为输出参数，即以应变能、桁架合位移和轴向应力作为自变量，以吊点高度作为因变量构建函数。构建目标函数采用回归方程法，具体的函数表达式如下：

$$y=\beta_0+\beta_1x_1^2+\beta_2x_2^2+\beta_3x_3^2+\beta_4x_1x_2+\cdots \tag{1}$$

式中，$x_1$，$x_2$，$x_3$分别为应变能、桁架合位移和轴向应力。

选用 Matlab 多元线性回归方程，编写程序如下：

[b,bint,t,rint,stats]= regress($y$,$x$) (2)

利用该程序对回归方程进行拟合，求出式中系数，从而得到目标函数。

接下来设定输入参数范围，应用目标函数公式，通过多目标粒子群算法，找出输入最优参数，输出最大值，具体如图 1 所示。

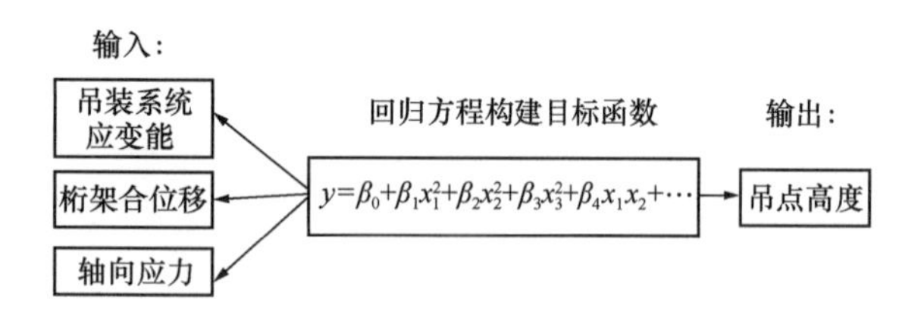


图 1 多目标粒子群算法模型图

通过以上程序模拟发现，桁架吊装系统应变能、桁架合位移和轴向应力分别为 3896.6556J、5.9970mm、9.5469MPa 时，所得到的吊点高度较为合理，为输出最优参数，这些参数也符合实际模拟需求，可以确保整个系统始终处于比较平稳的状态。

### 3.3 钢结构施工过程模拟

在安装终点塔钢结构期间，技术人员要严格按照如图 2 所示的钢结构施工过程模拟步骤，实现对所有钢框架的规范化安装。

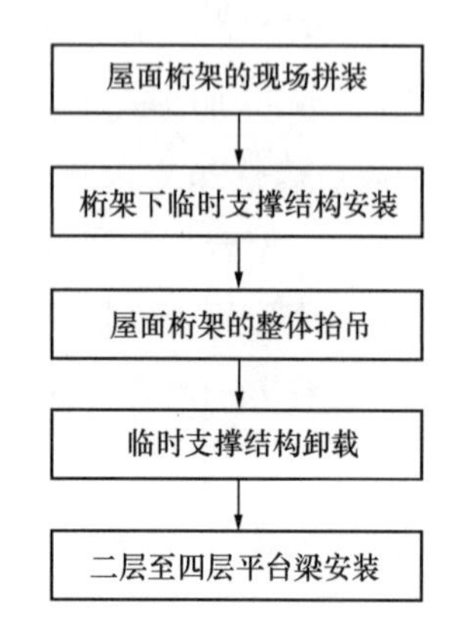


图 2 钢结构施工过程模拟步骤

同时，还要采用 Revit 和 Ansys 联合法，搭建出如图 3 所示的带临时支撑的终点塔有限元分析模型，并利用单元生死技术，完成对每个施工步骤的精确化模拟和处理，以保证最终施工模拟结果的精确性。

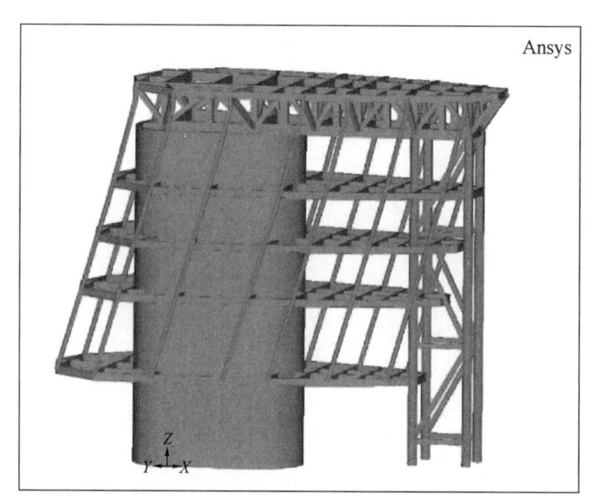


图 3 带临时支撑的终点塔有限元分析模型

另外，在进行实际施工期间，为了避免钢框架出现严重变形现象，还要将多个位移监测点设置在指定的位移超限点上，并做好对相关监测数据的精确化、完整化记录，监测点布置示意图如图 4 所示。

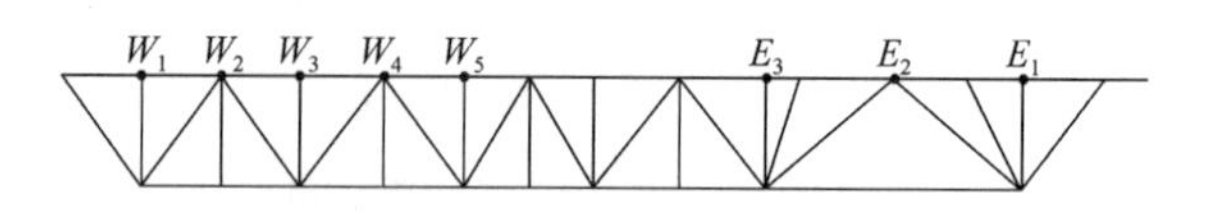


图 4 监测点布置示意图

由于受外界条件的影响和限制，需要根据钢框架施工需求，充分结合位移变化幅度较大的监测数据，将实测数据与模拟数据进行全面对比和分析，从而得出如表 3 所示的对比结果，可以看出，模拟数据与实测数据两者之间均呈现出相同的发展趋势。另外，在施工过程的不断推动下，施工叠加累积效应现象变得越来越明显，这表明 Ansys 单元生死技术所获得的最终模拟结果具有较高的可靠性和安全性，便于后期施工作业的有效指导。

模拟数据与实测数据对比　　表 3

| 阶段 | 工况 | Ansys 模拟位移（mm） | 3D3S 模拟位移（mm） | 监测控制值（mm） |
|---|---|---|---|---|
| 第二阶段 | 桁架就位（有支架，吊车撤离） | 0.948 | 1.309 | 1.499 |
| 第三阶段 | 吊柱安装（有支架） | 5.834 | 7.309 | 8.399 |
| 第四阶段 | 拆卸支架（混凝土达到设计强度） | 16.060 | 19.684 | 22.599 |
| 第五阶段 | 一层平台梁安装 | 21.991 | 26.507 | 30.399 |
| 第六阶段 | 吊柱及一层平台梁安装完毕 | 21.789 | 26.164 | 30.099 |
| 第七阶段 | 终点塔平台梁安装完毕 | 25.169 | 31.794 | 36.559 |

## 4　结语

综上所述，本文以终点塔钢结构设置为主要研究对象，对钢结构平台梁的施工过程受力性能进行全面分析，并在真实化模拟临时支撑结构拆卸过程的基础上，对临时支撑结构拆卸方案的可靠性进行全面分析和证明，最终确定出比较理想的吊点布置方案，为后期施工工作的开展提供了有效的指导，使得施工过程中安全事故出现的可能性降到最低，从而更好地满足实际使用需求。

### 参考文献


[1] Liu Q, Zhu Y, Yuan X, et al. Internet of Things Health Detection System in Steel Structure Construction Management[J]. IEEE Access, 2020: 99.

[2] 孟宣瑛，李立军．太原水上运动中心终点塔钢结构施工过程受力性能分析[J]. 施工技术，2021，50(14)：29-32.

[3] 孟宣瑛．基于某工程的钢结构施工过程受力性能分析[D]. 山西：太原理工大学，2020.

[4] 刘康，宋兴禹，陈艳丽，等．抗震设计在钢结构桥梁中的应用分析[J]. 科技资讯，2021，19(29)：55-57.

[5] Burton H V, Doorandish N, Sabol T. Probabilistic Assessment of Seismic Force Demands in Biaxially Loaded Columns in Chevron-configured Special Concentrically Braced Frames[J]. Engineering Journal, 2019, 56(2): 109-122.

[6] 张志强．范蠡大桥施工过程受力性能及正交异性组合桥面板疲劳性能研究[D]. 上海：同济大学，2018.

[7] 王嘉昌，郑宝锋，舒赣平，等．不锈钢高强度螺栓受力性能试验研究[J]. 建筑结构学报，2021，42(11)：195-202.

[8] 张晨堂．基于 ABAQUS 的装配式钢结构梁柱灌浆锚固节点力学性能研究[J]. 施工技术，2020，49(20)：69-72.

[9] 管品武，杨晓鑫，梁岩．大跨复杂斜撑钢结构铸钢节点力学性能分析[J]. 结构工程师，2019，35(5)：32-38.

[10] 李春宝，赵致俊，潘友纯，等．青岛室内水乐园钢结构施工过程模拟分析[J]. 森林工程，2017，33(2)：92-96.

[11] 张鑫礼．多目标粒子群算法原理及其应用研究[D]. 内蒙古：内蒙古科技大学，2015.

# 智能建造装备

Intelligent Building Equipment

# 基于深度学习的推土机倒车距离预测模型研究

尤 轲[1] 武占刚[2] 朱绪康[2] 许道盛[2]

（1. 华中科技大学土木与水利工程学院，武汉 430074；
2. 山推工程机械股份有限公司，济宁 272073）

【摘 要】 土方机械应用广泛，其自主施工对于智能建造领域有着重要意义。作为典型的土方机械，推土机的倒车距离预测模型研究是自主施工的关键问题之一。本文通过采集有经验的驾驶员的施工过程数据，建立了推土机倒车距离的数据集。结合改进的深度学习模型，本文实现了推土机倒车距离的预测和优化。实验结果表明：本文所提出的模型能够得到最小的RMSE和MSE；冻结不同网络结构能够提升模型的性能。本文所提出的模型能够应用于无人驾驶推土机，是提升工程机械智能化水平的关键技术。

【关键词】 无人推土机；深度学习；智能建造

## 1 无人推土机自主施工需求

土方施工在道路、水利、机场和建筑等工程领域中有着广泛的应用。推土机是典型的土方机械，主要执行的施工任务包括铲土、运土、场地清表和摊铺平整等。驾驶员的经验水平决定了推土机施工过程的效率。受到劳动力短缺的影响，施工企业对有经验的驾驶员面临着“一人难求”的困境。因此，提升推土机的智能化水平，进而实现无人驾驶自主施工，具有重要意义。

推土机所处的施工环境通常是非结构化和复杂多变的，且驾驶员控制推土机的施工过程存在“千人千法”[1]。基于规则的施工任务规划难以应用于实际工程项目，因此需要向有经验的驾驶员学习专业知识。从观察中模仿是人类学习新知识的有效途径，本文将这一思路应用于深度学习模型构建，实现倒车距离的智能决策。

本文要解决的关键问题包括：①如何采集有经验的驾驶员的施工过程数据；②如何构建深度学习模型，实现倒车距离的智能决策；③如何选择模型参数，从而得到最优的结果。在本文的研究中，通过在推土机上安装传感器，采集了施工过程的大数据。基于深度卷积神经网络（Deep Convolutional Neural Networks，DCNNs）构建图像回归模型，通过对比不同参数下的模型优化效果，从而选取最优参数。

## 2 研究现状

以推土机为代表的工程机械被广泛应用于土方施工中，但智能化水平有限。现有工程机械自动化的研究多集中于辅助施工系统。推土机铲刀自动找平系统可以接收施工设计文件，从而自动控制液压油缸达到目标高程[2]。施工监控系统能够实时记录施工轨迹和机械参数，基于大数据对施工过程进行优化，确保施工过程的安全和高效[3]。工程机械姿态的三维空间分析和参数预测同样是提升其自动化水平的有效途径[4]。随着人工智能的发展，以深度学习为代表的技术在处理复杂多变的场景时，有较强的泛化能力，被广泛应用于无人驾驶领域。结合深度学习的工程机械智能化是当前的研究热点和难点。

从观察中模仿是复用专家知识的有效途径，需要由施工过程的大数据驱动[1]。施工过程的环境信息主要由视频图像获取。DCNNs能够提取多维数据的特征向量，是处理图像数据的常用方法之一。DCNNs具有复杂的网络结构和大量的参数，其训练过程对计算资源有一定要求。大规模数据集上训练好的模型通常与目标任务有一定偏差。基于迁移学习能够将预训练的模型应用于目标域，结合微调的方法从而解决源域和目标域的特征在空间上不相似的问题[5]。

## 3 模型构建

本文通过深度学习模型来学习专家驾驶员的经验知识，从而应用于无人推土机的倒车距离预测。本研究的整体框架如图1所示，主要过程包括数据采集、数据提取、深度学习模型训练和倒车距离预测。

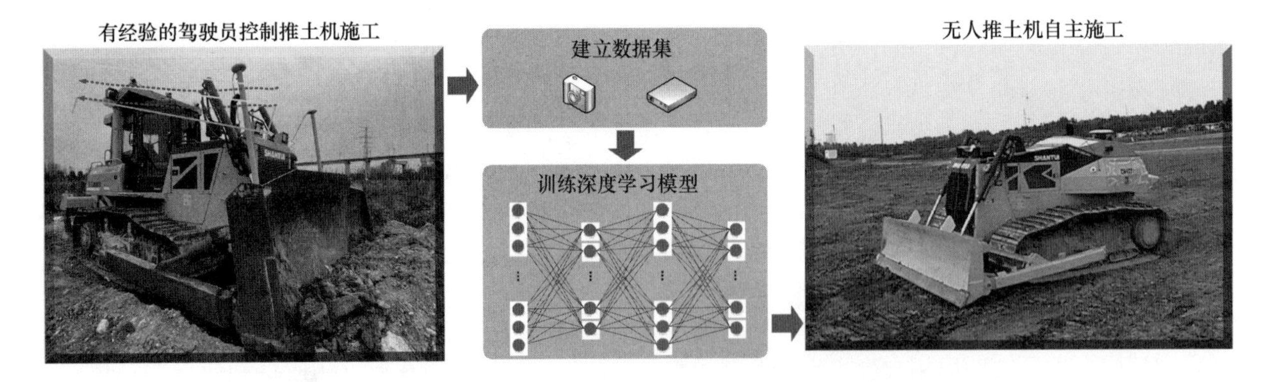


图1 本研究的整体框架

### 3.1 推土机倒车距离

推土机运土的施工过程主要包括前进和后退两部分。在之前的研究中，基于观察模仿能够实现无人推土机的运距优化决策[1]。而推土机的倒车距离同样是施工过程的关键参数，合理的倒车距离对于提升施工效率有着重要意义。图2展示了推土机施工过程中，倒车距离数据提取的示意图。在第$i$个施工循环中，令倒车轨迹的起始点为$xb_1$，倒车轨迹的终点为$xb_n$，取$xb_n$在$xb_1$垂直线上的投影点为$xb_{ns}$，那么倒车距离$dr_i$即为点$xb_1$和点$xb_{ns}$之间的欧式距离。

### 3.2 改进的DCNNs模型

模型的输入数据是由像素矩阵组成的图像。DCNNs的计算过程相当于矩阵运算提取特征的过程，其主要结构包括卷积层、池化

图2 推土机施工倒车距离示意图

层、全连接层等。Krizhevsky 等人于 2012 年提出了 AlexNet[6]，其原始模型可以生成 4096 维特征向量，并通过包含 1000 个节点的全连接层对图像进行分类。

基于 AlexNet，本文提出的改进 DCNNs 模型如图 3 所示。本文将 AlexNet 的分类层换为回归模型，从而实现倒车距离的输出。本文使用欧几里得损失函数作为最终输出层，而不是原来的 Softmax 函数。改进后的 AlexNet 由卷积层（CONV）和全连接层（FC）组成。卷积层分别有 96、256、384、384 和 256 个内核，大小分别为 11×11×3、5×5×48、3×3×256、3×3×192 和 3×3×192。CONV 1、CONV 2 和 CONV 5 的最大池大小都是 3×3，它们的步幅都是 2。两个全连接层都有 4096 个神经元。本文还对 CONV 1 和 CONV 2 中最大池化的结果进行了局部响应归一化（LRN）。考虑到大多数用于学习的数据都是非线性的，激活函数确保了在进行线性卷积运算之后，特征图可以用于非线性运算[7]。整流线性单元（ReLu）是首选的激活函数，因为它训练神经网络的速度比其他激活函数（如 Tangent 和 Sigmoid）要快。改进的 DCNNs 模型有超过 6000 万个参数和 65 万个神经元。

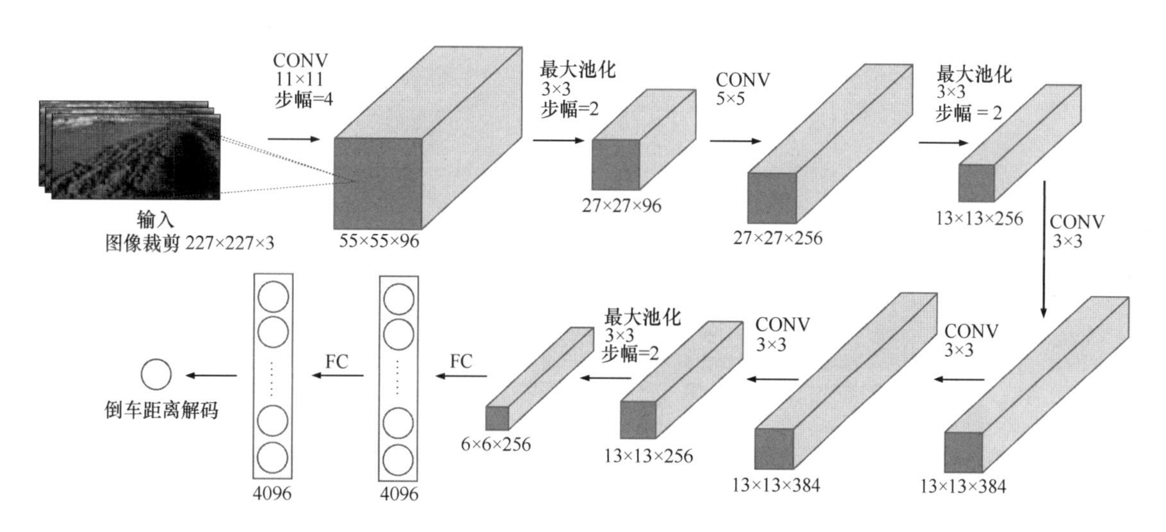


图 3 改进的 DCNNs 模型结构

微调是一种常用的迁移学习策略。具体而言，本文使用了一个具有大规模数据集的预训练深度学习模型，并通过迁移网络结构来保留一些预训练的模型参数。结合目标任务的具体要求，本文对网络进行微调，以获得小数据集下目标域的任务结果[5]。本文之所以使用迁移学习，是因为在实际场景中，DCNNs 难以轻松地从零开始训练新任务。一方面，这种操作非常耗时且训练数据无法包含 ImageNet 等数据集的数百万张图像[8]；另一方面，即使有大量的数据，训练一个具有足够泛化能力的 DCNNs 也需要非常大量的资源。

## 4 实验及结果分析

### 4.1 数据集的建立

推土机驾驶员的专业知识可以通过施工过程数据体现。本文在推土机（型号为：山推 SD20）上安装不同的传感器，以记录和存储施工过程中的数据。这些传感器包括导航定位模块、摄像头和数据存储终端。

传感器安装位置如图 4 所示。全球导航卫星系统（Global Navigation Satellite System，GNSS）的天线被桅杆固定在推土机铲刀的左右两端，获得的位置误差在厘米级。摄像头被安装在推土机顶部，以记录施工过程的环境信息。基于所采集的施工过程数据，本文将每个施工循环的视频图像和施工轨迹相对应，同时采用本文 3.1 节中的倒车距离提取方法，构建模型训练所需的数据集。

## 4.2 结果对比和分析

为了合理地评估本文提出的模型的性能，本文随机选择了数据集的 80%、10%和 10%进行训练、验证和测试。在每个施工循环中，驾驶员根据其自身的经验来决定倒车距离。为了重用这些专家知识，本文所提出的图像回归模型模拟了人类操作者在观察周围环境时确定距离的决策过程。本文在改进的 DCNNs 基础上，在不冻结任何网络结构的情况下进行模型的训练。

为了对比分析本文所提出模型的精度，将改进后的 DCNNs 模型与 LeNet-5[9] 模型和未改进的 AlexNet 模型进行了比较。图 5 是各模型训练结果的对比。本文通过 MAE 和 RMSE 对模型的训练结果进行评估。修改后的 DCNNs 模型能够得到最小的 MAE 和 RMSE。

图 4　推土机传感器安装位置

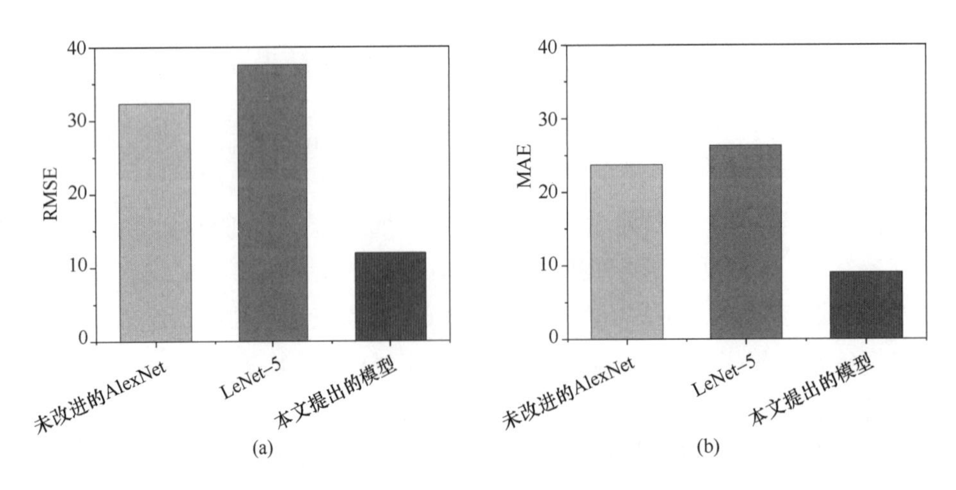


图 5　结果对比

本文所提出的 DCNNs 模型，分别以 SGDM 和 Adam 为优化器进行迁移学习的微调，并对最终经过验证的 RMSE 进行记录，如图 6 所示。随着冻结网络层数的增加，最终验证 RMSE 呈先减小后增大的趋势。以 SGDM 为优化器的模型在冻结前 3 层网络时得到最小的 RMSE。同时，以 Adam 为优化器的模型在冻结前 4 层网络时得到最小的 RMSE。冻结更多的网络层将减少训练过程所需的时间，这主要是因为网络的前 3～4 层学习的主要是图像的一般特征[5]。因此，冻结前 3～4 层的网络结构和参数，只训练其余的模型结构可以达到更好的效果。但当冻结的网络层数过多时，模型的 RMSE 逐渐增大。这部分网络主要用于特征学习，是针对目标任务的一个训练过程。冻结过多的网络层后，网络几乎无法迭代，导致模型的学习能力非常差。此时，特征无法被学习，因此增加了 RMSE。

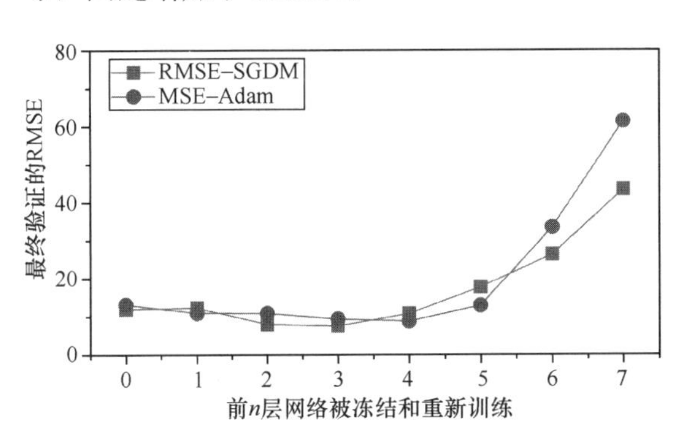


图 6　模型的最终验证 RMSE

## 5　结论

深度学习是在施工过程中重用专业知识的有效方法，该方法不仅具有较强的泛化能力，而且可以应用于复杂多变的施工环境。在推土机施工过程中，倒车距离是一个对施工效率有重要影响的变量。通过对有经验的驾驶员控制推土机的施工过程进行数字化记录，本文建立了视频图像和倒车距离的数据集。基于改进的 DCNNs 模型，能够学习驾驶员的专业知识，基于施工环境信息输出推土机的倒车距离。在此基础上，本文比较了冻结不同网络结构对知识转移的影响。结果表明，当模型的前 3、4 层被冻结并迁移学习时，可以获得最小的 RMSE。

对于智能建造领域中的无人土方施工，在实际应用中仍有许多关键问题需要解决。土方机械的施工过程还涉及许多底层硬件的控制，包括液压缸的行程和电机的转速等。在未来的工作中会进行更多的探索，助力中国智能建造。

## 参考文献


[1] You K, Ding L Y, Dou Q L, et al. An Imitation from Observation Approach for Dozing Distance Learning in Autonomous Bulldozer Operation[J]. Advanced Engineering Informatics, 2022 (54): 101735.

[2] 李迟典，胡滨，张勇，等. 基于 ADAMS 的推土机铲刀液压缸参数仿真分析[J]. 工程机械，2021，52(10)：48-54.

[3] You K, Ding L Y, Zhou C, et al. 5G-based Earthwork Monitoring System for an Unmanned Bulldozer[J]. Automation in Construction, 2021 (131): 103891.

[4] 武春峰，胡滨，窦全礼，等. 挖掘机反铲作业三维空间分析与参数预测研究[J]. 工程机械，2021，52(10)：34-42.

[5] Yosinski J, Clune J, Bengio Y, et al. How Transferable Are Features in Deep Neural Networks? [J]. Advances in Neural Information Processing Systems, 2014(27): 1-5.

[6] Krizhevsky A, Sutskever I, Hinton G E. Imagenet Classification with Deep Convolutional Neural Networks [J]. Communications of the ACM, 2017, 60(6): 84-90.

[7] Lecun Y, Bengio Y, Hinton G. Deep Learning[J]. Nature, 2015, 521(7553): 436-444.

[8] Deng J, Dong W, Socher R, et al. Imagenet: A Large-scale Hierarchical Image Database [C]. 2009 IEEE Conference on Computer Vision and Pattern Recognition, 2009: 248-255.

[9] Lecun Y, Bottou L, Bengio Y, et al. Gradient-based Learning Applied to Document Recognition [J]. Proceedings of the IEEE, 1998, 86(11): 2278-2324.

# 3D打印建筑技术在乡村建设中的应用前景

胡寒阳　徐卫国

（清华大学建筑学院，北京　100084）

**【摘　要】** 为响应党的十九大提出的乡村振兴战略和建设美丽乡村的决策部署，本文着重探讨3D打印建筑技术在传统村落建设中的应用问题。近年来，3D打印建筑技术逐渐完善，从实验室走向实践，新型数字建筑设计与建造方法创新应用，成为建筑数字化发展的重要组成部分。本文分析了我国乡村建设的现状及乡村环境与3D打印建筑的关系；论述了国内外现有3D打印建筑类型与建造方式，并根据不同项目类型讨论“原位施工”和“预制施工”两类打印方式、“桁架式”和“机械臂式”两种打印设备、“生土”或“混凝土”作为打印材料的应用场景，提出在乡村环境下的适应性选择；重点从3D打印建筑的核心思想、设计形态出发，分析国内外3D打印乡村实践项目的施工方式、设备与材料选择，提出3D打印建筑技术在乡村建设中的应用方法。此外，还探讨了当前3D打印建筑技术在乡村建设中的优势与潜力，以期为更多建筑师的乡土实践提供一定参考与思路，在满足建筑功能需求、传承地域特色、改善生态环境的同时，体现新技术与传统乡村的融合与碰撞。

**【关键词】** 乡村建设；3D打印建筑；数字建造；原位施工；预制施工；机器人

改善农村人居环境、建设美丽宜居乡村，是实施党的十九大提出的乡村振兴战略非常重要的一环。人居环境的改善将为广大村民带来幸福指数的提升，从而推进乡村振兴战略的实施。通过数字化建筑手段，让乡村成为生态宜居的美丽家园，让人们居于山水间、留住乡愁，这既是村民期盼，也是建筑师职责。而探索智能建造与建筑产业的升级，并将其应用到乡村建设中，无疑将会为美丽乡村高质量建设提供新的路径和方法[1]。

3D打印技术作为一种增材建造方法，近年来在建筑行业的数字建造领域受到广泛关注。目前在商业领域最常见的3D打印是利用立体光刻技术的SLA打印机，它于1984年由美国工程师Chuck Hull发明，可以使数字化的三维模型逐层打印成物理实体对象。1997年，美国科学家Joseph Pegna首次对水泥进行特殊处理，使其能够逐层累加并凝固成型。2006年，南加州大学学者Behrokh Khoshnevis博士研发了轮廓工艺打印系统，即一种巨大的、用于建筑物打印的3D打印机[2]。

最近几年，3D打印建筑作品逐渐从学校实验室走向实践，选用材料包括塑料、黏土、混凝土等，项目规模也从家具、小品，扩大为实际建筑、房屋。2015年，荷兰3D打印公司MX3D打印了全尺寸钢桥，并安装在阿姆斯特丹市中心。2019 年，美国 3D 打印公司 APIS COR 打印了迪拜市政府两层行政大楼的墙壁结构。2021 年，美国 3D 打印公司 ICON 在德克萨斯州奥斯汀市建造了四套 3D 打印混凝土独栋住宅。同年，意大利 3D 打印公司 WASP 用生土打印了一栋圆形住宅[3]。

然而，纵观国内外 3D 打印建筑项目，大多是稳定环境中的新建项目，缺少对环境、地域、人文的适应性思考与融合。如何克服客观环境困难、发挥 3D 打印建筑技术的优势、与乡村建设结合，是本文探讨的重点。

基于以上阐述，本文的主要内容分为以下几个章节：第 1 节，总结我国乡村建设的现状问题，讨论乡村环境与 3D 打印建筑的关系，并分析其影响因素；第 2 节，分析国内外当前 3D 打印建筑类型与建造方式，并根据不同项目类型讨论采用“原位施工”和“预制施工”两类打印方式、“桁架式”和“机械臂式”两种打印设备、“生土”或“混凝土”作为打印材料的要求与应用场景；第 3 节，梳理目前国内外 3D 打印乡村实践项目在施工方式、设备与材料选择上的思路，从数字设计方法、场地策略、智能施工三个方面提出 3D 打印建筑技术在乡村建设中的应用方法，对前文的理论分析提供实践支持。最后，总结 3D 打印建筑技术在乡村建设中的优势与不足，提出该领域未来发展的展望。

## 1 乡村建设与 3D 打印建筑项目的关系

随着我国经济的飞速发展，乡村经济和乡村人居环境在国家政策的支持下均有较大提升和发展。但伴随城市化的推进，中国乡村也受到极大冲击，乡村生态环境、乡村传统文化等方面仍存在问题。同时，乡村的客观环境也从地形、气候、基建等方面对 3D 打印建筑项目的实施有不同程度的限制。

### 1.1 乡村建设的现状问题

经过几年的发展，各地美丽乡村建设都大有成效，发生翻天覆地的变化。整齐的道路通向每家每户，自来水、电路、网络的畅通大大提高了生活水平，居住在山水之间的农民们也享受到现代生活的便利。然而，新农村建设仍然存在一些问题，特别是乡村生态环境、乡村传统文化这两方面。

#### 1.1.1 乡村生态环境问题

习近平总书记指出绿水青山就是村民的金山银山，人与自然的和谐共生是重要目标。但各地涌现的乡村建设浪潮不可避免地影响原村落生态环境。如何降低建设过程对环境的影响是建筑师需要思考的问题。同时，利用原有生态资源、将自然景观融入乡村建设，通过先行的乡村规划合理分配资源，将更有助于建筑设计与建造。

#### 1.1.2 乡村传统文化问题

乡村的传统建筑、文化、生活方式等都是将村民紧密相连的重要因素，然而模板式的农宅建设正将各具风格的村落统一化。这既忽略了对当地传统建筑特色的保留，也在强行改变着当地村民的生活习惯。

其中，传统建筑是百姓智慧的结晶，大多与当地地形、气候、生活方式相契合。我国西南地区的吊脚楼，多在地形崎岖又狭小的山区，可以起到通风干燥、防范野兽和毒蛇的作用；云南地区的干栏式建筑是上下两层的高脚楼房，底层一般不住人，用于饲养家畜、家禽，上层供人居住，既防潮又适应高温多雨气候；黄土高原上依山而建的窑洞，因黄土保温性能较好，使得屋内冬暖夏凉，适应当地的气候条件[4]。诸如此类的例子还有很多，新的乡村建设可以借鉴这些宝贵的经验，在适应当地环境的前提下，改善村民的人居环境。

### 1.2 乡村环境对 3D 打印建筑项目的影响

目前，3D 打印建筑项目主要建设在城市这种较为开阔的场地，少有涉及乡村、山地这些客观条件不利的场地。乡村环境主要从基建、地形、气候这三方面对 3D 打印建筑项目的实施有不同程度的影响。

#### 1.2.1 乡村基建

对于 3D 打印建筑项目来说，乡村的基础设施建设也非常重要，主要体现在道路建设、电网设备、自来水供应这三个方面。

首先，通达、通畅的乡村道路将确保物流能够顺利到达建设场地，偏僻的地区则意味着更多的投资和更大的建设难度；其次，3D 打印设备的使用对用电设施也有较高要求，稳定、持久的供电才能保证机器正常运转、打印正常进行、不耽误工期；最后，打印材料的配比、打印结束后的设备清洗都需要自来水供应，因此当地的供水情况也需保证[5]。

#### 1.2.2 乡村地形

我国幅员辽阔、地大物博，各地乡村的地形地貌也存在很大差异。地形主要影响的是场地与附近道路的关联程度，以及打印设备、材料、人员是否有足够空间布置。对于土地开阔的低密度地区，3D 打印建筑项目的设备、材料、人员都有足够的场地安置，从附近道路运送物资进场地也很便捷；因此难点主要在于山地、空间狭小的场地，这类场地只适用更为小巧、灵活的打印设备。通常还会使用吊车在较为平稳的道路和地形狭小的场地之间转移物资，由于吊车成本较大，需要减少场地和附近道路的物资转移次数。

#### 1.2.3 乡村气候

不稳定的气候条件对设备运行、3D 打印材料性能、打印成果维护等有不同程度的影响。尤其是打印材料受温度、湿度、风力影响很大。

从温度的角度来看，气温过高或过低都可能导致材料凝固时间提前，可能会使材料过早硬化在打印设备中；而部分地区早晚温差过大，这就意味着在一天内长时间地打印并不现实，连续打印半天后材料的性能就会受气温影响而改变，严重影响打印效果。从湿度的角度来看，过于潮湿会使材料打印出设备后不易成型，增加 3D 打印材料在打印过程中坍塌的风险；过于干旱也会使材料出设备后过早凝固，从而减少了 3D 打印材料堆叠时层与层之间的作用时间，降低了打印成品的整体刚度。而在风力太大时可能会造成严重的设备或材料倾覆事件，影响整体施工进度。同时，温度、湿度和风向都会造成打印材料的非均匀干燥，导致结构的不一致性。

为应对恶劣气候，通常需要借助物理设施保持打印区域的环境相对稳定。同时，每次打印之前需要在棚子内进行材料实验，根据当地的实际气候情况测试出合适的配比，以防止后续出现材料问题。

下文将分析实施 3D 打印建筑项目的核心要素，并结合乡村环境与 3D 打印建筑项目的关系，提出更为合适的打印方式、打印设备以及打印材料选择的方案。

## 2 3D 打印建筑项目的核心要素

近五年来，3D 打印建筑技术的应用较之前呈现出建筑尺度大、材料选择多、设备种类多等特点。本文依据不同的建筑类型与建造方式，总结出实现 3D 打印建筑项目的三个核心要素，分别是打印方式、打印设备、打印材料，这三部分的选择通常受场地、设计方案、经济预算等方面影响。最后，结合上文对乡村建设与 3D 打印建筑项目关系的分析，提出合适的搭配方案。

### 2.1 两类打印方式："原位施工"或"预制施工"

这两类施工方式几乎可以涵盖所有3D打印建筑项目，两者有着明显差异和不同的应用场景。从打印范围来看，原位施工方式较预制施工方式有很大优势；但从打印成果的几何复杂程度来看，预制施工方式更胜一筹。因此，原位施工方式更适合在现场打印大体积建筑，但需要牺牲造型上的设计复杂度，即难以打印不规则形状和含有起伏平面的这类几何复杂形体，同时原位施工需要面对不稳定的户外条件，比如场地、天气、其他基础设施条件等，而打印材料受温度、湿度、风条件影响大，可能会变得太硬或太软而无法正常打印；相应地，预制施工方式则处在较为稳定的打印环境，材料和设备的不稳定因素小，但更适合打印空间较小、几何形体复杂的物体。

#### 2.1.1 原位施工进行3D打印

原位施工3D打印，即整个3D打印系统，包括设备和材料等，直接设置在施工场地，因而在原位进行3D打印，打印结果即建筑成果，其流程如图1所示。虽然这种打印方式应用不少，但仍需要根据不同项目条件、需求进行方案策划。通常，原位施工需要将打印设备、打印材料等运输至建筑场地。它也是一次性打印，因此每部分的打印质量至关重要，材料的裂缝、成形结果都会对项目进度和建筑完整性产生重大影响。原位施工适用于较为整体、体积较大的建筑，一体化打印可以避免许多后续工序，比如预制化施工面临的建筑块运输、现场拼装等。

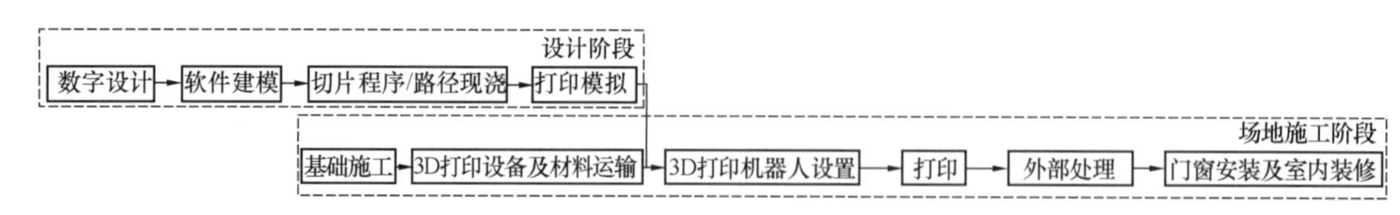


图1　原位施工流程图

2020年，美国公司COBOD在欧洲比利时使用原位施工的方式，在三周内用混凝土3D打印建造了Kamp C，一座两层建筑的表皮部分，如图2所示。该建筑高度为8m，建筑面积90m²，制造商在现场将整个建筑围护结构一次性打印出来，因此不需要考虑将不同部分拼装在一起时产生的冷桥部位[6]。该项目在场地上搭了一个临时厂房，如图3所示，既可以实现原位施工的目的，又起到遮风避雨的作用，规避了因施工现场客观环境不稳定带来的负面影响。打印完成后，将临时厂房拆掉，

图2　Kamp C外观

图3　Kamp C原位打印

便露出建筑的面貌。

### 2.1.2 预制施工进行 3D 打印

预制施工 3D 打印，指将设计模型分为几个可打印和运输的分块，在非场地的环境下，单独打印每个分块，然后将成品运输至场地并完成拼装，其流程如图 4 所示。它的优势在于：预制施工的环境里温度、湿度较稳定，预制的 3D 打印块体量有限且各自独立，降低了裂缝和材料不成形的风险，单体若出现打印失误也容易再次打印替换，因此预制施工可以实现复杂的形状。但相应地，这种方式不适合总量过大的项目，因为运输过程中会耗费巨大。

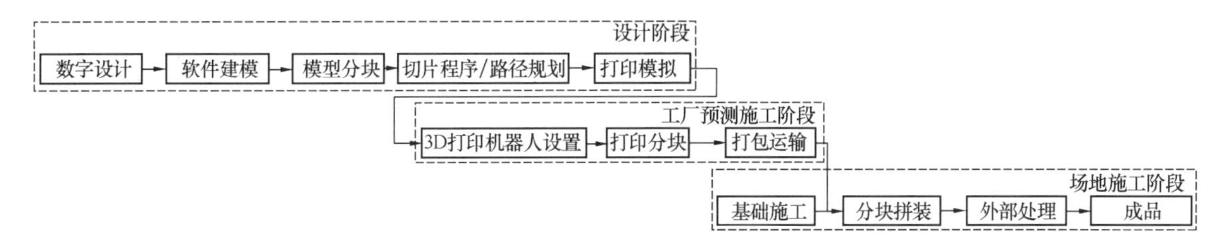


图 4 预制施工流程图

3D 打印桥的建设就是预制施工的最好代表。这类项目集总体体量小、单块几何复杂、难以一体化打印等特征于一体。2017 年，荷兰埃因霍温大学建造了世界上第一个 3D 打印混凝土的自行车桥，如图 5 所示。该桥长 8m，位于一条沟渠之上，连接了两条道路，使用了 800 层混凝土砂浆[7]。2019 年，世界上最大规模 3D 打印混凝土步行桥在上海落成，由清华大学徐卫国教授领导的团队设计研发。该步行桥全长 26.3m、宽度 3.6m，采用单拱结构承受荷载，如图 6 所示。在该桥梁进入实际打印

图 5 荷兰埃因霍温大学建造的世界上第一个 3D 打印混凝土的自行车桥

图 6 清华大学徐卫国教授团队建造的 3D 打印混凝土步行桥

施工之前，进行了 1∶4 缩尺实材桥梁破坏试验，其强度可满足站满行人的荷载要求。整体桥梁工程的打印用了两台机器臂 3D 打印系统，共用 450h 打印完成全部混凝土构件；与同等规模的桥梁相比，它的造价只有普通桥梁造价的 2/3；该桥梁主体的打印及施工未用模板，未用钢筋，大大节省了工程花费[8]。2021 年，苏黎世联邦理工学院和扎哈·哈迪德建筑事务所计算与设计小组合作设计了一座 3D 打印混凝土桥 Striatus，如图 7 所示。Striatus 是一座拱形、无钢筋砖石人行天桥，由 3D 打印的混凝土块组成，无须砂浆组装。这座 16m

×12m 的人行天桥是同类中的第一座，将建筑师的传统技术与先进的数字设计、机器人制造技术相结合[9]。

图 7 苏黎世联邦理工学院和扎哈·哈迪德建筑事务所计算与设计小组合作设计的 3D 打印混凝土桥 Striatus

## 2.2 两种打印设备："桁架式"或"机械臂式"

目前建筑 3D 打印公司的打印设备主要有两种类型，即桁架式和机械臂式。通常来说，机械臂式打印机比桁架式的更具移动性，并且因其特有的六轴运动方式，能够打印某些几何复杂形体。相应地，桁架式打印机更稳定，能够进行大体量建筑打印，甚至一体化整体打印，不需要拼装、后期施工。从操作专业度来看，机械臂式打印机操作更复杂，需要由了解机器人运动的专业人员操控；而桁架式打印机运动原理较为简单，更适合常规的大型项目或整体打印项目。

### 2.2.1 桁架式打印机

桁架式打印机也被称为线性机器人或笛卡尔机器人。通常打印头被钢梁架起，在 2 个或 3 个方向移动（*X*、*Y* 或 *X*、*Y*、*Z* 方向），易于编程和操作。用于 3D 打印建筑项目的桁架式打印机通常自身体量大，比如使用足够长的 *X*、*Y*、*Z* 轴钢梁以扩大打印范围，可以轻松打印 3 层及以下建筑。因其打印范围足够大，所以无须在 3D 打印工作期间移动打印机来完成打印。同时，模块化钢梁拼接意味着这类打印机可以移动到不同的项目场地。

2020 年，美国一家以"桁架式"打印设备著称的 3D 打印公司 COBOD，在德国建造了一栋 160m$^2$ 的两层楼房，如图 8 所示。这栋建筑采用模块化结构，可以使用 2.5m 的模块向任何方向扩展，最大宽度为 15m，高度为 10m，长度则可以无限延展[10]，如图 9 所示。这类基于桁架式打印机的模块化设备更是极大地发挥其优势，即整体式打印、大体量建筑打印，避免因打印过程中移动打印设备而引起的误差以及耽误施工进度。

图 8 美国 COBOD 公司在德国建造的一栋两层楼房

图 9 美国 COBOD 公司的"桁架式"打印设备

### 2.2.2 机械臂式打印机

机械臂式打印机的打印头作为终端执行器安装在机械臂端头，常用的有只能沿 $X$、$Y$、$Z$ 三轴移动的三轴机械臂，它不能倾斜或者转动，只能打印水平层；以及有六个自由度的六轴机械臂，它具有更高的灵活性。三轴机械臂具有低维护、低能耗、价格经济的特征，但因其运动范围及运动方式有限，更适合狭小空间的打印，难以应用于大空间或几何复杂物体的打印。而当前应用更广泛的六轴机械臂则具有更大潜力。首先，它具有极高的自由度，适合几乎各种角度的打印，可以进行非平面层打印，这是桁架式打印机和三轴机械臂都无法做到的。其次，它可以被自由编程，以实现各种角度打印。但机械臂式打印机自身打印范围有限，若与轨道或升降平台结合起来，则会更加自由，而实现这一点需要投入更多研究，以充分发挥六轴机械臂的潜能。

2021 年，清华大学建筑学院徐卫国教授团队在上海设计建造了一个 30m$^2$ 的混凝土 3D 打印书屋，如图 10 所示。该书屋在数字建模后，进行打印路径规划及程序编写，再将程序导入机械臂打印。该项目用了 2 台机器臂打印系统，一台原位打印建筑基础及主体结构，另一台现场预制打印弧墙及穹隆顶，如图 11 所示。六轴机械臂的使用，完美地实现了书屋的曲线流动感[11]，如图 12 所示。

图 10　清华大学建筑学院徐卫国教授团队在上海设计建造的混凝土 3D 打印书屋

图 11　混凝土 3D 打印书屋项目机械臂打印弧墙

图 12　混凝土 3D 打印书屋项目曲线流动感

## 2.3　两种打印材料："生土"或"混凝土"

选用生土和混凝土材料的打印成果从视觉效果上类似，但两种材料在性能上有区别。生土材料更为生态、经济，可以就地取材，但打印后成形时间久，难以塑造复杂形态，同时对于承重的桥梁或高层建筑来说，生土材料所能承受的压力无法与混凝土相比。相应地，混凝土材料再生利用性较差，却有着更高的强度和耐久性。

### 2.3.1　生土材料

生土是人类最早使用的建筑材料和技术之一。它具有导热系数小，热惰性好，热稳定性好等优势。据研究，在室外温度为 5℃时，具有厚度30cm夯土外墙的传统民居，其室内的平均辐射温度波幅约为0.3℃，波动较室外延迟时间为2～3h，室内温度波幅为0.5℃，室内作用温度波幅为0.4℃左右，说明夯土建筑热稳定性良好。作为生态材料，生土还可调节室内湿度。当室内湿度较大时，它可吸附空气中的水蒸气，降低室内湿度；当室内较干燥时，再释放一部分水蒸气，提高室内湿度，使室内湿度较为稳定。用于3D打印的生土原材料通常是当地的黏土、砂石、稻草等，价格低廉，运输方便，而且它还具有可循环、再利用的特征[12]。2021年，意大利3D打印公司WASP打印了世界首个全生土3D打印可持续住宅Tecla，如图13所示。该项目的创意总监Mario Cucinella表示，将传统材料应用在新科技上是一项壮举，建筑的外观不但表现美学，也体现了对当地文化的尊重。该项目将传统建造实践、生态气候原理和当地材料相结合，是一个接近零排放的项目，完全由当地生土材料制成，3D打印增材建造减少了材料浪费[13]。

图13 3D打印可持续住宅Tecla

#### 2.3.2 混凝土材料

混凝土作为世界上使用最多的建筑材料之一，有不可替代性。它具有坚固耐用、成型好等优势。混凝土在各类工程项目中应用广泛，也被世界上很多3D打印公司选作主要材料，上文中打印方式、打印设备的案例也都以混凝土作为材料。同时，3D打印混凝土建筑通常通过添加钢筋或添加纤维增强复合材料来增加强度，以不断突破3D打印建筑项目的高度与跨度极限。

### 2.4 乡村建设中三项核心要素的选择

对应第1节中乡村环境与3D打印建筑项目关系的分析，乡村环境主要从基建、地形、气候这三方面对3D打印建筑项目的实施有不同程度的影响。

从基建角度，为了降低远距离道路运输成本，原位打印施工方式更加合适，只需要在项目开始和结束时运输打印设备即可。同时，考虑建筑体量和打印的整体性，原位打印也更具效率。从地形角度，偏远的地理位置和狭小的场地空间都决定了机械臂式打印机更合适，占地较小却仍旧灵活、自由。而气候角度则需要分情况分析，对于降雨量较少、气候较稳定地区的乡村建设项目，生态环保、就地取材的生土更加合适；而对于降雨量较多、气候较不稳定地区的乡村建设项目，稳定、耐久、坚固的混凝土材料应该是首选，可以减少因客观条件引起的打印材料问题。

## 3 国内外乡村的3D打印建筑实践

大多3D打印建筑实践项目建造在较为稳定、开阔的场地，因而现有的乡村地区优秀实践案例就更加值得分析。本文选择美国加州大学伯克利分校Ronald Rael教授团队2020年在美国科罗拉多州的山谷中打印的Casa Covida，以及清华大学徐卫国教授团队2021年在河北武家庄打印的混凝土农宅作为案例，从这两座乡村建筑前期设计思想、设计造型出发，梳理后期施工方式、打印设备与材料的选择，从数字设计方法、场地策略、智能施工三个方面提出 3D 打印建筑技术在乡村建设中的应用方法，对前文的理论分析提供实践支持。

## 3.1 Casa Covida

该项目坐落于美国科罗拉多州圣路易斯山谷的高寒沙漠地带，结合 3D 打印技术与当地传统材料建造而成，为人们提供了一种应对疫情的全新居住方式。

该项目作为加州大学伯克利分校 Ronald Rael 教授团队的一项研究性课题，探讨现代建筑方法和本土材料的融合，受当地墨西哥祖先的建造方式启发，建造两人居住的场所，体现建筑的原始、纪念性与氛围感。

### 3.1.1 前期设计构思

“Casa”源于拉丁语系，意为房屋、住所；“Covida”则结合了“covid”（意为“新冠病毒”）和“vida”（在西班牙语中意为“生命”），向因病毒去世的人们致敬。Casa Covida 的灵感来自 2019 年开始的新冠病毒，由于供给物资的减少和大型团队合作带来的安全隐患，传统施工方式变得困难。因此，为控制团队人数与工程量，该项目选择数字化设计与建造方法，采用 3D 打印增材制造技术，由四人团队完成了这个位于科罗拉多州山谷深处的、供两个人在新冠病毒期间单独生活的建筑。

整个住宅由三个相连的圆柱体组成，如图 14所示，中间的圆柱体略高，分别为：双人卧室（图 15）、浴室（图 16），以及位于中央的一个可供人们围坐在篝火与食物旁的生活空间（图 17）。这些空间直接与地面接触，没有铺设地板，空间顶部也面对天空敞开。中央生活空间中设有壁炉，环绕着与墙体一体化设计的泥土长凳[14]。设计团队使用自主开发的数字化形体、纹理、打印程序生成软件 Potterware，这款软件最初由设计团队为小型陶土 3D 打印设计而研发，此次设计便

图 14　Casa Covida 住宅形体

图 15　Casa Covida 卧室空间

图 16　Casa Covida 浴室空间

图 17　Casa Covida 中央生活空间

是对之前项目的升级，因而也延续了常用的圆柱形体。

### 3.1.2 项目实施方法

首先，该项目选择了原位打印施工方式和机械臂式打印机，即将一台三轴机械臂运输至现场。由于该项目设计为三个圆柱体，形体几何关系较简单，因此，三轴机械臂凭借其体积小、移动方便、操作容易、价格经济的优势，与该项目十分匹配。这种打印机很轻，两个人就可以移动它，只需一个人使用手机即可操作，非常便捷。为扩大机械臂的打印范围，并保证三个圆柱形体在打印过程中不出现位移，在基础施工环节，设计团队就通过胶合板构建了一个刚性结构作为机械臂的第四轴。这使得每改变一次打印点位只需要 5min，最大限度地缩短了机器停机时间，并且其开发成本比桁架式打印机低得多[14]。

其次，在材料方面，设计团队就地取材，所有材料都是从场地附近的冲积土沉淀物中挖掘出来的。采用当地的传统生土，由沙子、黏土、淤泥、水及稻草混合，经阳光曝晒及风干而成。住宅造型呈圆柱形，向上收缩但没有闭合，倾斜角度较小，在生土材料可以打印的倾斜范围之内。当地每年的降水量仅有 228mm，因而只需要在偶尔的雨雪天气往屋顶上放置一个轻质气球作遮挡，如图 18所示。这既使得整个住宅远看像一株沙漠中的仙人掌，又能保持中央生活空间内壁炉中产生的热量。

该项目体现了 Ronald Rael 教授团队对于传统生土建造技术从小型陶土到大型建筑尺度的持续性研究，整体设计和建造过程也传达了将建筑与当地环境融合的思想，并且证明了低成本、低劳动力的数字化建设方法是可行、经济、安全的。

图 18 Casa Covida 住宅屋顶上放置轻质气球

## 3.2 武家庄混凝土农宅

清华大学徐卫国教授团队使用机器人 3D 打印混凝土建造技术，在河北下花园武家庄为当地农户打印了一座农宅。该农宅兼具功能、美观、结构和生态节能等特性。这种基于数字建筑设计方法和机器人自控系统的建造技术目标是节省人力、提高工程效率、控制造价，同时凭借 3D 打印技术自身优势，在不使用模板的情况下实现各类复杂不规则曲面形体建造。

### 3.2.1 前期设计构思

设计团队近年来一直致力于机器人 3D 打印混凝土建造技术的研发与实践，项目类型也从体量较小的步行桥逐渐扩大到单体建筑尺度。这次实践是高效、生态的新科技与我国乡村建设行动的一次结合。改善农村人居环境、提升农房现代化水平与品质，需要明确具体的建造方法和途径，机器人 3D 打印混凝土建造技术的推广使用就成为具体的措施和有效的方法。

该项目面积约 106m$^2$，是一个 5 开间住宅，其中 3 大间为起居室及卧室，上屋顶为筒拱结构，2 小间分别为厨房及厕所[15]。形态参考了当地传统的窑洞形式，如图 19 所示。窑洞的立面是由负责承重的拱形曲线和竖直的围护墙体组合形成，成为该项目造型的主要元素。

图 19 武家庄混凝土农宅侧视图

### 3.2.2 项目实施方法

首先，该项目同上文提到的“Casa Covida”一样，都选择了原位打印施工方式和机械臂式打印机。施工方式的选择通常与场地距离有关，乡村建设多位于距离城市较远的偏远地区，无论是 Casa Covida 所在的科罗拉多州圣路易斯山谷，还是河北武家庄（图 20），单趟运输成本都不小，因此原位打印可以有效避免预制打印后运输大量分块的成本。而机械臂的选择同样与距离相关。相比较巨大的桁架式打印机，机械臂占用空间更小，同样可以降低运输成本，且更具灵活性。

图 20 武家庄混凝土农宅施工场地

机械臂的设置则与设计相关，项目主体由 3 个大开间和筒拱屋顶组成。为了提高打印效率、控制打印精度，农宅的施工使用了 3 套机械臂 3D 打印混凝土移动平台，分别放置在 3 个大开间中央，直接进行基础及墙体的原位打印；而筒拱屋顶则由放置在两侧的机械臂在建筑室外预制打印，再由吊车装配到原位打印的墙体上面。而六轴机械臂更能实现这个项目的巨大工程量和施工精确度，因而构成了如图 21 所示的整体打印设备系统。

图 21 武家庄混凝土农宅 3D 打印设备系统

在材料的选择上，该项目不同于 Casa Covida，而是采用了团队自主研发的 3D 打印混凝土材料。河北属于温带大陆性季风气候，四季分明，特点是冬季寒冷少雪，夏季炎热多雨。因而，材料的耐久性十分重要，同时为适应当地的抗震要求、确保结构的可靠性，混凝土材料更加合适。项目实施前还对重要构件如墙、拱顶、平屋顶分别进行了构件破坏试验，还对该农宅整体结构进行了缩尺的振动台试验，从而进一步验证了该 3D 打印混凝土建筑项目的安全性。

在完成围护性结构的打印和拼装后，该项目还进行了外部防水处理与室内装修等施工步骤，为农户提供了一套完整的现代化住宅，如图 22 所示。该项目代表了徐卫国教授团队多年来在机器人 3D 打印混凝土建造技术方面的成果，即使用数字化设计手段、先进设备与技术实现高效率、低人工成本、资源浪费少等目标，促进建造业的产业升级。

图 22 武家庄混凝土农宅侧视图

## 3.3 技术应用总结

根据上文对两栋 3D 打印乡村建筑的分析，从数字设计、场地策略、智能施工三个方面提出 3D 打印建筑技术在乡村建设中的应用方法。

### 3.3.1 数字设计

由于 3D 打印技术的特性，即无须模板、自由曲线，前期设计时就可以通过参数化的手段、结合场地和当地文化，大胆进行非线性设计，突破传统乡村建设的设计局限，将新的设计语言引入乡村建设。

同时，考虑到后期打印的结构可行性，也需要在设计完成后进行力学结构实验，并进行相应的设计修改，以避免打印过程中因结构不合理而引起的坍塌，影响工期和预算。

### 3.3.2 场地策略

不同于城市中的开阔场地，3D 打印乡村建筑项目需提前根据实际场地策划打印方式。场地与出发城市的距离、场地附近道路情况、地形条件、水电设施等都会影响后期施工安排。

场地与城市的距离较远通常会选择原位打印施工方式，以减少后续大批量打印块的运输费用；场地附近道路的位置则直接影响打印设备与材料的布置，通常会将吊车固定在道路上，将设备和材料放置在场地内，因此场地与道路的距离需要保证在吊车的工作范围内；而应对地形限制造成场地狭小、空间有限等问题，机械臂式打印机则更合适，自身体积有限同时又能满足打印范围需求，极具灵活性。

### 3.3.3 智能施工

在根据设计方案和场地情况选择施工方式、打印设备和材料后，智能施工也十分重要，这将不同程度地提高施工效率、减少施工过程中的问题。

从设备的角度，移动式施工平台是一大发展方向。对于桁架式打印机，向 $X$、$Y$、$Z$ 任一轴扩展的模块就起到了移动式的作用，可以根据具体打印方案的大小调节使用的模块个数。而机械臂式打印机可以通过 $X$、$Y$ 方向轨道（图 23）或升降打印平台（图 24）来扩大机器人在三维空间内的活动范围。同时，这类

图 23 武家庄混凝土农宅 3D 打印设备沿 $X$、$Y$ 方向活动[15]

图 24 武家庄混凝土农宅 3D 打印设备沿 $Z$ 方向活动[15]

刚性结构的施工平台都能加强材料输送的稳定性和打印机定位的精确性，既节省了重新固定、校准机械臂的时间，还为多台打印机同时施工创造了可能性，大大提高了打印的效率。从材料的角度，则更需要集合多学科力量共同研发体现在地性、具有力学性能的材料。对于乡村建设来说，使用高性能的生态环保材料是十分重要的。无论是生土还是混凝土材料，为适应不同场地环境的气候差异，现场测试并调整材料配比也是施工中必不可少的一环。

目前国内外已经有部分团队采用创新的智能施工方式，将移动式平台和生态材料应用到3D打印项目中。尽管离全过程智能化还有一定距离，但代表了一批科研人员在这个领域的不懈探索。

## 4 总结

本文通过讨论乡村环境与3D打印项目的关系、分析3D打印项目工程实施的核心要素，再结合国内外乡村的3D打印建筑实践项目，得出3D打印建筑技术在乡村建设中的应用方法。

首先，根据不同的3D打印施工方式、打印设备、材料的适用范围进行选择：

（1）乡村建设场地大多偏远、空间有限，原位施工打印方式与机械臂式打印机的配合更合适。既避免了预制后大量打印分块的运输、拼装工作，又可灵巧地在场地内活动，完成打印任务。

（2）对于气候不稳定、相对极端的地区，坚固、耐久、稳定的混凝土材料能更好地实现复杂设计方案，但相应地，也需增加材料的运输成本；而对于气候稳定、较干旱的地区，就地取材的生土材料则更经济。未来在3D打印材料方面的研究也会加强材料的耐久性，使其更具力学性能，这将极大地丰富打印材料的选择。

其次，本文还对移动式打印设备的发展前景进行分析，固定轨道和升降平台的使用将大大扩展机械臂式打印机的工作范围，进一步发挥它在复杂几何形态、多设备协同打印方面的优势。

因此，将3D打印建筑技术应用到乡村建设中具备可行性与创新性。目前，该技术在乡村的实践刚起步，距离完全的智能化、产业化还有一段距离，需要集合建筑、结构、材料、机械、计算机等多学科的智慧，共同努力推进技术发展，实现改善农村人居环境、建设美丽宜居乡村的目标。

## 参考文献


[1] 王丹蕾．改善农村人居环境 建设美丽宜居乡村_央广网．[EB/OL].（2020-06-19）[2022-08-29]. http：//news. cnr. cn/native/gd/20200619/t20200619_525137684. shtml.

[2] 丁烈云，徐捷，覃亚伟．建筑3D打印数字建造技术研究应用综述[J]. 土木工程与管理学报，2015，32(3)：10.

[3] Huang S，Xu W，Li Y. The Impacts of Fabrication Systems on 3D Concrete Printing Building Forms[J]. Frontiers of Architectural Research，11(4)：653-669.

[4] 王俊楠．基于人地协调观的美育教学——以"地域文化与城乡景观"为例[J]. 科学咨询，2021.

[5] 邹蕴涵．我国农村基础设施建设现状及存在的主要问题．[EB/OL].（2017-10-20）[2022-08-29]. http：//www. sic. gov. cn/News/455/8535. htm.

[6] Carlson C，Kamp C. Completes Two-storey House 3D-printed in One Piece in Situ. [EB/OL].（2020-12-22）[2022-08-29]. https：//www. dezeen. com/2020/12/22/kamp-c-completes-two-storey-house-3D-printed-one-piece-onsite.

[7] Salet T A M，Ahmed Z Y，Bos F P，et al. 3D Printed Concrete Bridge[C]// Proceedings of the

3rd International Conference on Progress in Additive Manufacturing (Pro-AM 2018), 2018: 2-9.

[8] 毛雪鸥．清华徐卫国教授团队建成目前世界最大混凝土 3D 打印步行桥我国农村基础设施建设现状及存在的主要问题．[EB/OL].(2019-01-14)[2022-08-29]. https://www.rd.tsinghua.edu.cn/info/1054/1492.htm.

[9] Bhooshan S, Bhooshan V, Dell'Endice A, et al. The Striatus Bridge. Archit. Struct. Constr. [EB/OL].(2022-06-14)[2022-08-29].

[10] COBOD. Gantry Versus Robotic Arm. [EB/OL]. [2022-08-29]. https://cobod.com/products/bod2/gantry-vs-robotic-arm.

[11] 清华大学建筑学院徐卫国教授团队．机器人 3D 打印混凝土书屋．[EB/OL].(2021-03-30)[2022-08-29]. https://www.gooood.cn/a-robot-3d-printed-concrete-book-cabin-china-by-professor-xu-weiguos-team-from-the-tsinghua-university-school-of-architecture.htm.

[12] 城市文化与建构研究所．夯土建筑材料的优点. [EB/OL].(2018-08-24)[2022-08-30]. http://www.cqadi.com.cn/2018/0824/560.shtml.

[13] WASP. 3D Printed House-TECLA. [EB/OL]. [2022-08-30]. https://www.3dwasp.com/en/3d-printed-house-tecla/.

[14] Rael R, V S Fratello, A Curth, L Arja. Casa Covida-Mud Frontiers III-Zoquetes Fronterizos III[C]// In 40th Annual Conference of the Association for Computer Aided Design in Architecture: Distributed Proximities, ACADIA 2020: 214-219.

[15] 清华大学建筑学院徐卫国教授团队．机器人 3D 打印武家庄混凝土农宅．[EB/OL].(2021-09-10)[2022-08-29]. https://www.gooood.cn/a-farmer-house-3d-printed-by-robots-in-wujiazhuang - by-professor-xu-weiguos-team-from-the-tsinghua-university-school-of-architecture.htm.

# 基于工业互联网的 ZH 石化智能化改造

杜锐君

[ZH(武汉)石油化工有限公司信息中心，武汉市 430000]

**【摘　要】** 工业互联网，就是把人、数据和机器连接起来。石油化工行业流程复杂、工艺要求高，工业互联网是石化企业在两化融合背景下，对工厂实施智能化改造、提质增效的重要基础。近年来，ZH 石化投入了超 100 亿元的资金用于相关工作。经过几年的持续建设，实现了一批成效显著的信息化成果和应用，为公司提高精细化生产运作效率、提升经营管理水平、保障安全环保等方面发挥了积极作用。

**【关键词】** 工业互联网；智能化管控；生产执行；数据治理；提质增效

## 1　前言

新一代信息技术使制造业普遍运用数字化、网络化、智能化技术成为可能。集成式的制造系统，作为核心驱动力，已然推动工业革命进入新一阶段[1]。特别是作为关键技术的工业互联网，正在引发制造业业态诸多模式的创新变革，使制造业的发展理念和路径技术体系得以重塑。

《中国制造 2025》明确提出，要以新一代信息技术与制造业深度融合为主线，以推动智能制造为主攻方向。因此，在政策环境影响下，在工业行业领域的智能工厂应用推广必将得到加速。当前，国内石油化工行业已经开展了智能制造的探究、建设，未来 3～5 年将涌现出一批智能工厂。

ZH 石化隶属于中国石油化工集团，是国内中部地区最大的炼化一体化企业，包含炼油、乙烯两个厂区。近年来，围绕建设“智能工厂、绿色工厂、幸福工厂”的企业愿景，大力推进工业化与信息化深度融合。在“集中集成、创新提升、信息共享、协同智能”方针的指导下，基于工业互联网背景，得益于大数据、人工智能、3D 可视化、5G 等先进技术的应用，公司相继完成了集成共享的经营管理平台、协同智能的生产营运平台、互联高效的客户服务平台、敏捷安全的技术平台的搭建；实现了炼油化工生产管控一体化（图 1）、智慧物流、工厂设备完整性管理、工艺平稳性管理、HSE 监控管理等业务域智能化应用；提升了企业全面感知、协同优化、预测预警和科学决策能力。研究该企业的成果，有助于总结出适合国内生产制造型企业特别是石油炼化行业企业智能工厂建设、智能化改造的通用办法，提炼可参考的经验。

## 2　推进无人应用，打造数字化工厂

工业互联网被称为“工业技术革命”和“ICT（信息通信）技术革命”相结合的产物。它既是一张网络，又是一个平台，更是一个体系，通过对工业数据采集、传输、存储、分析和应用，实现了工业生产过程中所有要素的泛在连接和整合[2]。ZH石化基于数字技术，在这张网下编制了一个虚拟现实的智能工厂，将各类资源构建在同一个体系之中。在占地294.8$hm^2$的ZH石化，员工仅有2000余名，近千个制造单元在这里全部通过物联网联络，大多数设备都可以在无人力操作状态下自动运行，大多数操作都可以在远程监控下规范化进行。

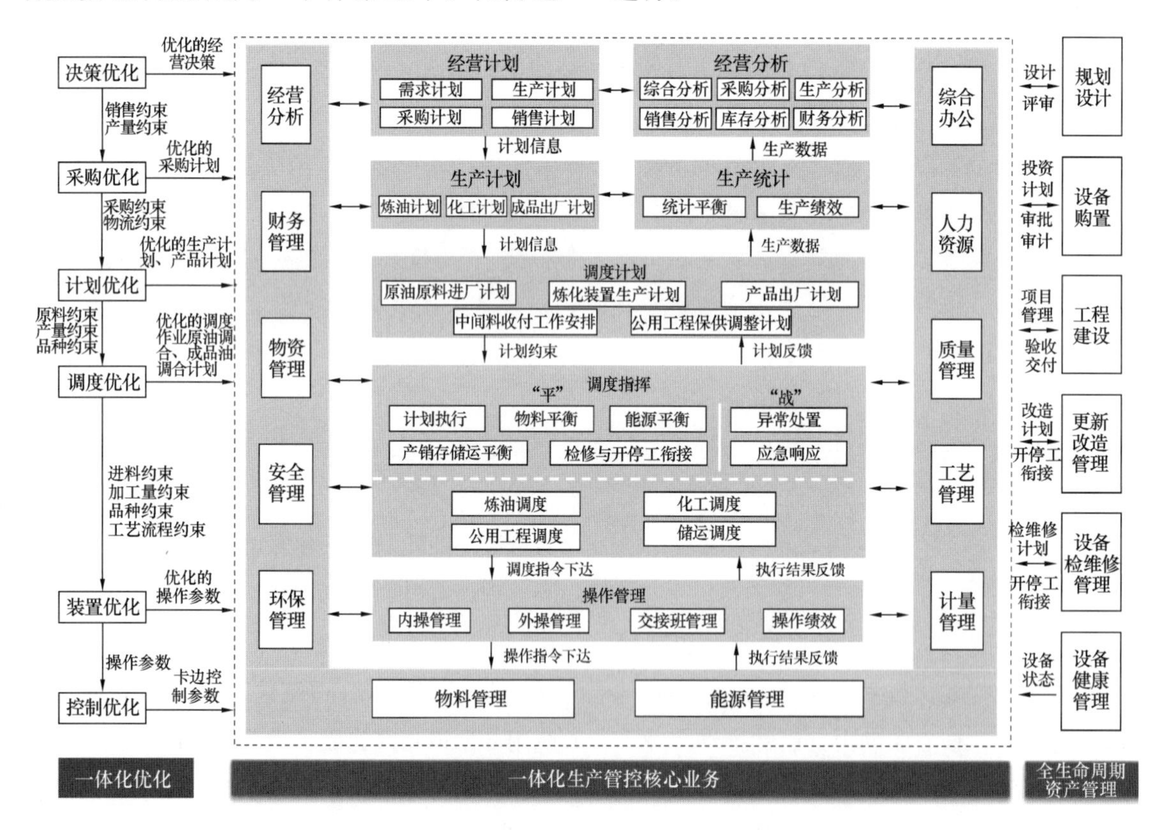


图1　ZH石化炼油化工生产管控一体化核心业务

部署在生产制造现场的机器人能够通过大范围、深层次的工业数据采集，以及异构数据的协议转换与边缘处理，构建工业互联网的数据基础。目前已投用在ZH石化炼油厂区公用工程部总变电站的智能巡检机器人，就是一个成功的应用实例：它利用先进的人工智能技术打造，包含了探测器主机、通信存储的站内终端、集中监控的远程终端，具有表计视觉读取、热像图监测、噪声频谱分析等功能[3]。智能巡检机器人采集现场数据，依托协议转换技术实现多源异构数据的归一化和边缘集成；搭载边缘计算功能实现底层数据的汇聚处理，并实现数据向云端平台的集成。操作人员可以通过远程实时数据监控管理和报警，及时同步生产管理状况。该机器人每天巡视GIS开关柜4次、转向观测近千次，代替变电站值班人员值守，对高压设备进行巡检，能够及时发现电力设备的缺陷、异物悬挂等异常现象。当电压实际值与预设范围有出入时，机器人巡检系统还能实现自动报警，提醒专业技术人员进行相应操作（图2）。经计算，该巡检机器人系统的投用，使工作频度提高了2倍，人工例行巡视工作量下降了67.3%。并且，通过与之前巡检数据对比，实时提醒异常数据，可以为检修维修工作提供更加准确的依据，为设备完整性工作策略的执行提供有力支持。

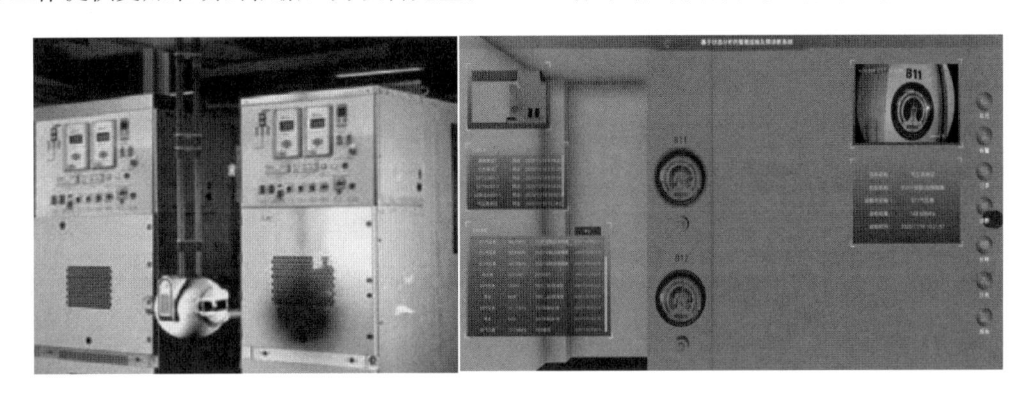

图 2　机器人巡检系统及监控页面

（1）无人机、智能巡检安全可靠

提高巡检质量是石油化工企业现阶段实现安全生产较为现实而有效的重要途径。大型石油化工企业往往占地广、管线长，巡检范围大[4]。仅以 ZH 石化乙烯厂区来计算，管廊就长约 19km，及时发现盗窃和管道破坏问题并及早修复，才能保障管道安全，维护正常生产秩序。近年来，ZH 石化在构建工艺外操巡检、管廊 GIS 巡检、实时数据对比、异常管理、隐患管理、交接班管理、信息推送等方面定制开发了一系列功能，并与其他业务系统进行数据集成，通过防爆终端等智能采集、处理、传输、存储现场巡检数据，包括文字、图表、图像、温度、震动、音频、视频等不同形式的巡检记录，实现人员管理、设备巡检、缺陷管理、隐患管理、统计分析、报表生成等巡检管理的自动化、信息化、数字化。例如，通过系统可实时查看人员位置信息及轨迹，巡检人员到达必到点范围内会自动识别完成巡检，并自动语音提示需要巡检的内容和安全注意事项，使巡检人员做好保护措施，并按照规定的标准进行巡检；巡检人员轨迹以不同的颜色显示，可判断该人员是否超速和越界，并在终端进行语音提醒。这些功能可以极大地方便用户及时掌握现场生产运行情况，发现设备缺陷及安全隐患，保障企业安全稳定生产的同时，经营管理更加精益高效，风险防控和战略、业务决策能力大幅提升。

（2）三维可视化技术还原工厂生产

在数字化转型的政策引导下，石化领域工程建设的数字化交付、仿真模拟已经成为工厂智能化发展的必经之路。在传统的工厂建设与运维管理中，存在较多痛点。工程管理人员通过二维图纸资料和现场审查，难以直观地对施工质量和进度进行全面把控；工艺人员了解装置工艺流程需花大量时间研究工艺管道 DCS、PID 图纸等。在数字孪生等技术的革新背景下，石化领域工程的数字化交付、仿真模拟已经成为工厂智能化发展的必经之路[5]。

因此，ZH 石化开发了全厂数字化交付平台——基于云渲染技术，对云渲染服务器、云渲染管理器和云渲染数据服务器进行私有化集群部署、深度二次开发，形成云渲染引擎，实现三维可视化功能。数字孪生使实体工厂和数字工厂动态联动，实现了资产的数字化交付和管理，实现了数字化平台在工艺管理、工艺培训和设备运行管理等方面的应用，以及与统一身份、实时数据库、视频监控等系统的集成应用。

该项目采用 BIM＋GIS 平台进行技术搭建，实现工厂对象模型、文档、属性数据的相互关联，并围绕工程、设备、管道、工艺等方面开发功能模块，将现场恒河、浙大中控部署的DCS数据直接接入系统，实时更新。在数字化交付后，平台开发了工程管理、设备管理、管线管理和工艺管理等功能模块，可提高工程管理和检修维修的效率、减少工艺学习成本和提高员工业务水平。一线操作人员可通过该系统获得更加直观的数据报表、运行图示，辅助日常学习、管理与检修维修。部分运行技术人员甚至将重要技术经济指标相关联的参数建立数据模型，并在实时数据应用平台上利用算法编写脚本，搭建展示看板，实现了基础数据与技术经济指标之间的数据关联可视化展示。现在通过可视化画面，可以帮助员工从源头优化测算，调整工艺参数，确保装置生产平稳，培养了一批适应企业发展的“数字化”员工[6]。

近两年，ZH石化又陆续开发出20余套生产装置的仿真模拟系统，包括全厂约2.2km$^2$范围的高精度倾斜摄影数据采集与处理；新建气体分馏装置、新建烷基化装置、280万t催化装置的属性、文档和三维模型的数字化交付处理；该系统利用数字孪生技术1∶1模拟真实生产现场，还原各类工艺数据，并提供三维可视化应用辅助生产运营管理。员工可基于这个模拟出来的3D工厂“足不出户”了解生产装置和工艺流程，尽快了解现场运行情况，并在系统中根据模拟出的生产数据练习各种操作，技术人员也可在系统中设置实际生产中不易遇到的特殊条件，帮助操作人员培训、精进业务水平（图3）。

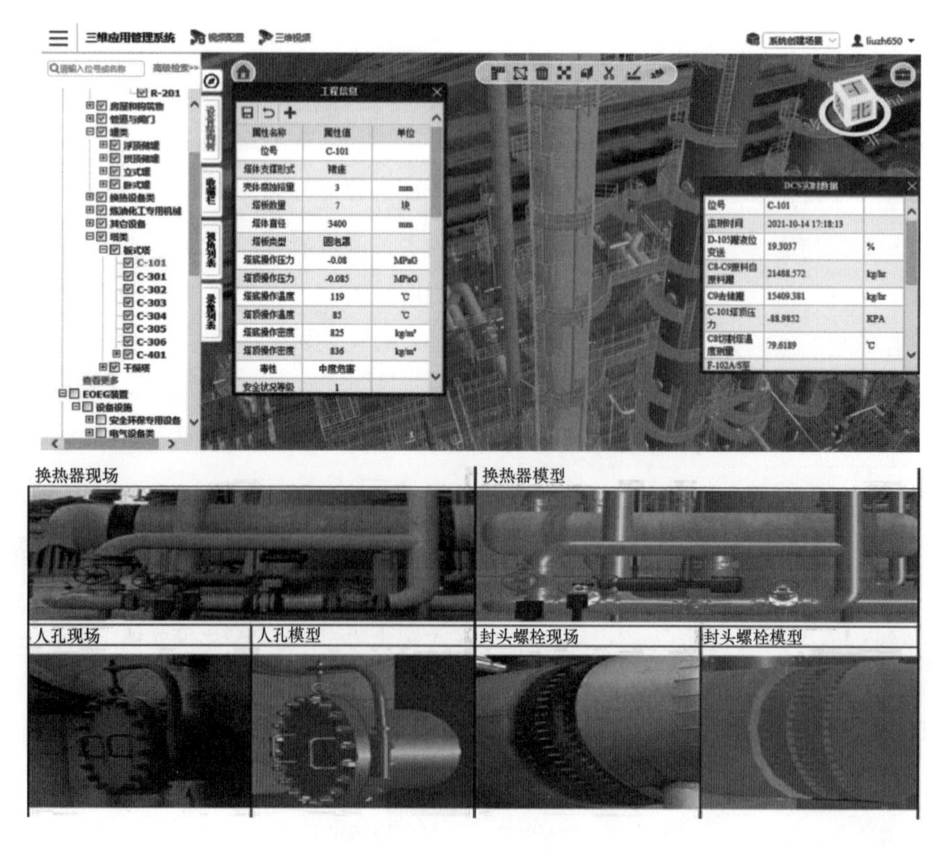


图3　ZH石化3D数字化工厂

## 3 强化数据治理，消除信息孤岛

数据是企业的核心资产，也是工业互联网“人”“数据”“机器”三要素之一。数据质量支撑着企业人力资源合理配置、内部管理简化、业务流程集成、运营效率提升和经营成果的真实呈现。对数据资源深度挖掘和应用，新的机会和价值才能不断被发现和创造[7]。

近年来，以炼化一体化合资为契机，ZH石化积极推进炼化一体化系统整合，从界面集成、数据集成、业务集成三个层面全面整改公司在用信息系统的信息孤岛。结合设备完整性管理体系、工艺平稳性管理体系、HSSE管理体系建设，按不同业务领域将相关信息系统进行了集成和优化，实现了数据同源，消除了数据重复录入。建成了以MES为核心的生产执行平台和以ERP为核心的经营管理平台，完成了实时应用、流程管理、工资系统等35套信息系统统一身份集成工作，功能模块协同优化，减少用户重复劳动，提升系统安全性及使用体验。ZH石化智能工厂信息化规划数据架构如图4所示。

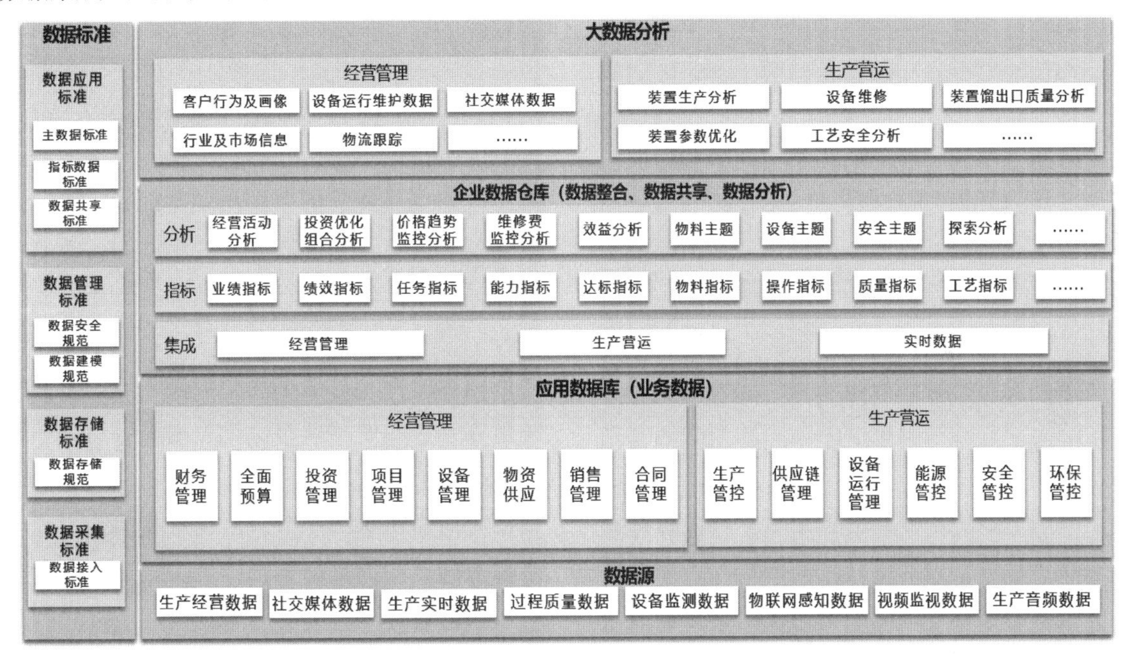


图4　ZH石化智能工厂信息化规划数据架构

ZH石化致力于数据治理和深化应用。目前，ZH石化全厂已覆盖万兆宽带，炼油、乙烯厂区先后建成5G专网。通过接入现场DCS数据，生产数据采集率达98%，通过专网，可确保数据高速、安全、稳定地在厂区内传递，实现“不出厂、不泄露”。为了充分发挥数据资产的价值，ZH石化建立了实时数据应用平台——实时应用系统，开展了生产数据应用的“众创”活动，激发了用户对生产数据分析应用的热情，促进生产安全平稳运行，取得了较好的经济效益。2019年进行的联想大数据在1号催化装置的应用，对过往海量历史数据建模分析，从中找到工艺参数的关联性波动规律，在保证装置安全平稳运行的基础上，优化提升催化装置的运行参数，提升的丙烯收率达4.9‰。该科研成果也将用于未来其他装置，为企业挖潜增效。

此外，鉴于仪表高度自动化是打造智能工厂的基石，ZH石化仪表专业最大限度地利用实时数据应用平台储存的海量信息资源，梳理整合仪表数据、优化仪表控制回路，对重点工艺和设备设置仪表关键数据波动趋势图，一旦相关指标波幅超过限值，就会引发报警，进行预防性处理[8]。目前，ZH 石化已经优化了近 5000 个仪表控制回路，化工 15 套装置自控率从 76.89% 提升到 98.74%，控制平稳率从 79.76%提升到 98.57%，有效减少了装置波动和非计划停车，降低了检修费用，保障了公司平稳生产（图 5）。

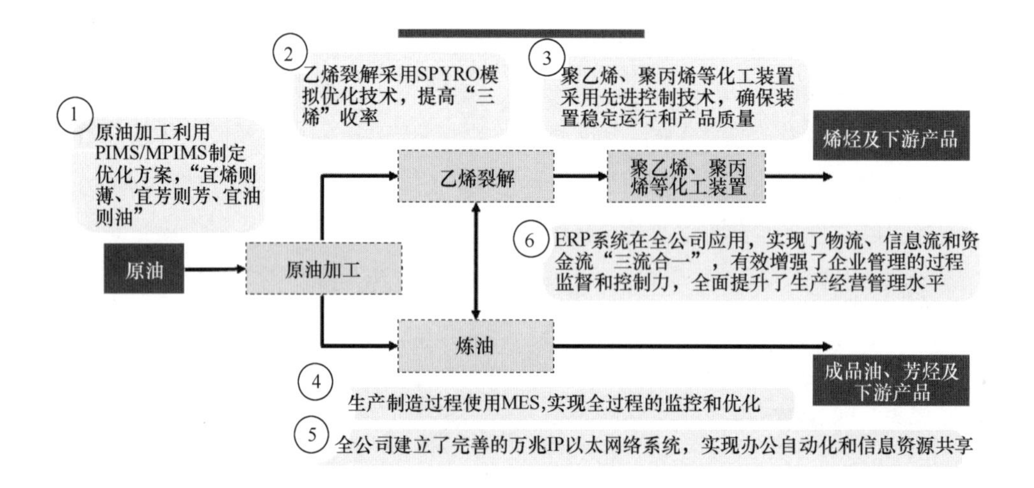


图 5　ZH 石化生产全流程实现信息化

## 4　打造智能物流体系，实现资源互联共享

ZH 石化的物流管理系统作为公司物流业务的核心环节，为原料和产品的顺利进出厂打下了坚实的基础，确保了公司生产后路畅通及安全平稳生产。ZH 石化 110 万 t 乙烯脱瓶颈改造项目建成后，增加产品销售 83 万 t，物流需求进一步加大，公路通行能力预计增加 40%以上。为解决上述问题，打通企业的产、供、销业务流程，整合产、供、销数据，集成业务链上相关的业务系统，ZH 石化打造了一个以物流系统为核心，包括 LIMS 计量系统、视频监控系统、称重系统、门禁系统、定量装车装船系统等多方面功能应用的，具有开放、高效、共赢特点的智能物流平台（图 6）。

利用工业互联网、车牌识别抓拍、定位等技术，集成了企业 ERP、MES 系统和立体仓库系统、无人值守地磅系统、包装机系统，销售方直接依据企业可销库存数据下单；集成了石化 e 贸和物联网，客户直接线上预约，企业实时根据预约提货情况安排装车，销售数据实时过账；立体仓库和无人地磅投用后，实现从产品包装、入库到销售出库的全流程自动化操作，所有环节无须人工干预和线下沟通，实现了网络物联协同化。

智能物流平台充分发掘了工业互联网的含义，其本质就是开放的通信网络平台，把设备、生产线、员工、工厂、仓库、供应商、产品和客户紧密地连接起来，共享工业生产全流程的各种要素资源，使其数字化、网格化、自动化、智能化，从而实现效率提升和成本降低[9]。

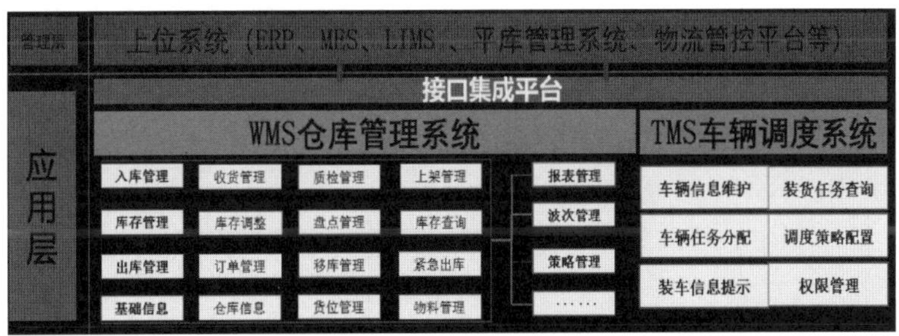


图 6　ZH 石化智慧物流平台体系

## 5　总结

加快数字化和工业化深度融合，发挥工业互联网平台对数字化转型的支撑作用，是能源化工行业实现高质量发展的重要途径和必然选择。ZH 石化遵循“夯实基础，急用先行，注重实效”的原则，打通信息动脉，强化资源共享、数据赋能，推动生产组织模式、运营管理模式创新，从企业层—车间层—生产线层逐步设计工业互联网应用，持续优化改进信息化工作，力争实现数字化转型和高质量发展：打造无人工厂、3D 可视化工厂，绘制未来智能化工厂的蓝图，旨在减少人的参与；充分挖掘数据价值、深化数据应用，“让数据说话”；注重信息系统整合、功能协同优化，力求信息互联畅达——依托设备完整性体系建设，实现了设备管理业务域信息系统整合；依托工艺平稳性体系建设，实现了生产管控业务域信息系统整合；依托智慧物流平台建设，采用多技术融合创新，实现了产品出厂各环节一体化、智能化管控；依托 HSSE 安全体系建设，开展应急基地建设，实现了炼油、化工应急指挥系统应用优化。这一系列行动和成功案例已经助力 ZH 石化成为武汉市首家“5G＋智能工厂”，并作为标杆企业为行业智能化发展带来新思路。

未来，ZH 石化将继续坚持“智能工厂”理念，通过加强云平台、大数据、物联网、5G 等新技术应用，推进企业数字化转型，逐步提高相关管理过程的信息化水平，充分发挥工业互联网优势，为智能工厂打好数字化转型基础，逐步实现智能化的生产经营，提升企业管理水平和竞争力。具体措施有：

（1）通过运用先进的信息技术手段，实现海量历史数据传递和信息共享，可供多类人员共享及多角度分析使用，提高了对过往人员经验的依赖。

（2）通过大量历史数据分析对运行参数进行优化，实现装置考核指标的最优解，为提高企业经济效益提供支撑。

（3）提升各操作环节协同作业水平，系统建设将突出业务协同，促进各业务环节的信息共享及数据快速流转，优化协调决策，提高决策的合理性和应对变化的快速反应能力。

（4）保证生产平稳安全，降低生产事故发生的可能性，避免人员伤亡，降低装置能耗，减少二氧化碳的排放，符合国家节能减排、可持续发展的要求。

## 参考文献

[1] 杨振．机器人若干控制问题分析与设计[D]. 南京：东南大学，2018.

[2] Cai B, Zhao Y, Liu H, et al. A Data-Driven Fault Diagnosis Methodology in Three-Phase Inverters for PMSM Drive Systems[J]. Power Electronics IEEE Transactions on, 2017, 32(7): 5590-5600.

[3] Chen Z, Liu Y, Liu S. Mechanical State Prediction Based on LSTM Neural Netwok[C]//2017 36th Chinese Control Conference (CCC). 2017.

[4] Soualhi A, Medjaher K, Guy C, et al. Prediction of Bearing Failures by The Analysis of The Time Series[J]. Mechanical Systems & Signal Processing, 2020.

[5] 易铁虎．石化行业智能制造现状分析与对策研究[J]. 石油化工管理干部学院学报，2020(1): 67-70.

[6] 制造业倒闭潮不用愁 一大波智能工厂正在路上[OL]. http: //www. gjjxzb. com, 2016-01-27.

[7] 李杰，倪军，王安正. 从大数据到智能制造[M]. 上海：上海交通大学出版社，2016.

[8] 李杰．工业大数据[M]. 北京：机械工业出版社，2015.

[9] 肖强，张铁．基于商业生态系统的服务外包竞争力要素实证研究[J]. 统计与决策，2011(9): 54-56.

[10] Alexey Goryachev. "Smart Factory": Intelligent System for Workshop Resource Allocation, Scheduling, Optimization and Controlling in Real Time[J]. Advanced Materials Research, 2013(18).

[11] Harrison Robert, Vera Daniel, Ahmad Bilal. Engineering the Smart Factory[J]. Chinese Journalof Mechanical Engineering, 2016, 29(6): 1046-1051.

[12] Harrison R, Vera D, Ahmad B. Engineering Methods and Tools for Cyber-Physical Automation Systems[J]. Proceedings of the IEEE, 2019, 104(5): 973-985.

# 面向空中造楼机的智能建造应用框架与关键技术研究

王迦淇　张立茂　陈　珂

（华中科技大学土木与水利工程学院，武汉　430074）

**【摘　要】** 在全球建造业发展呈现工业化、信息化、智能化的背景下，空中造楼机已成为我国超高层建筑不可或缺的施工装备。然而目前我国空中造楼机普遍处于初期发展阶段，与真正的智能化还有一定的差距。因此，本文梳理了我国空中造楼机应用现状，提出了适用于空中造楼机的智能建造应用框架，在此基础上阐述了造楼机智能建造的五项关键技术：造楼机结构设计与优化技术、智能施工控制技术、人机协作增强技术、数字孪生虚实映射技术，以及节能减排技术，从而提高高层建筑施工作业智能化水平，为造楼机智能建造发展奠定基础。

**【关键词】** 空中造楼机；智能建造；人工智能；数字孪生；BIM

建筑业是我国经济体系的重要组成部分，为国家经济持续健康发展提供了有力支撑。2016～2020年间，我国建筑业规模不断扩大，支柱作用不断增强，其增加值占国内生产总值比重保持在6.6%以上。虽然建筑业在我国国民经济中占据重要地位，但目前仍存在管理模式粗放，机械化程度低，高能耗、高污染、高风险等问题。

与此同时，随着我国城市化进程加速推进，土地资源稀缺问题开始显现，高层建筑已成为未来城市发展的方向[1]。因此，迫切需要一种工业化、智能化的高层建筑施工装备，满足城市发展需求。为此，空中造楼机应运而生。目前我国的空中造楼机普遍处于初期发展阶段[2]，与真正的智能化还有一定的差距。

本文基于当前建筑业智能建造趋势和造楼机发展现状，提出造楼机智能建造应用框架，并阐述其关键技术，旨在建立少人化、无人化的绿色环保建造体系，提升高层建筑施工作业智能化水平，为造楼机智能建造发展奠定基础。

## 1　空中造楼机

空中造楼机是一种针对高层和超高层建筑施工的新型综合性施工设备，它以机械配合作业、智能化控制的方式，实现大型高层建筑现浇钢筋混凝土结构的工业化智能建造，具有“承载能力高、适应能力强、智能化操作、环境友好”等优点。目前我国空中造楼机按照结构形式可以分为落地式空中造楼机和超高层顶升模架，其中超高层顶升模架包括整体钢平台模架装备和施工装备集成平台。

### 1.1 落地式空中造楼机

落地式空中造楼机是一种布置在建筑物外侧、可自动升降的大型钢结构设备，集成了具有起重、运输、安装功能的机械部件及多道施工作业平台[3]，重量较大，对于高度在180m以下的薄壁剪力墙建筑，需通过固定在地面的格构式升降柱和附墙支撑来为造楼机提供升降支点，因此称为落地式空中造楼机[4]。

落地式空中造楼机主要由钢结构平台、物料转运平台、自动模板开合系统、升降柱、附墙支撑等部分构成。根据钢结构平台升降方式的不同，落地式空中造楼机可以分为“落地爬升式”和“落地顶升式”，其中“落地爬升式”是指以建筑物四周的格构式升降柱为支点，利用爬升架实现平台爬升；“落地顶升式”是指在格构式升降柱底部采用液压油缸顶升方式进行标准节增减，从而实现平台升降。由于需在建筑物周围布设升降架，故该类型造楼机主要适用于80～180m的高层建筑。

### 1.2 超高层顶升模架

我国超高层建筑施工中运用较为广泛的顶升模架主要是上海建工集团的整体钢平台模架装备和中国建筑集团的施工装备集成平台[5]。

整体钢平台模架装备由整体钢平台、筒架支承、模板系统、爬升系统和吊脚手架等部分组成，通过承力销竖向支承于核心筒墙体上的凹槽，以钢梁或钢柱与筒架交替支承的方式驱动整体钢平台模架提升。整体钢平台模架装备支承点较多，具有布置灵活、适应性强等特点。

施工装备集成平台由钢框架系统、支承系统、挂架系统、动力系统和监测系统等部分组成，通过采用微凸支点结构，完成集成平台的整体顶升。施工装备集成平台直接将大型塔机集成于平台上，实现塔机、模架一体化安装与爬升，解决了因施工设备交互冲突而影响作业效率的问题。微凸支点支承方法不仅具有承载力大、抗侧刚度强等优点，还克服了现有模架体系支承需在墙体上留有支承孔洞的问题。

### 1.3 轻量化造楼机

2021年10月，住房和城乡建设部与应急管理部联合发布了《关于加强超高层建筑规划建设管理的通知》（建科〔2021〕76号），提出“严格限制新建250m以上超高层建筑，不得新建500m以上超高层建筑”，表明更加经济、适用的普通超高层建筑（100～200m）将会成为未来的高层主流产品，这对我国现有的模架体系提出了新的发展方向和要求。

同时，为解决空中造楼机体量大、成本高、通用性差等问题，研发人员对现有施工装备集成平台进行了支点轻量化、构件通用化、操作便捷化、控制智能化和空间舒适化等方面的改造设计，形成了更加符合国家政策和建筑行业发展的轻量化造楼机产品[6,7]。目前，轻量化造楼机已在武汉长江中心、深圳城脉金融中心大厦、重庆中建御湖壹号等多个项目中投入使用。

## 2 面向空中造楼机的智能建造应用框架

为解决造楼机“人—机—环”协同关系复杂问题，通过结合人工智能、BIM、物联网、大数据等技术，构建面向空中造楼机的智能建造应用框架，提高空中造楼机的信息化、智能化水平。智能设计与现场监测为“人—机—环”状态感知提供基础；物联网技术可以汇集“人—机—环”感知信息，与BIM融合，形成数据驱动、实时更新的数字孪生模型；建立基于人工智能和大数据技术的应用服务平台，实现造楼机的协同管控与虚实交互。面向空中造楼机的智能建造应用框架如图1所示。

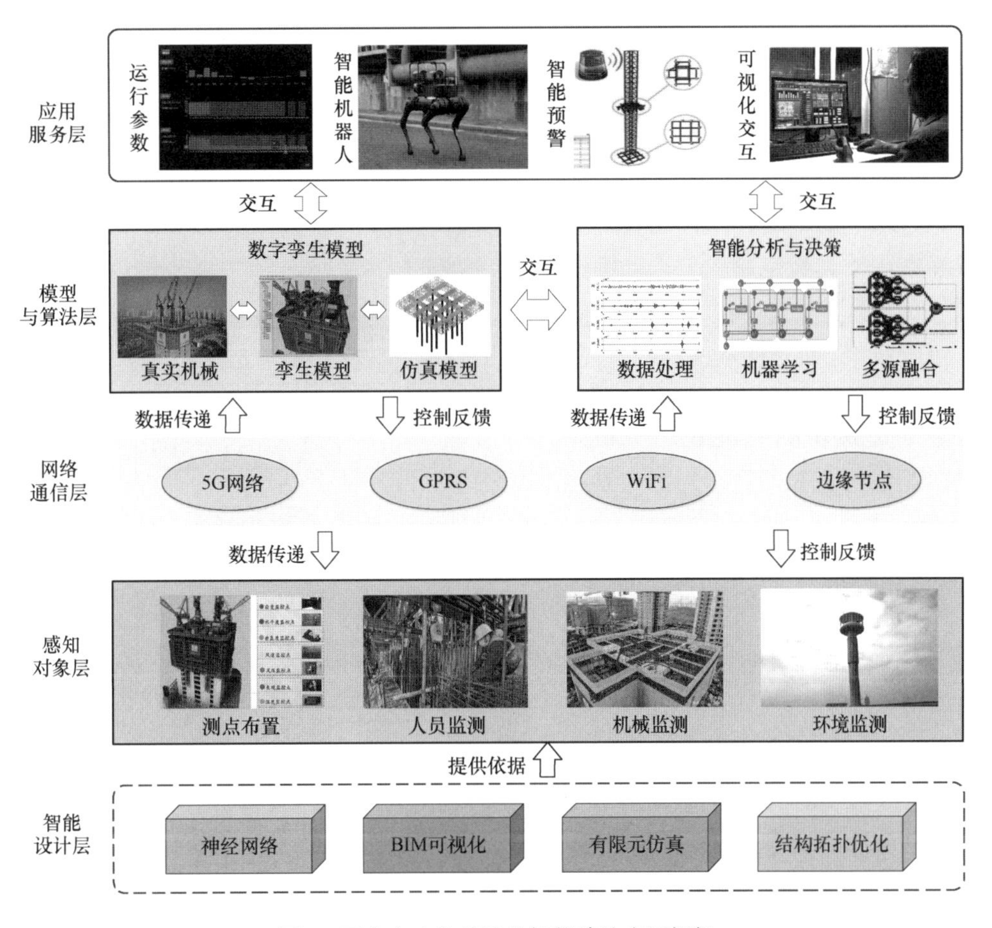


图 1　面向空中造楼机的智能建造应用框架

（1）智能设计层。通过建立基于应用案例和设计经验的基础数据库，结合物理增强的人工智能算法，自动生成多个满足使用要求的造楼机支点和平面布置方案；拓扑优化技术可在空间维度上分析荷载传递路径，改变原结构的空间分布，达到结构性能最优化；利用 BIM 解决平台多设备交互碰撞问题，模拟场布情况和材料周转，提高施工作业效率，并为后续建立数字孪生模型提供数字载体。

（2）感知对象层。采用分布式光纤光栅、激光、微机电等传感技术，保障造楼机“人—机—环”要素的全面实时感知；选用具备在线计算、状态诊断、网络自治等功能的智能感知设备，提升终端节点对信号的接收和处理效率，为造楼机高空施工的智能控制、协同作业提供数据来源。

（3）网络通信层。考虑到造楼机高空施工特性和信号屏蔽特性，利用多种类型网络形式，如 5G、WiFi、GPRS 等，改善感知数据难以实时高效传输问题；在边缘端部署计算节点，提供数据处理、智能分析、实时控制等服务，提升造楼机生产过程人机交互与控制能力，为造楼机智能建造体系数据传递提供途径。

（4）模型与算法层。基于数字孪生技术，围绕人工智能和大数据分析技术，建立造楼机几何模型、机理模型及知识模型等，实现真实世界到虚拟世界的实时映射，利用数字孪生技术以及时空演化分析，以机器学习算法为驱动，达到对真实世界可观可测、高效控制的效果。

(5) 应用服务层。围绕数字孪生模型及其智能算法，构建造楼机智能建造应用服务平台，实现运行数据实时显示、施工机器人统一调控、物料运输高效组织、施工过程安全预警、人机可视化交互等应用服务。通过智能管控平台，解决造楼机高空施工“人—机—环”耦合复杂的问题，为高层建筑大型机械施工统一管控、智能交互提供了实施方向。

## 3 面向空中造楼机的智能建造关键技术

### 3.1 基于BIM与系统仿真的造楼机结构设计与优化技术

近年来，随着人工智能技术在物理信息表达等方面的快速发展，依靠其强大的非线性表达能力和优化算法，为施工机械智能设计提供了可能[8]。智能设计即赋予计算机一定的智能，协助人类设计者完成方案设计，减轻设计工作对设计者的经验、知识的依赖。基于过往应用案例、设计经验，构建由设计知识库和实例库组成的基础数据库；分析造楼机钢平台、支承系统与核心筒、外部荷载的力学关系，采用物理增强的深度神经网络算法实现造楼机布置方案的参数化和生成式设计[9]。

在结构优化方面，拓扑优化方法操作简便、效果直观，具体的实现方法是在指定的设计区域里，规定结构荷载值和位移的边界条件，在一定的设计条件约束下，通过有限元方法计算出荷载在结构中的传递路径，改变原有结构的形状[10~13]，从而达到结构某一性能最优化。造楼机结构在拓扑优化后，还需要根据生产工艺等实际情况，依照可制造化原则，对拓扑优化后的不规则杆件采用标准型钢架进行更换，从而获得最终优化方案[14]。

造楼机是一种复杂的钢结构体系，在深化设计方面存在较大的难度，因此利用 Tekla、Revit、Grasshopper 等 BIM 建模和设计软件，可对造楼机结构进行三维可视化设计、碰撞检查、模型漫游，排除因结构设计或工序设置不当导致的碰撞问题，进一步提升造楼机设计、施工准确性。面向造楼机的结构设计与优化流程如图 2 所示。

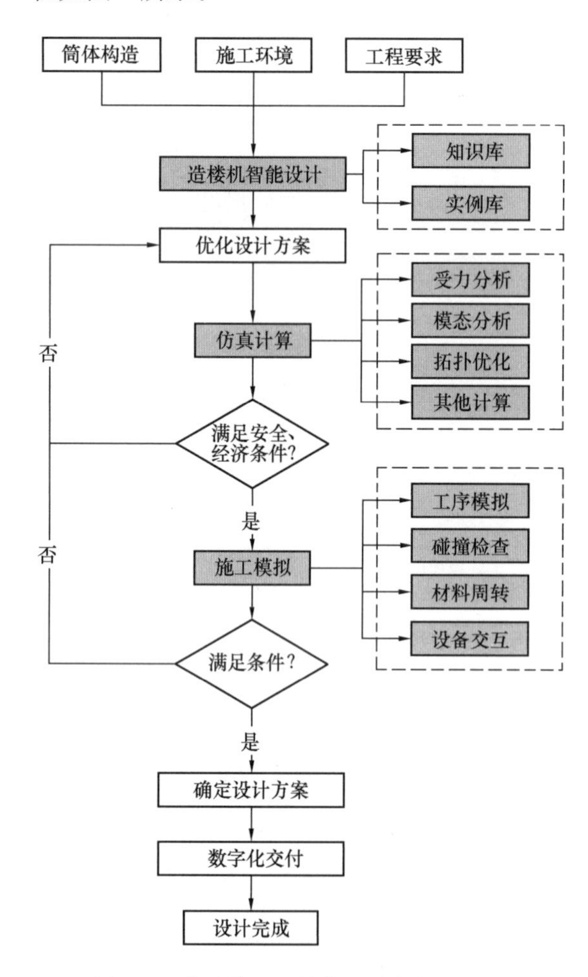


图 2 面向造楼机的结构设计与优化流程

### 3.2 基于人工智能的空中造楼机施工控制技术

全球建筑业面临劳动力短缺、工人老龄化、安全事故频发等挑战，提升施工机械的自动化、智能化水平是改善劳动力短缺、提升施工现场安全水平和建造效率的有效途径。目前我国的空中造楼机尚处于初期发展阶段，通过在空中造楼机中构建智能控制系统，可以实现施工机械的智能化控制。智能控制系统由工控机、信息采集系统、各类控制器以及远程监控平台等组成。信息采集系统将传感器采集到的数据传输至工控机；工控机对采集信号进行自动读取，并根据智能决策结果向各类控制器发送动作指令，同时将数据信息传输至远程监控平台，进行数据备份和远程监控；控制器接收到工控机的指令后，操控液压油缸伸缩、布料机浇筑、模板安装和拆除、物料运输等[15]。

由于造楼机堆载和自身质量较大、堆载分布不平衡、施工环境多变等因素，导致施工和顶升过程中钢平台水平度的调节难度较大，这对于顶升系统姿态控制提出了较高的要求。参考盾构施工智能姿态调整系统[16]，提出造楼机顶升过程自适应调整方法，基于多源异构信息融合技术，利用监测数据建立智能决策系统，根据训练模型和监测系统的反馈数据实时调整顶升参数，控制造楼机的顶升姿态，以达到同步顶升的目的。空中造楼机智能姿态调整方案设计流程如图 3 所示。

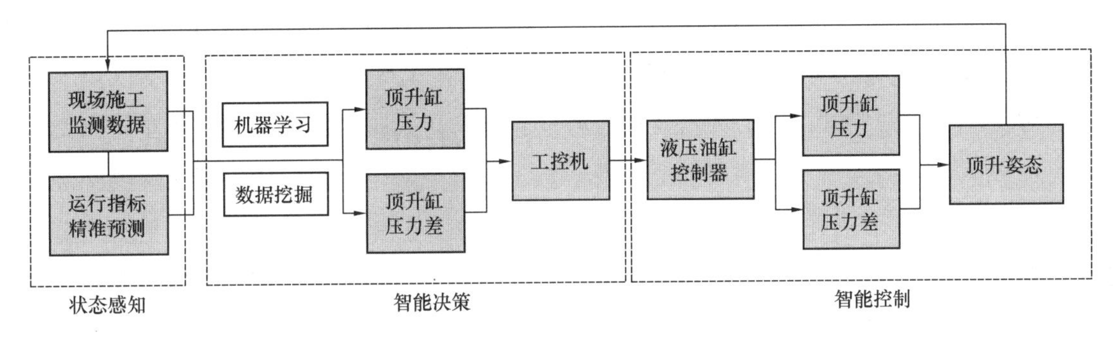


图 3 空中造楼机智能姿态调整方案设计流程

### 3.3 基于人机协作智能增强与联合作业技术

住房和城乡建设部在《"十四五"建筑业发展规划》中提出，要加强新型传感、智能控制和优化、多机协同、人机协作等建筑机器人核心技术研究，研究编制关键技术标准，形成一批建筑机器人标志性产品。根据空中造楼机施工流程特点，可在实际施工中研发和使用钢筋绑扎机器人、模板安装和拆除机器人、智能布料机器人、物料运输机器人等。此外，还可引入四足机器人，借助其自主导航、动态避障、灵活自由等优势，结合计算机视觉技术[17,18]，可用于识别明显的质量问题或外观缺陷，进行施工作业安全管理等；结合 SLAM、三维激光扫描等[19]技术，可快速获取复杂结构点云数据。采用建筑机器人能够实现建筑施工的无人化、少人化，保障建筑施工安全和质量，提高工程建设机械化、智能化水平。

建筑机器人对接项目 BIM 模型，可获取建筑模型数据和信息，根据 BIM 数据实现在复杂环境下的动态路径规划[20]。通过在智能建造应用服务层开发机器人协同管理平台，形成"BIM—管理平台—机器人"集成体系[21]：BIM 模型按照施工计划，将模型数据和待办任务发送至协同管理平台，平台通过分析决策将任务发送给相应的建筑机器人，机器人根据系统规划路线和任务类型进行自动作业，并将工作状态实时传输回协同管理平台和 BIM 模型，从而实现人机协作智能增强与高效联合作业。"BIM—管理平台—机器人"协同工作流程如图 4 所示。

### 3.4 基于数字孪生的虚实映射与可视化交互技术

数字孪生是智能建造的重要使能技术之

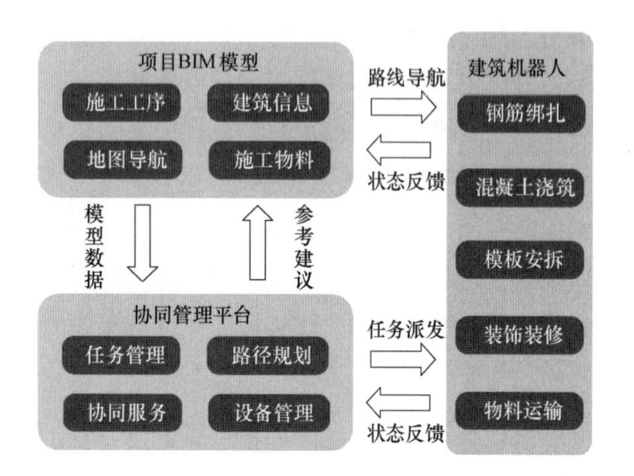


图 4 “BIM—管理平台—机器人”协同工作流程

一，为建筑业向精细化和数字化转型升级提供了新的思路。近年来，数字孪生与智能建造的融合研究越来越受到国内外学者的重视，也取得了丰硕的研究成果[22]。数字孪生技术是以高度仿真的动态数字模型来模拟验证物理实体的状态和行为的技术，旨在以虚映实、以虚控实[23]，其中物理实体、虚拟空间建模和虚实融合交互机制的知识建模方法，有助于解决空中造楼机施工过程的精准控制和安全预警问题。目前，最常用的是五维数字孪生模型[24]，包含物理实体、虚拟模型、服务、数据、连接5个方面[25]，如图5所示。

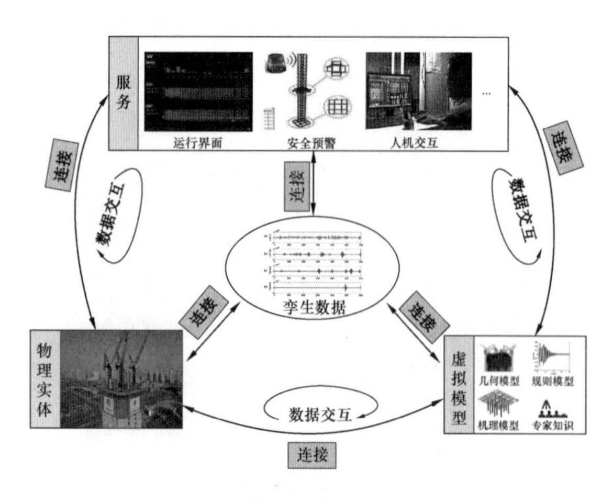


图 5 面向造楼机的五维数字孪生模型构成

由于造楼机的组成结构和作业环境较为复杂，导致其仿真模型规模巨大，求解需要消耗大量的计算资源和时间，采用基于人工智能算法和模型降价的快速分析技术[26]，可以提高仿真模型计算效率。此外，数字孪生中的物理模型通常需要以外荷载作为输入，以结构的响应作为输出。然而实际工程中，重大设备通常难以测量或无法测量其外荷载，因此可采用基于响应的计算反求技术求解空中造楼机运行过程中的实时外载信息[27]。将得到的外载数据代入数字孪生物理模型进行求解计算，即可获取结构应力、应变等响应信息，为数字孪生模型的“实”到“虚”提供基础。

### 3.5 基于低碳信息集成管理的节能减排技术

温室效应一直是国际社会重点关注的环境问题之一，目前已有130个国家和地区提出了气候发展目标。我国于2020年9月提出“2030年实现碳达峰、2060年实现碳中和”的目标[28]，但目前我国碳排放总量仍然处于上升状态，要在2060年实现“碳中和”，时间和任务都十分紧迫。

将碳排放信息与空中造楼机BIM模型[29]、数字孪生技术相结合，建立项目低碳信息库，对建筑材料碳排放、施工机械碳排放、设备碳排放、施工方案碳排放进行量化，明确消耗数量、碳排放因子等参数，根据施工行为、施工进度、资源消耗等现场数据，对建造全过程材料、机械、设备的碳排放量进行实时测算，分析施工行为对碳排放的影响程度，构建基于低碳信息集成管理的BIM碳排放测算系统，并将系统集成到智能建造体系应用服务层中，做到施工全流程碳排放控制，实现低碳施工。基于低碳信息集成管理的碳排放测算流程如图6所示。

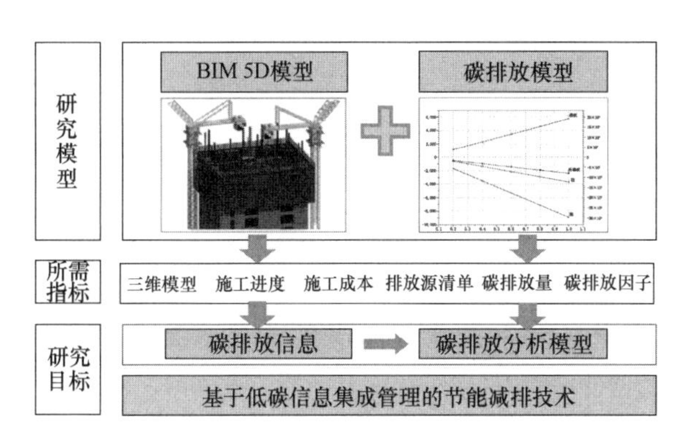


图 6 基于低碳信息集成管理的碳排放测算流程

## 4 结论

基于全球建筑业智能建造趋势和我国空中造楼机发展现状，本文一是构建了面向空中造楼机的智能建造应用框架，结合 BIM、物联网、人工智能、大数据、数字孪生等技术，实现空中造楼机“人—机—环”各环节的虚实映射与实时交互，提升作业人员对空中造楼机运行状态的把控能力，达到协同、精确控制的效果；二是分别从设计、施工、虚实映射以及节能减排等角度提出了空中造楼机智能建造的五项关键技术，阐述了 BIM、人工智能、施工机器人、数字孪生以及低碳信息集成管理等技术在空中造楼机智能建造体系中的具体应用，推动少人化、智能化的建造体系建设，提升高层建筑施工作业智能化水平，为空中造楼机智能建造发展奠定基础。

### 参考文献

[1] 邓伟华，周杰刚，武超，等．武汉中心绿色施工创新技术[J]．施工技术，2015，44(23)：27-30.

[2] 张昊，马羚，田士川，等．智能施工平台关键作业场景、要素及发展路径[J]．清华大学学报(自然科学版)，2022，62(2)：215-220.

[3] 董善白．移动式造楼工厂——“空中造楼机现场、现浇自动化绿色建造技术”系统概述[J]．建筑，2020(5)：50-57.

[4] 仲继寿，陈义红，汪鼎华，等．现浇钢筋混凝土高层建筑工业化建造研究与工程示范[J]．建筑科学，2022，38(3)：139-145.

[5] 房霆宸，龚剑，朱毅敏．超高结构建造模架装备技术发展研究[J]．建筑施工，2022，44(5)：997-1001.

[6] 李健强，杨勋，王帅，等．武汉长江中心轻量化集成平台设计[J]．施工技术(中英文)，2022，51(10)：25-28.

[7] 徐阳，金晓威，李惠．土木工程智能科学与技术研究现状及展望[J]．建筑结构学报，2022，43(9)：23-35.

[8] Liao W J, Lu X Z, Huang Y L. Automated Structural Design of Shear Wall Residential Buildings Using Generative Adversarial Networks [J]. Automation in Construction, 2021(132): 13931.

[9] Bendsøe M P, Kikuchi N. Generating Optimal Topologies in Structural Design Using a Homogenization Method[J]. Computer Methods in Applied Mechanics and Engineering, 1988, 71(2): 197-224.

[10] Bendsøe M P. Optimal Shape Design As a Material Distribution Problem[J]. Structural & Multidisciplinary Optimization, 1989, 1(4): 193-202.

[11] Xie Y M, Steven G P. A Simple Evolutionary Procedure for Structural Optimization[J]. Computers & Structures, 1993, 49(5): 885-896.

[12] Wang M Y, Wang X, Guo D. A Level Set Method for Structural Topology Optimization [J]. Computer Methods in Applied Mechanics and Engineering, 2003, 192(1/2): 227-246.

[13] 潘壮．超高层建筑顶升模架系统结构的优化设计[D]．西安：西安工业大学，2021.

[14] 潘曦．超高层混凝土核心筒结构施工智能顶升筒架模板技术研究[J]．建筑施工，2021，43(7)：1294-1299.

[15] 陈丹，刘喆，刘建友，等．铁路盾构隧道智能

建造技术现状与展望[J]. 隧道建设(中英文), 2021, 41(6): 923-932.

[16] Lda B, Wfa B, Hla B, et al. A Deep Hybrid Learning Model to Detect Unsafe Behavior: Lntegrating Convolution Neural Networks and Long Short-term Memory[J]. Automation in Construction, 2018(86): 118-124.

[17] Fang W, Love P, Luo H, et al. Computer Vision for Behaviour-based Safety in Construction: A Review and Future Directions[J]. Advanced Engineering Informatics, 2020, 43 (Jan.): 100980-100981.

[18] Guo J, Wang Q, Park J H. Geometric Quality Inspection of Prefabricated MEP Modules with 3D Laser Scanning[J]. Automation in Construction, 2020(111): 103053.

[19] 刘子毅, 李铁军, 孙晨昭, 等. 基于 BIM 的建筑机器人自主导航策略优化研究[J]. 计算机工程与应用, 2021: 1-10.

[20] 陈翀, 李星, 姚伟, 等. BIM 技术在智能建造中的应用探索[J]. 施工技术(中英文), 2022: 1-9.

[21] 刘占省, 史国梁, 孙佳佳. 数字孪生技术及其在智能建造中的应用[J]. 工业建筑, 2021, 51(3): 184-192.

[22] Opoku D, Perera S, Osei-kyei R, et al. Digital Twin Application in The Construction Industry: A Literature Review[J]. Journal of Building Engineering, 2021, 40(3): 102726.

[23] 陶飞, 刘蔚然, 张萌, 等. 数字孪生五维模型及十大领域应用[J]. 计算机集成制造系统, 2019, 25(1): 1-18.

[24] Tao F, Sui F, Liu A, et al. Digital Twin-Driven Product Design Framework[J]. International Journal of Production Research, 2019, 57(11-12): 3935-3953.

[25] 董雷霆, 周轩, 赵福斌, 等. 飞机结构数字孪生关键建模仿真技术[J]. 航空学报, 2021, 42(3): 113-141.

[26] Lai X, Wang S, Guo Z, et al. Designing a Shape-Performance Integrated Digital Twin Based on Multiple Models and Dynamic Data: A Boom Crane Example[J]. Journal of Mechanical Design, 2021, 143(7): 1-15.

[27] 徐静. 双碳背景下建筑企业装配式建筑业务绿色低碳发展路径研究[J]. 价值工程, 2022, 41(17): 165-168.

[28] Yang X, Hu M, Wu J, et al. Building Information Modeling Enabled Life Cycle Assessment, A Case Study on Carbon Footprint Accounting for A Residential Building in China[J]. Journal of Cleaner Production, 2018, 183(MAY 10): 729-743.

[29] 杨云英, 权长青, 金仁和, 等. 建筑施工过程低碳信息集成管理技术[J]. 土木工程与管理学报, 2018, 35(3): 139-144.

# 城市更新

Urban Renewal

# 装配式住宅设计质量问题及管理对策研究

宓榕榕[1]　王广斌[2]　张红缨[1]

（1. 上海市建设工程勘察设计管理事务中心，上海　200032；
2. 同济大学经济与管理学院，上海　200092）

**【摘　要】** 随着我国经济社会发展的转型升级，人们对建筑的各项需求不断提升，建筑工业化应运而生。国家政策的支持令装配式建筑得到前所未有的发展，装配式住宅的体量也越来越大。我国传统建筑工程重视施工管理，设计阶段管理缺位，导致装配式建筑面临质量挑战。设计作为装配式建筑产业链龙头，其质量问题会对构件制作、施工安装产生很大影响，改善设计质量可以有效提高装配式建筑质量。基于此，本文围绕如何提高装配式住宅的设计质量开展研究，借鉴精细化管理理论和工具提出管理对策，以期能为设计质量提高提供可操作性的建议。

**【关键词】** 装配式住宅；设计质量；精细化管理；质量管控

## 1　研究背景

随着我国经济的发展，人们对建筑质量的要求趋于专业化和标准化。与此同时，城镇化、社会可持续发展等要求也敦促着传统建筑业的技术和管理方式发生变革。而随着装配式建筑体量的快速增长，当前建筑行业质量管理痛点与难点也浮出水面。由于上位法、管理体制的约束，目前五方责任主体相对割裂，我国传统建筑工程重视施工管理，设计阶段质量管理缺位。装配式建筑沿用传统建筑工程管理模式从而造成的问题具体表现在以下几个方面：

① 为应付指标而设计。项目通过施工图阶段结构专业的硬拆硬做以完成政府装配率的指标，设计不合理。

② 缺乏统筹考虑，协同性差。

③ 工作界面模糊，权责分配不合理，深化设计与施工图设计脱节，导致深化设计质量参差不齐，影响构件制作和施工安装。

装配式建筑虽具备工业化生产的特点，但在管理方面目前仍以传统建筑业管理模式为主，尚未形成有效的计划与控制体系，影响项目预设目标的实现。要解决上述问题，提高装配式建筑的建造质量，优化建筑行业龙头，即优化装配式建筑的设计质量管理是一条有效途径。

## 2　精细化管理的内涵

精益建造管理理论起源于精益制造管理思想。它是在制造业生产管理理念的基础上结合建筑业管理特征进行的管理方法的延伸，目前在建筑领域的应用已超 20 年。精细化的管理模式可以弥补现行设计质量管理上的不足。

精细化管理是一种管理理念和管理技术，

是控制和改善过程质量的管理工具。通过规则的规范化和细化，运用标准化、数据化和信息化的手段，消除非价值活动和不必要的浪费，使组织管理各单元精确、高效、协同和持续运行[1]。Koskela 将精益思维总结为 11 条原则[2]：①减少浪费；②系统考虑客户需求，提高产值；③减少可变性；④减少循环次数；⑤简化步骤；⑥增加产出灵活性；⑦提高流程透明度；⑧过程控制；⑨持续改进；⑩平衡流量提升与转化率提升；⑪标准化。

设计的精细化管理不是否定传统设计企业原有的管理模式，而是在原有管理单元和运行环节的基础上进行改进、提升和优化，形成功能完整的管理系统。精细化管理的内涵是：精确定位、合理分工、细化责任、量化考核[3]。

## 3 装配式住宅设计质量管理问题分析

在装配式建筑设计质量方面，Yuan Z 等人提出目前许多基于传统建筑背景下的设计系统并不能很好地适用于目前流行的装配式建筑[4]。Liu W 认为行业管理缺乏过程控制的管理[5]。潘平指出设计标准化体系尚不完善、成套设计不成熟、缺乏统筹协调、设计深度不足等是目前装配式建筑设计存在的主要问题[6]。Tauriainen M 认为团队中设计师职责不明、经验不足、团队沟通不畅是问题所在[7]。白文辉等人认为要做好装配式建筑设计，应理解装配式建筑的标准化设计思维，强调各专业协同，而不是简单地将传统建筑设计的设计方式和工作模式进行等同互换[8]。马道新指出在设计方面，部分建筑企业内部缺少相关设计标准，内部管理人员缺乏环节管理，为工程质量问题埋下了隐患[9]。

根据《关于 2020 年下半年“多图联审”联合检查情况的通报》（沪设审发〔2021〕6 号），装配式建筑设计质量问题主要集中在设计深度不足，漏、缺严重，不能有效指导生产、施工；构件拆分不满足预制、施工安装要求；构件节点设计不合理；结构设计与分析不完善四个方面。针对以上设计质量问题，笔者分别从人员、设计环节、质量把控和外部环境四方面进行分析。

### 3.1 人员

（1）个人能力待提高

我国建筑业长期以现浇混凝土结构为主，导致思维模式形成、工作习惯难改变，主要表现在：①建筑师在方案阶段仍以个性化为主，缺乏装配标准化设计理念的考虑，导致建筑方案从装配式角度存在一定的不合理；②结构工程师仍采用现浇的模式进行设计，并在此基础上机械地拼凑预制指标、僵化地照搬标准图，导致设计质量存在先天缺陷；③部分设计人员不能系统性地考虑预制装配技术问题，未充分考虑与下端产业链的衔接；④缺乏对现场的了解和施工经验，仅从理论和现浇的角度出发进行拆分，易引发由设计失误带来的构件生产不及时或构件质量问题。

（2）团队综合实力弱，缺乏全过程意识

主要表现在：①临时抽调人员形成的团队，存在人员经验不足、能力不均衡、配合困难、团队整体设计能力偏弱等问题；②团队同时承接多个项目，主体责任意识薄弱，图纸校对等工作不到位，设计文件局部错漏碰缺问题不断；③团队对施工配合工作不重视，解决问题的效率低。

### 3.2 设计环节

（1）设计流程各工作环节间彼此分离，交接繁琐，易产生浪费

在传统的串行设计模式中多由业主分阶段寻找供应商，几个工作环节的交接过程繁琐，

无形之中增加了信息、时间、物质等资源的耗费，提高了浪费产生的概率。串行设计过程环环相扣，下阶段发现的问题需要及时反馈给上阶段，并有可能会对上阶段产生影响。分阶段的工作流程将环节割裂，形成多个工作面，下阶段工作需要等上阶段工作完成才能进行，消耗了时间。

（2）方案设计阶段

① 前期需求数据整合不全，需求传递主要是在施工图审查阶段。审图时的变更易引发大量修改，甚至方案颠覆性变更。

② 业主追求项目的个性化，提出的产品需求不适应装配式建筑的特点。

（3）施工图设计阶段

目前施工图设计存在设计周期短、任务重、反复多的情况。由于成本、进度等问题，仍停留在传统CAD绘图阶段，信息化程度不高。各专业信息沟通不畅，提资不全，配合度不高。在业主进行多次修改的情况下，各专业易发生各类冲突，对后期深化、构件预制和现场项目管理造成风险。

（4）深化设计阶段

① 设计单位缺乏深化设计经验，导致业主需重新寻找深化设计单位，消耗了不必要的精力且增加了成本。

② 深化设计无资质要求，行业需求较大，由此催生大量专业深化公司，水平参差不齐，深化设计质量难以控制。

③ 施工图设计与深化设计脱节，各专业在施工图设计时未按装配式建筑特点设计，导致深化设计工作难以开展；深化人员在施工图设计结束后介入，不理解主体设计理念，深化设计质量难以保证。

④ 与施工图设计之间权责界面不清晰，缺乏成熟的管理机制，存在配合不够紧密的问题。

### 3.3 质量把控

现阶段设计质量把控基本依赖施工图设计文件内审和外审。

内审主要存在校审缺位和反馈后置的问题：①设计市场竞争激烈，项目周期紧张，设计单位通过缩减校审时间来压缩设计进度，从而带来设计质量隐患；②项目的设计质量目前多采用事后总结的质量反馈方式，存在一定的滞后性，对指导项目质量控制的作用不大。

外审主要存在以下问题：①施工图审查仅作为安全底线把握，严重不满足建设单位对于设计成果的质量要求；②审图人员缺乏装配式建筑的设计经验。各专业审查人员均为多年从业人员，年龄偏大，对装配式建筑实践少，只能根据规范条文进行审查。

### 3.4 外部环境

装配式建筑设计质量管理和监管方式目前尚不成熟，缺乏全面的管理标准和科学合理的设计方案；管理措施和管理人员意识薄弱，使设计过程中的工作效率和质量都难以达到预期水准。具体表现在：

① 政策不完善。现阶段我国虽然大力推广装配式建筑，但政策强调市场规模，对质量问题聚焦少；预制率和装配率指标以强制为主，或存在与实际设计不相符的情况，影响了装配式住宅设计的发展。

② 规范标准不成熟、不适用等问题。目前相关技术标准尚处于发展阶段，各类体系未完全成熟，标准图集中的装配节点做法偏理论化、理想化。实际工作中，不同种类的构件装配式节点设计做法相对较多，且部分没有经过试验论证，施工时由于种种原因难以实施到位。

## 4 装配式住宅设计质量管理对策

将管理对策分解为目标管理、组织管理、人员知识技能提升以及外部环境改善四方面的工作。

### 4.1 目标管理

目标设计是精细化管理的基础，质量目标应围绕项目，从校审质量、设计过程质量、设计产品质量等多方面制定。质量目标的制定既要满足业主需要又应符合当前的操作水平，工程质量目标需要层层分解，落实到各职能部门与一线人员。制定目标时，应采取“零缺陷”的质量态度，但允许一定的差错率，以解决问题和避免问题重复发生为原则，保证质量目标实现。装配式住宅的设计质量总目标是“向顾客提供优良的设计产品”，即优质的设计成果和工作质量。

### 4.2 组织管理

#### 4.2.1 优化组织结构

将组织结构从企业层面和项目团队层面进行优化。

（1）企业层面

目前多数文献认为设计企业较为理想的组织结构是矩阵式[10]。图 1 引入项目管理办公室（PMO），构建矩阵式组织结构图。矩阵式组织结构以项目为核心，指派技术能力扎实、管理协调能力强及有责任心的项目负责人，对项目设计全过程总协调负责，各部门领导应做好人力配套支持，形成具有项目针对性管理的横向系统，项目团队人员在项目结束后返回原部门，实现人员双向流动。

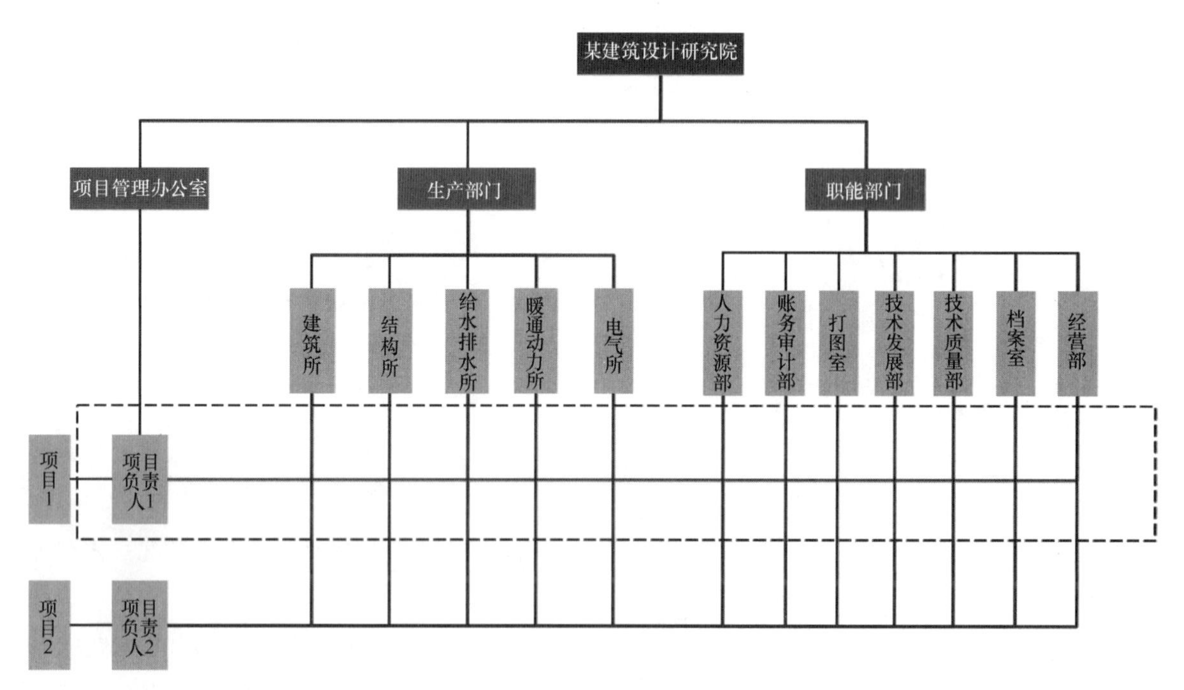


图 1 矩阵式组织结构图

（2）项目团队层面

由项目负责人负责组建项目部，成立设计组、配套组、成本组、施工配合组。每个项目团队引入质量过程控制部门，对设计、配套、成本的工作进行及时纠错，并将信息汇总给项目负责人。质量过程控制部门应从严把握过程资料的准确性，对出现的问题要求设计人员严格落实整改。图 2 表示了改进后的项目团队结构图。

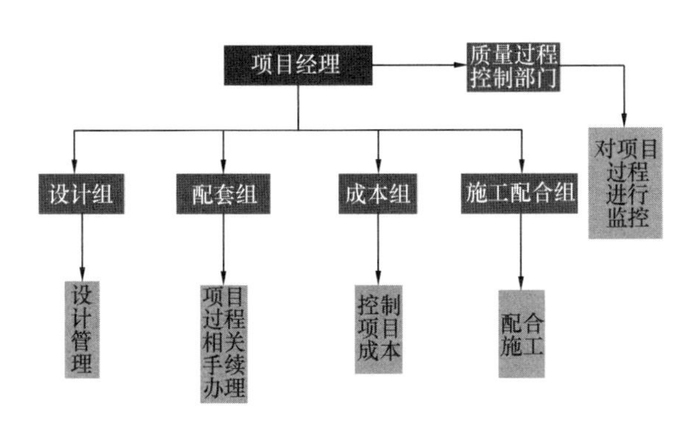


图 2 改进后的项目团队结构图

### 4.2.2 改善设计流程

装配式住宅设计流程是在传统设计流程的基础上加入了标准化的概念，从而形成新的设计模式。在设计流程上，宏观采用串行模式，微观采用并行工程。在并行设计的工作模式下，设计前期与策划、方案设计、施工图设计、深化设计等阶段总体上按直线型流程开展，与此同时局部工作并行展开。

（1）方案阶段设计流程管理对策

方案阶段作为项目的初期阶段，应深入定位过程，加强与业主的沟通，准确、完整地收集业主的需求，并从技术层面提出意见，确保产品可以顺利落地。图 3 表示方案设计管理工作流程图。

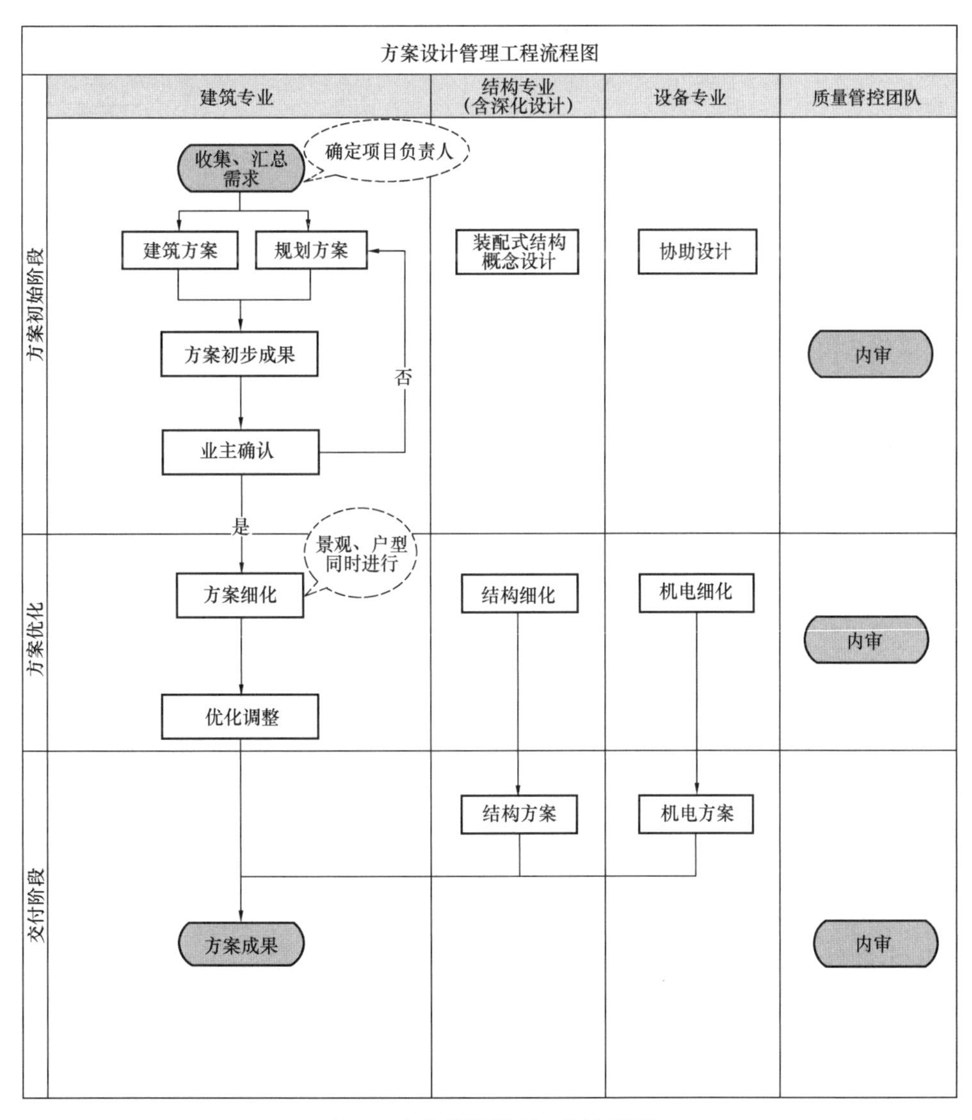


图 3 方案设计管理工作流程图

方案设计阶段管理对策的工作要点有：

① 在方案阶段确定项目负责人和严谨的工作流程。

② 严格把握设计条件输入，确保信息准确。

③ 开展各专业并行设计。

④ 强调深化设计的提前介入，通过装配式概念确定预拆分设计的形式，为施工图阶段的装配式设计打好基础。

⑤ 质量管控团队介入，对方案初步成果、过程优化、最终成果进行控制和确认。

（2）施工图阶段设计流程管理

该阶段是设计质量管理的重要阶段，需要对设计流程进行细化，明确施工图设计的重点、节点，以此严格控制设计节点，把握流程的穿插和关键节点。各项设计任务必须严格按照工作流程执行。图 4 表示了施工图阶段设计管理工作流程。

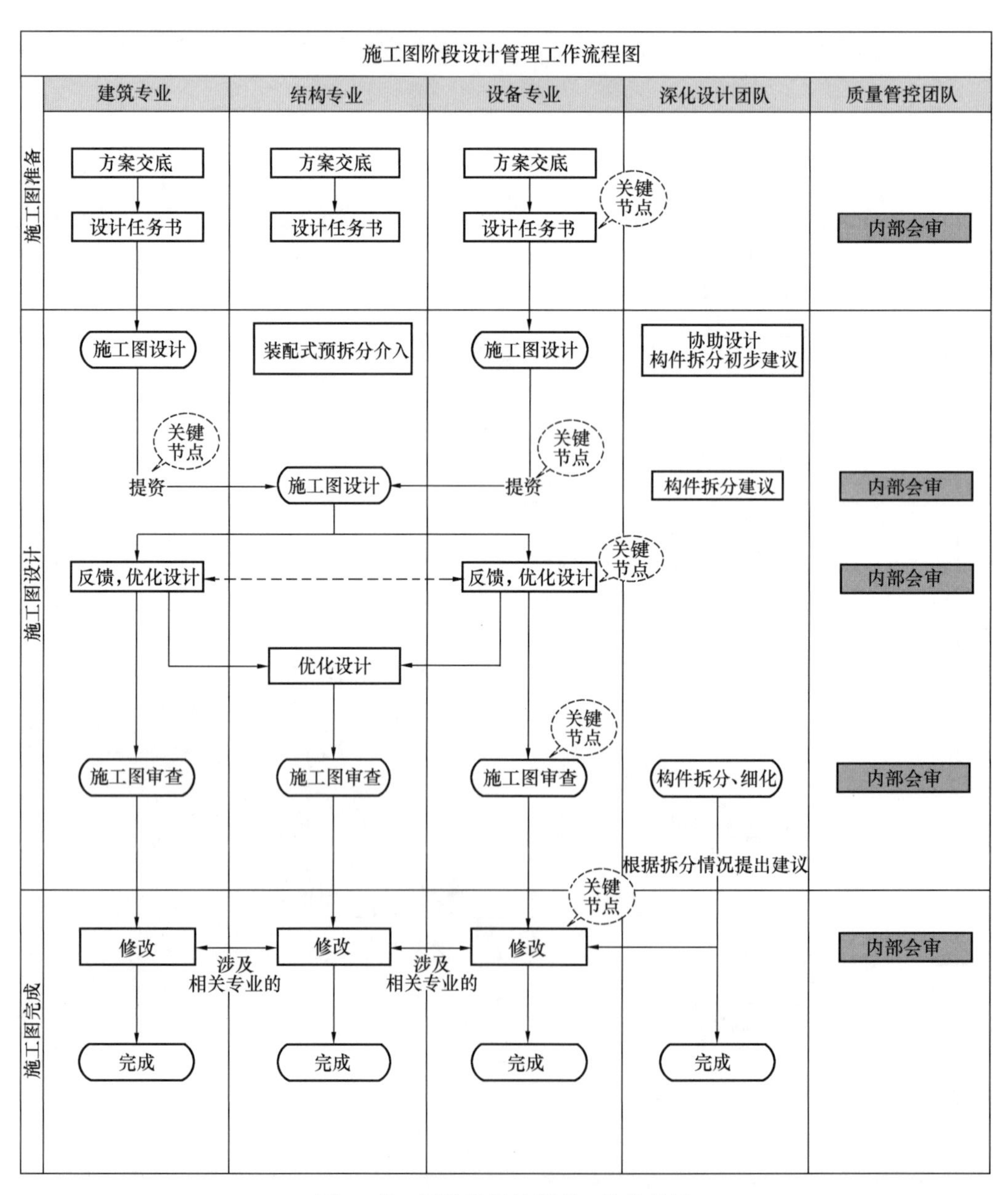


图 4　施工图阶段设计管理工作流程图

施工图设计阶段管理对策的工作要点有：

① 分阶段实施。按施工图准备、施工图设计、施工图完成三个阶段划分，由项目负责人负责全过程控制，做好组织协调工作。

② 强调各专业设计并行、施工图设计与深化并行。

③ 明确关键节点，控制信息输出，确保信息准确性。

④ 质量管控团队加强过程控制。做好交底工作，在提资、反馈优化、施工图审查、修改完成等各节点采用内部会审的方式加强过程控制。

（3）深化阶段设计流程管理

深化设计是装配式住宅施工图设计与生产之间的纽带，深化设计过程中应加强与各方主体的沟通，征询实施单位的需求及意见，考虑运输、现场堆场、吊装等实际情况。图 5 表示深化设计阶段设计管理工作流程。

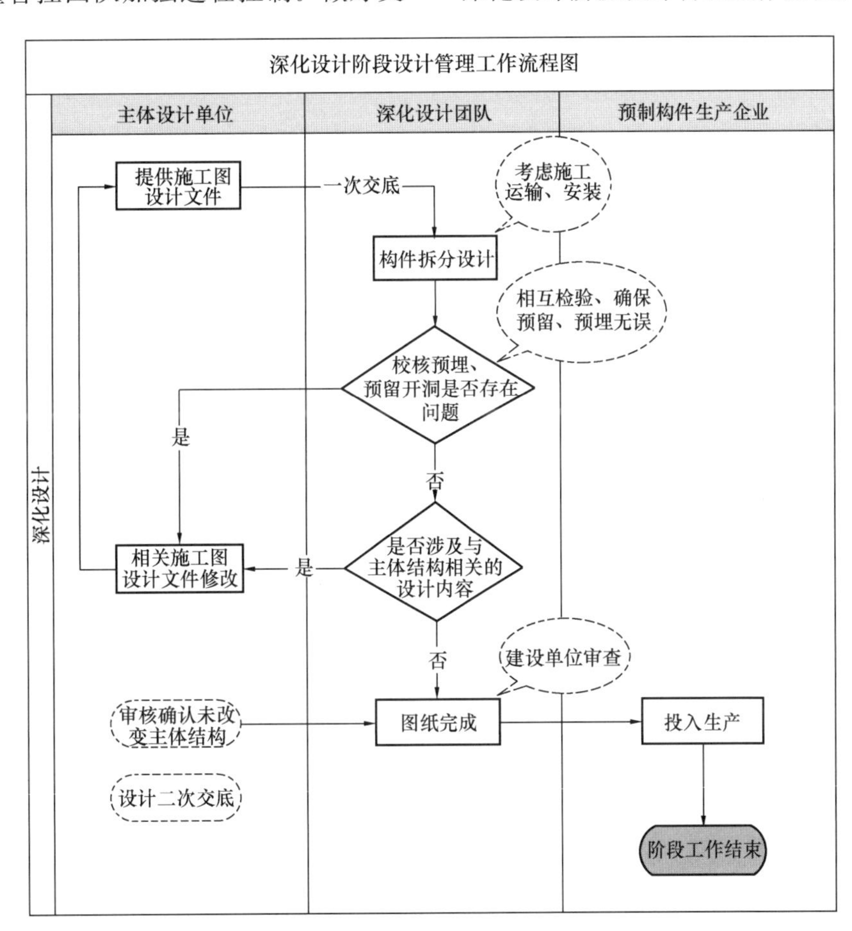


图 5　深化设计阶段设计管理工作流程图

深化设计阶段管理对策的工作要点有：

① 在施工图阶段应完成主体结构的构件拆分。

② 设计单位与深化设计团队、预制构件生产企业进行设计交底，熟悉项目。

③ 设计交底之后，深化设计团队与生产企业合作开展预制构件深化，形成相互检验机制。

④ 完成深化设计图纸后，深化设计团队需进行自校，涉及与主体结构相关的图纸，应将图纸提交主体设计单位进行确认；所有的图纸应交与建设单位进行二次审查。

⑤ 深化图纸确认无误进行二次交底，投入生产。

#### 4.2.3 明确责任分工

根据《住房城乡建设部关于印发〈建筑工程五方责任主体项目负责人质量终身责任追究暂行办法〉的通知》（建质〔2014〕124号），勘察、设计单位项目负责人对因勘察、设计导致的工程质量事故或质量问题承担责任。因此项目负责人应对工程质量流程的各个环节严加控制。

由于新增深化设计团队，因此需要明确施工图设计和深化设计团队之间的工作界面。主体设计单位需要对项目主体结构安全负责，深化设计团队仅作为构件绘制方，对深化过程中出现涉及主体结构变动的内容，需交由主体设计单位完成修改后再进行绘制。主体设计单位应对建筑的结构和安全负责，对深化设计图纸中涉及与主体结构相关的内容确认，深化设计团队需确保深化设计图纸符合预制构件加工和施工安装的要求。

此外，也需要对主体设计团队内部工作界面进行划分。明确项目团队各所在组的管理专员及负责人，确定各自的职责，建立RACI责任矩阵。针对职责划分不清的问题，可制定工作明细表。职责和内容的明确有利于工作的有效落实和追溯。只有层层细化，层层落实，才能实现最高效的责任追究和目标可完成性。

### 4.3 人员知识技能提升

装配式住宅的设计在技术和管理两个方面都对设计人员提出了更高的要求，因此在提高人员知识技能方面，笔者总结了三种途径：

（1）建立关键节点控制要点

目前图纸质量效果不佳的主要原因是自校缺失。因此需要定期对设计情况进行数据分析和归纳总结，找到关键节点梳理形成控制要点，交由设计人员执行，可以有效提高设计人员的技术水平。

（2）常见疑难问题手册编制及培训

通过梳理常见疑难问题并编制成册，便于设计人员查询设计过程中的问题和解决方式。设计单位应定期征集并梳理一线设计人员在设计过程中遇到的常见疑难问题，并将其进行汇总形成手册供设计人员参考，手册应做到定期更新，并及时开展培训，以提高一线设计人员的技术水平，推动设计整体质量提升。

（3）标准化数据库的建立

建立标准化数据库有利于设计人员更好地理解“标准化、模数化”，同时也能有效提高设计人员工作效率，提升设计人员设计水平。数据库应作为公开的数据成果，并由专人负责，根据实际情况实时更新。数据库可以从以下几个方面入手：

① 建筑设计标准化数据库。建筑多样性与装配式标准化之间的矛盾增加了其他配合专业的设计难度。设计单位可以联合深化设计单位研究多种可靠立面和标准户型，在模数和参数统一的基础上，优选出固定尺寸模数的基本模块，组合成标准户型，不仅实现了标准化设计，还可通过模块组合满足个性化和多样性的需求。

② 节点设计标准化数据库。建立构件节点设计的标准化数据库。设计单位应遵循少预埋、一埋多用的原则，归纳总结经典节点设计方案，供设计人员参考和选择。

③ 冲突问题数据库。设计单位应定期组织汇总各设计阶段出现的专业冲突问题及修改情况，结合常见疑难问题提出相应的解决方案，建立冲突问题数据库。对于常见的、易造成不良后果的冲突，定期开展培训研讨工作。

④ 校审要点数据库。目前图纸校对质量不佳的一大原因是校对人员的重点不一，因此

可以针对某类特定的项目进行要点归纳总结，并根据项目经验，找到易错、常错处，梳理成审查要点并入库，由校审人员按数据表执行。

⑤ 预制构件数据库。建立预制构件数据库，利用房间模块，尽可能地减少构件的种类，以便深化设计和施工图设计可以高效进行。

### 4.4 外部环境改善

设计质量落实精细化管理需要依赖政策、法律法规、规范标准等的改善。

（1）政府监管职能部门需要制定质量管理相关的法律法规和管理办法，并对各方采取相应的管理措施，从严监督工程质量

目前各环节的监督管理相对割裂，与装配式住宅的特点不匹配。管理部门应当以优化营商环境为原则，通过告知承诺减少审批审查，强调事中事后监管等环节，给予市场准入，强化“项目业绩”和“行政许可”，并进一步发挥企业信用评价等作用，让市场进行自主选择，优胜劣汰。针对部分质量监督如技术抽查等工作，政府可以委托第三方机构展开。

（2）健全标准规范体系并积极推动标准实施

梳理整合现有规范、标准等不适用、互相矛盾的内容，积极开展预制装配式混凝土结构体系和预制墙板及连接件、灌浆套筒等技术创新工作，建立成体系的、适用性强的技术标准。充分发挥企业在标准推进实施中的主观能动性，促进技术进步和满足市场竞争需要。

## 5 结论

我国的装配式建筑正处于起步发展阶段，很多设计企业未能及时转型，尚停留在传统设计管理模式阶段。因为传统设计管理模式与装配式住宅的设计特点不匹配，由此带来装配式住宅设计质量问题突出，亟须解决。设计作为行业龙头，其质量的好坏直接影响装配式建筑质量。本文借鉴了精细化管理理论和工具，以设计常见问题作为出发点，从质量管控角度提出了目标管理、组织管理、人员知识技能提升和外部环境改善四个方面的对策，以期可以进一步提高装配式住宅设计质量，改善管理水平，提升设计效率，同时也为企业生产实践提供了可借鉴的经验。

## 参考文献

[1] 吴宏彪，赵辉．精细化管理持续改善[M]．北京：北京理工大学出版社，2013.

[2] Koskela L. Application of the New Production Philosophy to Construction[J]. Physics Letters B, 1992.

[3] 许谏．“精细化管理”从理念到落地[J]．中国港口，2009(10)：61.

[4] Yuan Z, Sun C, Wang Y. Design for Manufacture and Assembly-oriented Parametric Design of Prefabricated Buildings[J]. Automation in Construction, 2018(88): 13-22.

[5] Liu W. Reverse Consideration about Construction Enterprises' Ignoring Information Resource[J]. iBusiness, 2013, 5(1): 12-17.

[6] 潘平．装配整体式住宅质量现状与问题分析[J]．安徽建筑，2014 (5)：193-194.

[7] Tauriainen M, Marttinen P, Dave B, et al. The Effects of BIM and Lean Construction on Design Management Practices[J]. Procedia Engineering, 2016(164): 567-574.

[8] 白文辉，贺一烽，陈伟宏．装配式居住建筑标准化设计方法探究[J]．绍兴文理学院学报(自然科学)，2018，38(3)：15-19.

[9] 马道新．装配式建筑工程管理的影响因素与对策分析[J]．安徽建筑，2019，26(10)：233-234.

[10] 刘宜平，李永真．矩阵式组织结构在电力设计企业中的实操及应用条件探析[J]．山东纺织经济，2019(3)：38-40，14.

# 跨河现浇桥梁支架体系及钢栈桥拆除方法

张　瑜

［中冶华成（武汉）工程技术有限公司，武汉　430000］

【摘　要】 通过涟钢北大桥改造工程项目中的跨河现浇桥梁支架体系及钢栈桥拆除施工，本文从支架设计、箱梁支架体系拆除、箱梁模板及盘扣支架拆除、贝雷片拆除、钢栈桥拆除等方面总结了此类支架体系的拆除方法。

【关键词】 现浇桥梁；支架体系；盘扣支架；钢栈桥；贝雷片

## 1　项目概况

涟钢北大桥改造工程，位于既有涟钢北大桥东侧，线路与既有涟钢北大桥平行，桥梁结构边缘净距5m。既有桥梁两端端口经改造后与新建桥梁顺接，连接湖南华菱涟源钢铁有限公司生产车间和生活区域，为厂房连接外部区域的主要交通通道之一。工程主要建设内容为桥梁、道路及电气等。施工内容包括新建桥梁、两侧道口改造及原老桥端部的8号门卫处进出通道改造。设计车速为20km/h，线路全长174.149m，其中桥梁段全长133m。

## 2　汛期特点及风险分析

据娄底市气象台统计资料：年平均气温16.5～17.5℃，年平均降水量1300～1400mm，年蒸发量1365.6～1521.6mm，降水多集中在4～7月。

洪水期有漂浮物；秋冬季河水面宽度约为80m，水深2.4m，夏季水位较高，可淹没两侧阶地，洪水期水深可超过10m。主体结构施工期处于5月份，汛期水位可能高于常水位，或接近贝雷梁底，对支架体系、钢栈桥有一定的冲击力，若在汛期到来之前不能及时拆除支架体系，上游漂来的漂浮物则可能会将支架体系和钢栈桥冲垮，从而影响新建桥梁结构稳定性和安全性，故需在汛期前完成支架拆除工作。

## 3　拆除的主要方法及顺序

先将主体结构施工完成，养护完成后对箱梁板底的盘扣式支架、底模进行拆除，盘扣式支架拆除完后对少支点支架（贝雷梁、钢管柱）及钢栈桥进行拆除，由于支架承受着上部梁体的荷载，将上部荷载传递到下部钢管柱，再传递到河底持力层，故拆除顺序遵循“先支后拆、后支先拆、从上到下、纵桥向对称均衡、横桥向基本同步”的原则分阶段循环进行支架拆除。箱梁支架由上而下的拆除顺序为：拆除方木、侧模、内模—箱梁预应力张拉完成—底模及梁底盘扣式支架—拆除贝雷梁端头和1/4跨、1/2跨、3/4跨以外的工字钢分配梁—拆除贝雷梁横向锁定连接—横移并吊装拆除双层贝雷梁片—拆除主横梁工字钢—拆除平联及剪刀撑—分节拆除钢管立柱—循环拆除下一孔钢管贝雷架支架。

## 4 支架体系整体设计简介

本工程按照现场条件、项目质量安全及工期要求，桥梁整体支架体系设计为：第一联20m（钢筋混凝土现浇板梁）和第三联12m（钢筋混凝土现浇板梁）采用盘扣式满堂脚手架，支架搭设高度为3.2～6.5m，第二联为2×50m（现浇预应力混凝土连续箱梁）即跨越涟水河段采用少支点支架体系，支架搭设高度为14m，支架跨度为100m。

根据本工程所在地涟水河河床工程地质和水文地质条件，本工程第二联为100m现浇预应力混凝土连续箱梁，支架体系采用少支点支架结构，结构组成从下向上分别为：$\phi 630\times 8$钢管立柱（三排立柱）＋$\phi 426\times 6$平联（纵横向设置）＋双拼工600主横梁＋贝雷梁＋工22横向分配梁＋工12.6纵向分配梁＋1.4m高的盘扣式满堂支架。支架体系示意图如图1所示。

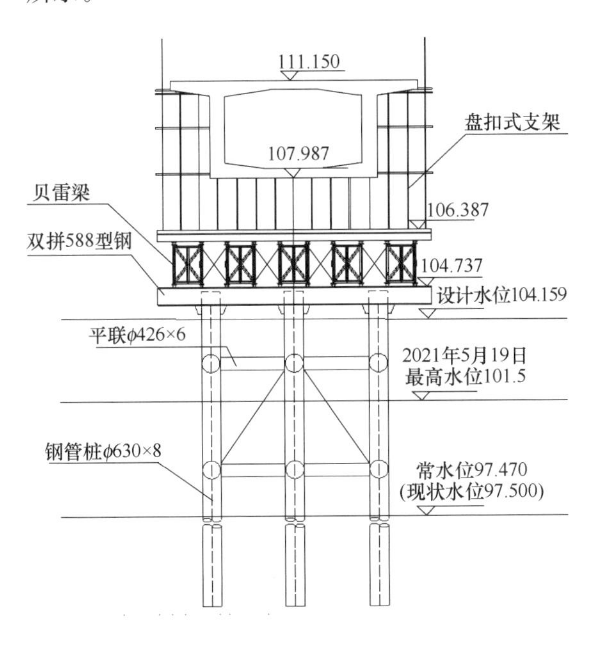


图1 盘扣式支架与少支点支架组合体系示意图

## 5 模板及支架拆除方法及要求

### 5.1 箱梁支架体系拆除

当顶板同条件试件抗压强度达到设计强度75%以上，可以进行箱梁外侧模板及内模的拆除；待混凝土强度达到标准强度的90%后，方可张拉预应力，张拉封锚完毕后，可进行支架的拆除。模板均为竹胶板。主要拆除顺序如图2所示。

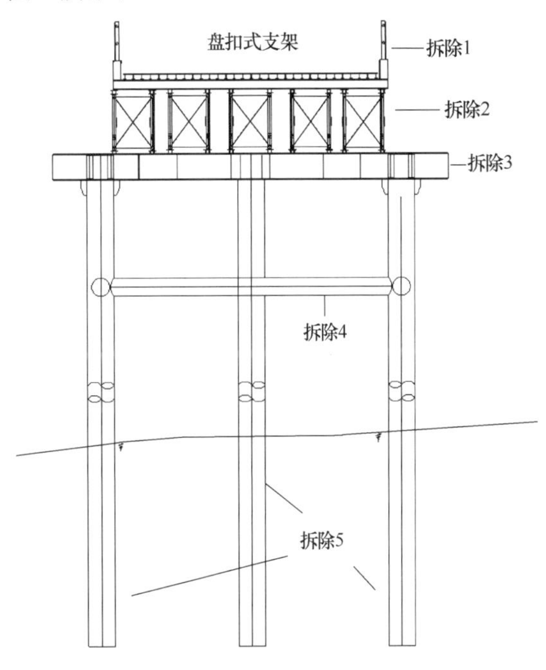


图2 箱梁底支架体系拆除顺序图

具体拆除流程为：箱梁外侧模拆除→箱梁内模拆除→梁体钢绞线张拉→松拆底支架及底部模板→拆贝雷梁片→钢管柱、平联割除→清理现场。

#### 5.1.1 箱梁模板及盘扣支架拆除

在混凝土强度达到标准强度的75%后，方可进行箱梁外侧模的拆除，在松开横向拉杆和底托后，整体外侧模靠自重脱落，由卷扬机沿顺桥向方向拉至欲浇下一跨就位。在拆除过程中避免硬敲猛砸，拖拽过程中需保证模板完全脱离梁体，确保梁体的整体外观质量不受破坏。

箱梁内模从两端向中间拆除，先将内模支撑拆除，然后将内模竹胶板逐块撬开，拆除内模，拆除完毕后，内模板由顶板预留洞送出。

底部模板在张拉完成后拆除，将盘扣支架顶部顶托松开，拆卸工字钢、木方，然后将模板逐块撬开，逐段拆除。最终拆除下部盘扣支架。具体见图 3。

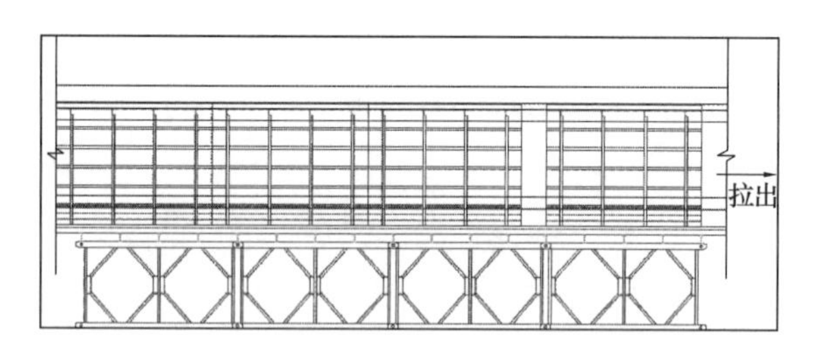


图 3　底模及盘扣支架拆除

拆除要求及注意事项：

① 内模拆除前将支承拆除；

② 内模拆除顺序要从两端向中间拆除；

③ 箱梁内模拆除时，若箱内温度超过 38℃，需设通风设备（鼓风机、风扇等），适当降低箱内的气温；

④ 外侧模拆除要分段从一端拆除。

**5.1.2　贝雷片拆除**

I22 分配梁的拆除，通过吊车配合拆除，在横桥向一侧，将 I22 分配梁用手拉葫芦抽出梁体，再由吊车吊放至指定位置。

贝雷片梁在拆除前先将中部销扣拆除，再随着拆除进度逐段松开角钢连接件；翼缘板下的贝雷片可直接由吊车吊放，底板下的贝雷片需将其打倒后，用手拉葫芦横向拉至吊车能够直接吊放的位置，再由吊车将其放置在指定位置。

贝雷片梁拆除完后，再进行横向双拼 588 型钢拆除。用卷扬机或手拉葫芦将工字钢拉出梁体范围，吊车配合将其吊出，具体见图 4。

拆除要求及注意事项：

① 贝雷片拆除时，横向连接要逐片松开，严禁大面积松开贝雷片横向连接；

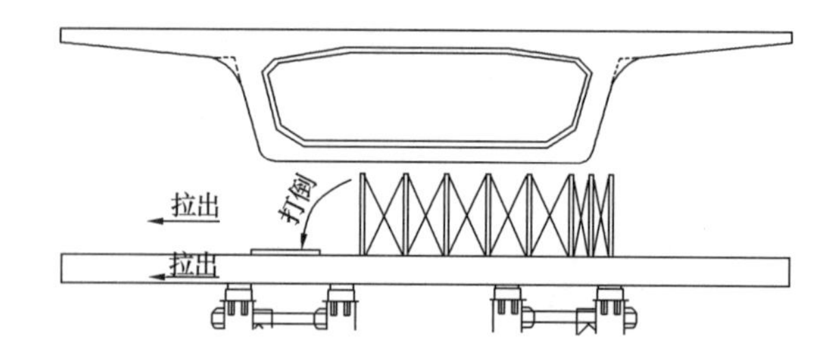


图 4　贝雷片及双拼型钢拆除示意图

② 横向工字钢用手拉葫芦移出梁体范围时，工字钢周围严禁站人；

③ 贝雷片拆除放倒作业时，拉、顶要同时进行，并注意倒落方向不得有人。

**5.1.3　钢管立柱及平联拆除**

在上部贝雷片及型钢拆除完毕后，进行钢管立柱及平联的拆除。钢管立柱拆除前，要求作业人员穿戴好安全带及救生衣，将钢管割除后再用吊车吊出，并运至指定装车点。

## 5.2　钢栈桥拆除方法

钢栈桥的拆除顺序为由小里程向大里程，从上到下依次进行。

**5.2.1　钢栈桥拆除工艺流程**

具体流程见图 5。

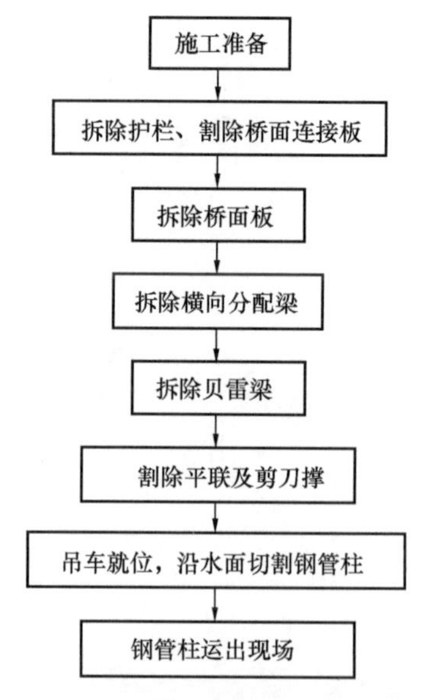


图 5　钢栈桥拆除工艺流程图

#### 5.2.2 钢栈桥拆除顺序及方法

拆除钢栈桥台面材料，第一步采用气切割方法对平台台面的花纹钢板连接部分进行分离，用25t汽车式起重机将解体的钢板吊装至平板车上，由平板车外运。第二步拆除平台，台面下的I20a工字钢、贝雷片，拆除时遵循从小里程向大里程、从北向南的顺序，同样采用25t汽车式起重机进行吊装。平板车运输，拆除I40a工字钢时，要在下方螺旋管顶部切割2个直径5cm且对称的圆孔，以便拆除钢管立柱时使用。第三步进行螺旋管的切割，采用具有专业施工资质的作业队伍，切割前先用吊车将钢管顶部吊住，保持钢丝绳基本绷直但不要受力，防止切割完成后钢管倾倒，危及切割作业人员安全。切割断面要与既有河面持平。作业人员对钢管进行环形切割，切割完成后由吊车将钢管吊出，由平板车拖走，之后钢管拆除，重复此步骤。从一端向另一端逐一进行拆除，拆除时应对所有零散小构件进行加固，防止拆除过程中掉入河中污染河道。拆除前对栈桥上的建筑垃圾进行清理，统一运送至岸边指定堆放处，随即组织车辆倒运出施工现场。

## 6 支架体系及钢栈桥拆除注意事项

① 拆除箱梁内模顶部模板时，严禁大面积松撬，作业人员不得在模板下。

② 拆除底模板时，人员要配合好，逐块拆除，用绳索向外拉出，严禁抛摔。

③ 模板及拆下的部件要统一外运，不得抛摔在梁体下。

④ 拆除作业时，梁下要设专人监护。

⑤ 电闸箱要设置漏电保护器，施工用电线要布置合理，照明灯要设置防护罩。

⑥ 桥上要设置上下作业通道，通道要有防护栏杆。

⑦ 不得在支架上堆放过多材料、工具，避免拥挤作业。

⑧ 拆除杆件时，要相互告知，协调作业，已松开连接的杆件要及时拆除移走，避免发生误扶误靠。

⑨ 夜间高空作业施工要有足够的照明设备。五级以上大风应停止高空作业和吊装作业。

⑩ 拆除作业时，要求作业人员必须穿戴安全带及救生衣才能上架进行拆除或切割作业。

⑪ 安全部门在栈桥拆除前对各施工人员进行上岗前培训，必须熟悉后方进行拆除工艺流程，过程中严格按照拆除工序进行，杜绝违规操作与野蛮施工。

⑫ 每班中至少安排一名专职安全员，负责现场安全工作，全面掌控支架体系及钢栈桥拆除过程中的安全工作。

⑬ 钢栈桥拆除时，首先在栈桥岸边设置拦护措施，并设立明显的行人禁入标志，以确保钢栈桥拆除工程的顺利进行。

⑭ 在桥梁两端安排专门的人员进行值班和维护。

⑮ 在拆除工作中，施工人员必须佩戴个人防护用品，戴好安全帽、安全带、救生衣。

⑯ 夜间作业时，应提前进行照明设施的安装，并设置一定数量的安全警示灯标志。

⑰ 施工用电设置好安全保险装置，机电工经常检查机电设备并加强维修保养，做到万无一失。

⑱ 拆除贝雷梁时，因其重量比较大，吊装时必须配备有经验的工人进行，并有专人指挥起重机。

## 7 吊车施工注意事项

① 起重吊装的指挥人员，作业时应与操

作人员密切配合，执行规定的指挥信号。操作人员应按照指挥人员的信号进行作业，当信号不清或错误时，操作人员可拒绝执行。

② 起重机工作的场地应保持平坦坚实。作业前，应全部伸出支腿，并在撑脚板下垫方木。支腿有定位销的必须插上，放支腿前应先收紧稳定器。

③ 作业中严禁扳动支腿操纵阀。调整支腿必须在无荷载时进行，并将起重臂转至正前或正后方进行调整。应根据所吊重物的重量和提升高度，调整起重臂长度和仰角，并应估计吊索和重物本身的高度，留出适当的空间。

④ 汽车式起重机起吊作业时，汽车驾驶室内不得有人，重物不得超越驾驶室上方且不得在车的前方起吊。

⑤ 在露天有六级及以上大风或大雨、大雪、大雾等恶劣天气时，应停止吊装作业。雨雪过后作业前，应先试吊，确认制动器灵敏可靠后方可进行作业。

⑥ 起重机作业时，起重臂和重物下方严禁有人停留、工作或通过。重物吊运时，严禁从人上方通过。严禁用起重机载运人员。

⑦ 严禁起吊重物长时间悬挂在空中，作业中若遇突发故障，应采取措施将重物降落到安全地方，并关闭发动机或切断电源后进行检修；在突然停电时，应立即把所有的控制器拨到零位，断开电源总开关，并采取措施使重物降到地面。

## 8 结语

本文结合实际跨河现浇桥梁支架体系及钢栈桥拆除工程，从箱梁支架体系拆除、箱梁模板及盘扣支架拆除、贝雷片拆除、钢栈桥拆除等方面介绍了支架体系拆除方法及拆除要求，对其他类似工程有一定的参考意义。同时本文较详细地阐述了跨河现浇桥梁支架体系及钢栈桥拆除方法，为后续类似的跨河桥梁工程施工积累了宝贵的经验。后期我司将重点研究提高现浇桥梁预应力钢绞线整体穿束效率。

## 参考文献


[1] 苏亚鹏．道路桥梁临时钢栈桥架设及拆除施工技术研究[J]．工程技术研究，2019，39(13)：86-87.

[2] 曹康建，普加富．现浇箱梁满堂式支架施工技术的应用研究[J]．低碳世界，2016，101(14)：172-173.

[3] 谢玉伟．满堂式支架施工在现浇箱梁中的应用[J]．中小企业管理与科技(上旬刊)，2011，12(8)：178-179.

[4] 孙祖根．承插型盘扣式钢管模板支架结合独立支撑早拆体系的设计与施工[J]．建筑施工，2020，23(10)：83-85.

[5] 高超．某跨武汉到九江铁路四线连续梁支架平移拆除技术[J]．建设科技，2018，54(4)：116-117.

[6] 甘新涛，安航，骆江红．西互通G匝道1号桥现浇箱梁支架拆除施工技术[J]．工程技术研究，2021，27(2)：70-71.

[7] 肖来兵，张世康．钢管柱贝雷梁支架整体卸载及拆除施工技术应用[J]．中国标准化，2018，8(12)：117-121.

[8] 杨惠民．"逆作法"拆除贝雷梁支架施工技术[J]．科技视界，2015，69(16)：99-100，280.

[9] 王玉喜．上跨电气化铁路连续梁支架拆除施工技术[J]．铁道建筑技术，2014，15(2)：28-31.

[10] 周伟明．大跨度贝雷梁支架顶升浮运拆除施工技术研究[J]．中国标准化，2019，28(10)：80-84.